本书受到国自然科学基金项目（编号：71872142）支持

梁高杨　邢明强　著

数字化变革中
技能人才生态

评 价 与 塑 造

DIGITAL
TRANSFORMATION OF
SKILL TALENT ECOSYSTEM

EVALUATION AND SHAPING

社会科学文献出版社
SOCIAL SCIENCES ACADEMIC PRESS (CHINA)

前　言

　　数字化变革已经成为当今世界的一大趋势。在数字变革的时代，技能人才的角色愈发关键，不仅是推动数字化变革的引擎，还是适应这一快速演变环境的关键元素。他们的多产化能力，尤其是跨领域技能，能有效决定国家在数字时代的竞争力。培育完善技能人才生态至关重要，只有通过持续地投资、创新、支持等多方面措施，才能确保技能人才生态的发展，为数字化变革提供持续的动力。

　　评价与塑造技能人才生态，成为数字化时代人才发展、人才队伍建设的当务之急。在相关评价中，本书不仅关注技能人才数量，更关注其质量和多样性。技能人才生态评价需要考虑各种因素，包括技能培育、创新能力、跨领域合作、数字化素养、服务与政策支持等。而技能人才生态塑造则是一个长期的过程，需要政府、产业界、学术界和社会各方的共同努力，以确保技能人才生态能够适应并引领数字化变革的潮流。

　　本书将深入探讨技能人才生态的评价与塑造，全面呈现数字化变革中技能人才生态的现状和未来，运用一系列方法与工具，如"AHP-熵值法"评价模型、Hopfield 神经网络分析、BP 神经网络分析以及计量经济学模型等，从"培育生态""势能生态""动能生态""创新生态""服务与支持生态"多个维度出发，对现有技能人才生态进行综合的评价。同时还运用计量经济学模型，对数字时代技能人才的经济贡献进行了探讨，分析其对信息技术服务业、金融业、制造业、文化体育和娱乐业和建筑业五大技能人才相对集中行业的影响。进一步结合数据和资料，探讨了塑造数字时代技能人才生态的路径，以及如何应对技能人才生态中的挑战，包括技能人才培养、终身学习、跨界合作等方面，以期助力于打造具有竞争力的技能人才生态。

本书的编写得到了众多专家学者、从业者和决策者的支持。他们的见解和经验丰富了这一主题，也为评价与塑造技能人才生态提供了有价值的参考。此外，本书还将通过一系列案例研究，展示不同领域、不同国家的技能人才生态现状，以期为读者提供更多的启发。数字化变革是一场前所未有的革命，机遇与挑战并存。我们深信，通过评价与塑造技能人才生态，可以更好地应对数字化变革带来的挑战，为未来的发展打下坚实的基础。

本书的出版得益于课题组多年来在技能人才培养、技能院校教育发展、技能人才队伍建设以及技能人才助推产业改造升级等领域的深入研究，我们深刻认识到技能人才在当今社会的重要性。尤其是在这个多变的数字智能时代，技能人才的培育、引导与发展变得愈发紧迫和必要。数字化变革深刻地改变了人们的生活和工作方式，而技能人才正是推动这一变革的核心力量，不仅推动着数字化产业创新，还带来新的机遇和挑战。课题组将持续关注技能人才等实践应用型人才领域的研究，深入了解他们在不断演化的社会与技术背景下的需求和潜力。我们真诚地期待读者对本书提出批评与建议，助力我们不断拓展研究，更好地探索技能人才培育和数字化变革的需求，共创技能人才生态与数字化时代的美好未来！

目　录

第一章 绪论

数字技术快速发展，成为推动经济增长的新引擎，创造了新的就业机会，也要求从业者具备更多的技能和知识。因此，构建健康的技能人才生态是应对数字时代挑战的重要举措。一方面，健康的技能人才生态有助于实现高质量充分就业，促进社会稳定发展。在数字时代，职业要求不断发生变化，需要适应性强、具备多领域技能的从业者。技能人才的培养和发展可以减小结构性失业风险。同时，健康的技能人才生态有助于推动技术创新和产品升级，驱动经济增长和产业升级，实现经济可持续发展。另一方面，良好的技能人才生态有助于形成更加合理的就业结构，提高生活质量和增进社会福祉，并以数据赋能为支撑。加快数字化转型，构建覆盖劳动者求职就业创业全过程、横向纵向互联互通的一体化、数字化信息平台。重塑人社业务经办关系和规程，对内建立以就业为重点，社会保险、劳动用工、人才人事工作协同的一体化信息系统，对外加强与教育、公安、民政、工信、商务、市场监管等部门的数据共享。通过业务联动、数据共享、实名管理，精准落实政策、科学服务决策、主动防控风险，打造"拿数据说话、靠数据分析、用数据决策、依数据执行"的工作新模式。

我国高度重视技能人才的培养和发展，《国家中长期人才发展规划纲要（2010—2020年）》等政策文件明确提出了培养高技能人才的目标，不仅要加快推动技工院校和技师学院的建设和发展，还要积极推动技能认可体系的建设。我国还鼓励技工、技师等从业者不断提高自身技能，以适应不断变化的市场需求。国际上，德国因双元制教育体系和学徒制度而闻名。德国的成功经验表明，高质量的技能人才培养对于实现产业升级和创新而言至关重要。美国则注重高等教育的多元化，提供广泛的选择，以满足不同职业需求。日本和韩国在工程技术和制造业方面也取得了显著的成就。构建健康的技能人才生态系统已经成为全球共识，不同国家围绕培养技能人才、提高技能认可度、适应就业市场要求等采取了多种举措，以应对数字时代的挑战。

第一节　研究背景及意义

一　研究背景

随着全面进入数字时代，信息技术迅速发展和数字化转型持续推进，社会、经济和职业环境都发生了较大变化。一是数字浪潮汹涌来袭。在信息技术迅猛发展的数字时代，云计算、大数据、人工智能、物联网等技术正在改变着人们的生活、工作和学习方式。这一趋势对于技能人才的需求和培养提出了新要求。二是数字经济模式不断发展。数字时代催生了新的经济模式，如共享经济、数字经济、创新经济等，新兴产业对相应技能和创新能力提出了更高的要求，要求技能人才适应不断变化的市场和职业环境。三是教育培训和职业发展的变革。数字时代也正在改变教育和职业发展方式，在线学习、远程工作、自主学习等崭露头角，人们可以更灵活地获取知识和技能。综上，数字技术、数字经济和数字教育培训的兴起，对技能人才生态的评价、塑造和发展提出了新要求。

国家十分关注技能人才发展，习近平总书记指出，培养更多高素质技术技能人才、能工巧匠、大国工匠。党的二十大报告提出，深入实施人才强国战略，并将大国工匠、高技能人才纳入国家战略人才力量。在完善技能人才评价方面，《关于分类推进人才评价机制改革的指导意见》《关于深化人才发展体制机制改革的意见》《关于加强新时代高技能人才队伍建设的意见》

《关于健全完善新时代技能人才职业技能等级制度的意见（试行）》等发布，高度重视人才评价发展改革。国家逐步完善技能人才评价，有助于技能人才的全面、灵活和创新发展，为数字转型时代的技能人才评价、培养和发展提供有力的政策支持。

二　研究意义

探索如何塑造和发展数字时代的技能人才生态，对于人才强国、新型工业化转型和社会可持续发展而言具有一定的价值。

一是为人才强国战略落实落地提供科学依据。通过深入研究数字时代技能人才评价、培养等问题，有助于更准确地落实战略目标，有针对性地培养更多的高素质技能人才，打造高质量技能人才队伍，助力人才强国战略落实落地。

二是有助于推动新型工业化转型。在新型工业化背景下，技能人才的适应性和创新能力对于产业结构升级、智能化转型及绿色可持续发展具有关键作用。通过深入探索数字时代的技能人才生态，可以更好地调动人才资源，优化技能人才资源配置，推动工业高质量发展，助力新型工业化转型。

三是有助于促进社会可持续发展。要实现社会可持续发展，就需要技能人才在多个领域发挥关键作用，如教育、医疗、文化等。通过研究技能人才生态，可以更好地满足社会对多元化、高质量人才的需求，推动各个领域的创新与进步，实现全面发展的目标。

第二节　问题的提出

为深入探索如何在数字时代有效评价技能人才生态，本书尝试分析以下问题。

一　问题1：在数字变革时代，如何有效地进行技能人才生态评价？

在数字变革时代，我们应关注哪些技能人才生态？如何对这些技能人才生态进行评价？评价结果又是如何的？

为回答上述问题，本书将在文献与资料研究的基础上，分析数字时代技能人才生态现状及其存在的问题，借鉴国外构建技能人才生态的经验，构建数字时代技能人才生态评价指标体系。并且结合公开数据和专家打分数据（主客观数据相结合的方法），运用 AHP-熵值法和 Hopfield 神经网络预测分析，基于数字时代技能人才生态评价指标体系进行评价、评级和模拟预测等。

二　问题2：随着数字时代的到来，技能人才生态发生了哪些变化，产生了哪些影响？

数字时代变革对技能人才生态的影响及其趋势如何？在此背景下，技能人才生态对相关产业的经济贡献又是怎样的？

为回答上述问题，本书侧重于探索分析数字时代技能人才生态的现实影响。依据上文的评价分析结果，运用计量经济学模型，一方面探索数字时代变革对技能人才生态的影响，以及技能人才生态发生的变化；另一方面还将探索数字时代技能人才生态对相应产业的经济贡献，以期对后续的路径与对策分析有所助力。

三　问题3：数字时代如何塑造技能人才生态，完善技能人才生态有哪些路径？

如何完善数字时代的技能人才生态，应注意哪些方面，有哪些可行的路径？为回答上述问题，本书将基于数字时代技能人才生态现状及其存在的问题，开展评价、评级与模拟，分析数字时代变革对技能人才生态的影响及其经济贡献等，从综合提升技能人才的培育生态、稳步巩固技能人才的势能生态、持续激活技能人才的动能生态、着力探索技能人才的创新生态、升级完善技能人才的服务与支持生态等方面进行分析。

第三节　核心概念及理论支撑

一　核心概念

（一）人才生态

"人才生态"是从生态学的角度出发，研究人才与其所处环境之间的相互作用规律和机理。[①] 有学者认为人才生态是一个由人才生命和环境生态相互作用而形成的有机复合体，受自然、社会和个体思维等多方面的影响和调控。[②] 人才生态是一种特殊的生态系统，具备物质循环、能量流动和信息传递等三大功能特点，[③] 不同类型和不同地区的人才生态也具有各自的特征。人才生态的概念包括以下要点：一是它存在于人才特定的时空背景中，二是人才与其所在的自然环境和社会环境之间形成了相互作用的动态网络，三是人才生态内部持续进行着物质循环、能量流动和信息传递。

学者们对人才生态分类和不同层次人才生态展开了探索。人才生态环境可以分为宏观和微观两个层面，宏观人才生态环境包括地域因素以及政治、经济、社会等多种环境因素的综合，微观人才生态环境则特指企业内部的人才生态环境，包括人才所处组织及局部环境，两个层面的人才生态环境共同影响着人才的发展和生存状态。[④] 还有研究探索了特定区域的人才生态，发现区域人才生态是各主体要素通过网络连接而形成的多层次、嵌入式网络，[⑤] 这种网络使区域内的产业链、价值链、信息链和

---

① 李龙强：《优化人才生态——人才资源管理的根本》，《山西煤炭管理干部学院学报》2012年第3期，第3页。
② 沈邦仪：《关于人才生态学的几个基本概念》，《人才开发》2003年第12期，第22~23页。
③ 朱达明：《人才生态环境建设策略》，《中国人才》2004年第6期，第57~59页。
④ 韩俊：《科技创新人才宏观和微观生态环境的研究》，浙江大学硕士学位论文，2011。
⑤ 周方涛：《基于AHP-DEA方法的区域科技创业人才生态系统评价研究》，《管理工程学报》2013年第1期，第7页。

创新链相互交织，使人才与外部环境在特定区域内相互作用，形成了动态平衡。[①] 企业人才生态是构成行业、区域和国家人才生态的基本单位，作为人才生存和发展的多维空间载体，企业人才生态在一定程度上也能体现企业的综合实力。因此，对企业人才生态的客观评价和适度调整可以帮助企业在不断变化的市场中占据主动地位，并为制定人才战略政策提供有力支持。[②]

（二）技能人才生态

技能人才生态是指研究对象聚焦技能人才，将其与自然、社会和经济等环境视为相互作用、相互依存的有机整体。这一生态包括内部构成、外部环境、特性及功能等方面，具备开放、动态和自适应的特征，同时具有一定的自我调节功能。[③] 还有学者认为技能人才生态源于技能人才个体、技能人才群体、培养技能人才的各类组织，以及各种经济、社会文化、政治建设、科技教育等因素之间的相互作用关系。[④] 技能人才生态的主要目标是实现技能人才的最优化发展，具体表现为技能人才的数量和结构体系适度匹配、技能人才的发展具备可持续性和高效性等方面。[⑤]

技能人才生态环境由政策、经济、社会文化和科技等多方面组成，与技能人才之间进行多主体相互作用。[⑥] 在政策环境方面，各种政策可以有效引导技能人才发展，鼓励技能人才流向关键领域和地区，并且相关法规也保障

---

① 孙锐、孙雨洁：《我国地方创新创业人才引进政策量化研究》，《科学学与科学技术管理》2021年第6期，第16页。

② 黄梅、吴国蔚：《人才生态环境综合评价体系研究》，《科技管理研究》2009年第1期，第62~65页。

③ 李援越、吴国蔚：《高技能人才生态系统相关研究》，《经济经纬》2010年第1期，第81~84页。

④ 李援越、吴国蔚：《基于生态学的高技能人才开发研究》，《科技管理研究》2010年第16期，第134~138页。

⑤ 石长慧、樊立宏、何光喜：《中国科技创新人才生态系统的演化、问题与对策》，《科技导报》2019年第10期，第66~73页。

⑥ 田楠：《京津冀产业转移中技术技能人才社会生态环境研究》，《中国职业技术教育》2020年第13期，第77~88页。

了人才政策的有效运行。① 在经济环境中，产业不断变革使高技能人才面临机遇和挑战。地区经济发展为其提供了更多的机遇，同时也考验了其适应能力。② 社会文化环境中，有研究认为我国传统的职业技能教育仍需提升，一般水平技能人才有一定规模，但高水平技能人才较为缺乏。③ 社会对技能劳动者的认可度和关注度仍需提升，改变技能人才教育培训理念，有助于吸引更多的人从事技能职业并促进其高质量发展。④

二 理论支撑

（一）生态理论

美国心理学家尤里·布朗费恩·伯兰纳在《人类发展生态学》中提出了生态理论。这一理论标志着发展心理学和生态学之间的融合。生态理论是基于一种综合性模型来理解个体的发展过程，并强调了个体与其所处环境之间的相互关系。伯兰纳的生态理论主要包括两个关键维度，即时间和空间。这两个维度形成了生态理论的两个主要模型。一是长期模型，关注随着年龄的增长，个体在不同时期的发展过程。它强调了随着时间的推移，个体的需求、能力和社会角色如何发生变化。此模型通常被称为时序模型，关注随着时间的推移，个体与其所处环境之间的互动如何变化。二是行动模型，根据影响个体的因素的重要程度，将个体与其所处环境的关系划分为微观、中观、外层和宏观四个层次。微观层次关注个体与其亲属和社会环境的互动，中观层次考虑了社会制度、组织和社区对个体的影响，外层层次则关注了更广泛的文化和社会环境对个体的影响，宏观层次则关注了国家和全球层面的

① 高涵、李嘉丽、邢艺潆：《"四因共振"生态模式：高技能人才绝技绝活之教育传承》，《高等工程教育研究》2019 年第 1 期，第 139~143 页。
② 李援越、吴国蔚：《高技能人才生态失衡及其对策》，《科技管理研究》2011 年第 12 期，第104~107 页。
③ 唐小艳：《"中国制造 2025"背景下技术技能人才培养的成效与问题分析》，《国际公关》2019 年第 6 期，第 57~58 页。
④ 赵晓东、张磊、陈立民：《新发展格局下本科职业教育的适应性、演进理路与发展逻辑》，《教育与职业》2021 年第 12 期，第 27~33 页。

因素对个体的影响。生态理论的独特之处在于，它将个体的发展置于时间和空间的背景中，强调了个体与其所处环境的相互影响。这一理论为理解人类发展提供了一个全面的框架，帮助研究者和教育者更好地理解个体发展的复杂性，并为制定支持性政策和实践提供了指导。生态理论的影响不仅局限于发展心理学领域，还扩展到教育、社会工作、公共政策和其他领域。它强调了社会环境的重要性，为提供更好的教育、社会服务和支持夯实了理论基础。

生态理论主要包括两个维度。首先，从生态学角度，分析了人类的生活环境和生命历程。其次，从系统论的角度，将人置于其所处环境中予以考察，强调个人面临的问题并非由个体的病态或性格缺陷引起。查尔斯·扎斯特罗认为，社会生态理论为社会工作者提供了一种观察世界和解决社会问题的独特方法和视角，描绘并分析了人际关系及其相互作用，成为社会工作综融模式的重要理论基础。① 生态化研究要求合理解释人的心理和行为发展规律，这对社会工作具有重要的启发意义。此外，伯兰纳将环境划分为四个层次：微观、中观、外层和宏观，以揭示个体与其所处环境之间复杂的互动关系。社会工作的干预对象包括个人、家庭、群体、社区等各个层次的环境。社会工作者的任务包括改善案主与其所处环境之间的关系，既包括直接服务也包括间接监督干预。然而，在实际中生态理论应用也面临一些挑战。它要求社会工作者在复杂多元的环境中评估人的行为互动，鉴别正常与非正常发展，但并没有提供明确的行动指南。生态理论的概念抽象，难以直接应用于实际情境，需要进一步转化和具体化才能被社会工作者加以应用。

（二）创新型人力资源理论

创新型人力资源理论关注组织内的人力资源管理与提升创新能力之间的关系。② 这一理论强调将人力资源管理与组织创新有机结合，通过科学配置

---

① 蓝志勇：《论人才强国战略中的人才生态环境建设》，《行政管理改革》2022 年第 7 期，第 4～13 页。

② 赵峰、连悦、徐晓雯：《心理契约理论视角下创新型人力资源激励研究》，《科学管理研究》2015 年第 1 期，第 96～99 页。

人才、激发员工创造力和潜能，推动组织的创新和竞争能力持续提高。在创新型人力资源理论中，人力资源被视为推动创新的关键因素，认为组织的创新能力与员工的创新素质和动力密切相关。员工的发展和培训、领导力的角色以及建立支持创新的组织文化等是创新型人力资源理论的核心要素。

创新型人力资源理论与技能人才生态之间存在紧密的联系，两者相互作用共同推动组织创新与发展。[①] 这种关联可以从以下几个方面予以探讨。第一，创新型人力资源理论强调组织需要依托卓越的人才来提高创新能力，而技能人才生态研究提供了关于人才供需方面的数据支持。通过了解市场上不同技能人才的供应情况，组织能够有针对性地选择适合的人才，确保人才需求与供给的平衡，从而提高创新能力。第二，创新型人力资源理论注重多样性对于创新的促进作用，而技能人才生态研究可以帮助组织了解不同地区和行业的技能人才结构，从而有助于组织选择多元化的人才，拥有不同背景和经验的人才可以带来不同的创新视角和创意，推动组织创新。第三，激励机制是创新型人力资源理论中的核心因素之一，技能人才生态研究提供了关于竞争对手的激励机制和市场薪酬水平等信息。这有助于组织制定更具吸引力的政策措施，以便留住优秀人才。第四，创新型人力资源理论强调知识管理和培训的重要性，技能人才生态研究可以帮助组织了解不同行业的知识需求和技术发展趋势。这有助于组织有针对性地制订培训计划，提高员工的知识和技能水平，从而提高组织的创新能力。第五，组织文化和领导力在创新型人力资源理论中起着至关重要的作用。技能人才生态研究提供了关于不同企业文化和管理模式的信息，有助于组织学习借鉴先进的文化和管理模式，建立支持创新的文化和激发员工的创新动力。

总的来说，创新型人力资源理论和技能人才生态在不同层面上相互关联，共同推动组织的创新与发展。创新型人力资源理论重点关注卓越人才、多样性、激励机制、知识管理和组织文化，而技能人才生态研究提供了人才

---

① 李燕萍、齐伶圆：《人力资源管理领域对创新型人才的观照：视角、重点与未来方向》，《科技进步与对策》2016 年第 24 期，第 134~140 页。

市场、供需关系、竞争环境和就业机会等方面的信息支持。两者在相互作用中形成良性循环，推动了组织的创新能力不断提升。然而，也需要意识到，创新型人力资源理论在实际操作中需要应对如何更好地激发员工的创新动力、营造更支持创新的组织文化等挑战。未来的研究应该进一步探讨两者之间的关系，加强数据的收集和分析，制定更有效的人力资源管理策略，为组织的创新与发展提供更有力的支持。同时，政府和企业也应该共同努力，推动人才市场发展，为创新和发展创造更有利的环境。通过共同合作，创新型人力资源理论和技能人才生态将为组织和社会的可持续发展做出更大的贡献。

（三）社会认知理论

阿尔伯特·班德拉提出的理论强调了环境和个体之间的相互作用对人才发展的关键性影响。[1] 该理论认为，个体的发展不仅取决于自身的认知和动机，还受到社会环境、角色模型和观察学习等因素的影响。班德拉作为社会认知理论的提出者，详细阐述了这一理论的内涵和原则。他认为通过观察和模仿他人的行为，个体可以学习和获取新的知识和技能，从而实现自身的发展。随后的研究进一步深化了对个体认知和行为的理解，扩展了该理论的应用领域，特别关注观察学习等因素的影响。提供一个良好的学习环境和合适的榜样可以促进人才的发展。[2]

社会认知理论和技能人才生态是人力资源管理领域备受关注的两个概念。社会认知理论关注个体对他人和环境的认知与理解，而技能人才生态研究关注技能人才市场的供需关系和动态变化，从以下几个方面进行了探索。第一，社会认知理论认为个体的行为和决策是基于其对他人和环境的认知而形成的。技能人才生态研究为个体提供了了解不同职业发展前景的机会。在职业选择中，个体根据对不同职业的认知，做出更明智的选择，以提高职业满意度和工作绩效。第二，社会认知理论强调个体的自我效能感会影响其任务选择和

---

[1] A. Bandura, "Self-efficacy: Toward a Unifying Theory of Behavioral Change," *Psychological Review*, 1977, 84 (2): 191-215.

[2] 李晓侠：《关于社会认知理论的研究综述》，《阜阳师范学院学报》（社会科学版）2005年第2期，第87~89页。

完成方式。技能人才生态研究为个体提供了了解不同职业的技能需求的机会。这有助于个体更准确地评估职业自我效能感，以便更有信心地应对职业挑战，实现职业发展目标。第三，社会认知理论认为个体通过观察和感知他人的行为来获取有关他人的信息。技能人才生态研究为个体提供了了解不同职业领域的工作环境的机会。在工作中，个体对职业环境的感知会影响其职业满意度。通过了解职业特点及其发展前景，个体可以更准确地判断自己是否适合从事该职业，从而提高职业满意度和工作稳定性。第四，社会认知理论强调个体在面对信息不对称时会感到不适，从而采取行动来减轻这种不适感。技能人才生态研究为个体提供了了解不同职业供需情况和人才流动情况的机会。在职业适应过程中，个体可能会面对不同职业领域的供求不平衡，从而产生认知失调。然而，通过深入了解不同职业领域的需求和趋势，个体可以更好地应对挑战，采取相应的职业适应策略，提高职业成功的可能性。

综上所述，社会认知理论和技能人才生态在不同层面上存在相互关系，共同推动个体和社会的发展与进步。社会认知理论关注个体对他人和环境的认知，而技能人才生态研究关注技能人才市场的供求关系和动态变化。这两者在职业选择、职业发展、职业满意度和职业适应等方面相互影响，为个体的职业生涯提供了重要的支持。通过共同努力，社会认知理论和技能人才生态将为人力资源管理和职业规划等带来更多的启示，从而促进个体和社会的可持续发展。

第四节　技术路线、研究内容及研究方法

一　技术路线和主要研究内容

本书主要内容及其研究方法和工具详见图 1-1。

第一章，绪论。本章主要探讨了数字改革时代研究技能人才生态的背景和意义，提出了本书所要解决的问题，阐述了技能人才生态等相关核心概念并且介绍了技能人才生态相关理论，同时以问题为导向设计技术路线和研究

方法，尝试归纳提炼本书的理论贡献和创新点。

第二章，文献研究动态。本章通过梳理总结人才生态、技能人才生态、数字化与技能人才生态等国内外相关文献，为后文技能人才生态指标体系构建、人才评价和模拟，以及分析数字时代技能人才生态的变化及其经济贡献等提供理论支撑。

第三章，数字时代技能人才生态的现状及面临的问题。本章重点分析了数字化转型下技能人才生态的变化、技能人才生态现状、阻碍技能人才生态发展的因素、新时期技能人才生态评价的改进方向等，旨在阐述数字时代技能人才生态变化及其面临的问题。

第四章，技能人才生态评价的理论模型。首先，详细介绍了德国、美国、日本、韩国的技能人才生态构建的典型做法，在汲取有益经验的基础上，进一步分析了数字时代技能人才教育、人才区位、人才活力、人才创新等所受到的影响。其次，从技能人才的培育生态、势能生态、动能生态、创新生态和服务与支持生态 5 个维度构建技能人才生态评价指标体系。

第五章，技能人才生态的评价与仿真模拟。本章依据上文所构建的技能人才生态评价指标体系理论模型，结合各省份的公开数据和人才研究领域专家的打分数据（主—客观数据相结合），运用 AHP-熵值法、模糊综合评价和 Hopfield 神经网络分析，对当前技能人才生态进行权重计算从而进行评价。同时，运用评价数据和结果，采用 BP 神经网络模型对技能人才生态进行仿真模拟和预测，尝试分析技能人才生态的发展趋势。

第六章，数字时代分行业技能人才生态变化趋势与经济贡献。本章重点分析了数字时代不同行业的技能人才生态变化趋势与经济贡献，选取了技能人才相对集中的信息技术服务业、金融业、制造业、文化体育和娱乐业、建筑业等主要行业展开异质性分析。一方面，分析数字时代对技能人才生态的影响和趋势，运用 PVAR 模型进行检验和估计分析，探索数字时代下分行业的技能人才生态变化趋势。另一方面，分析数字时代技能人才生态对相应行业的经济贡献，运用 PVAR 模型和 OLS 回归模型进行检验和估计，探索数字时代技能人才生态对不同行业的经济贡献。

第七章，数字时代技能人才生态的塑造。依据前文的实证分析结果，从综合提升技能人才的培育生态、稳步巩固技能人才的势能生态、持续激活技能人才的动能生态、着力探索技能人才的创新生态、升级完善技能人才的服务与支持生态等方面进行技能人才生态的塑造。

第八章，结论与展望。通过总结前文的内容，得出数字时代技能人才生态的评价、塑造、提升路径等相关结论。尝试从推动数字化教育和技能培训、鼓励跨领域合作、提高数字素养、强调终身学习、制定智能化职业规划、提高技能人才社会地位等方面提出对策，并对数字时代技能人才生态研究进行展望。

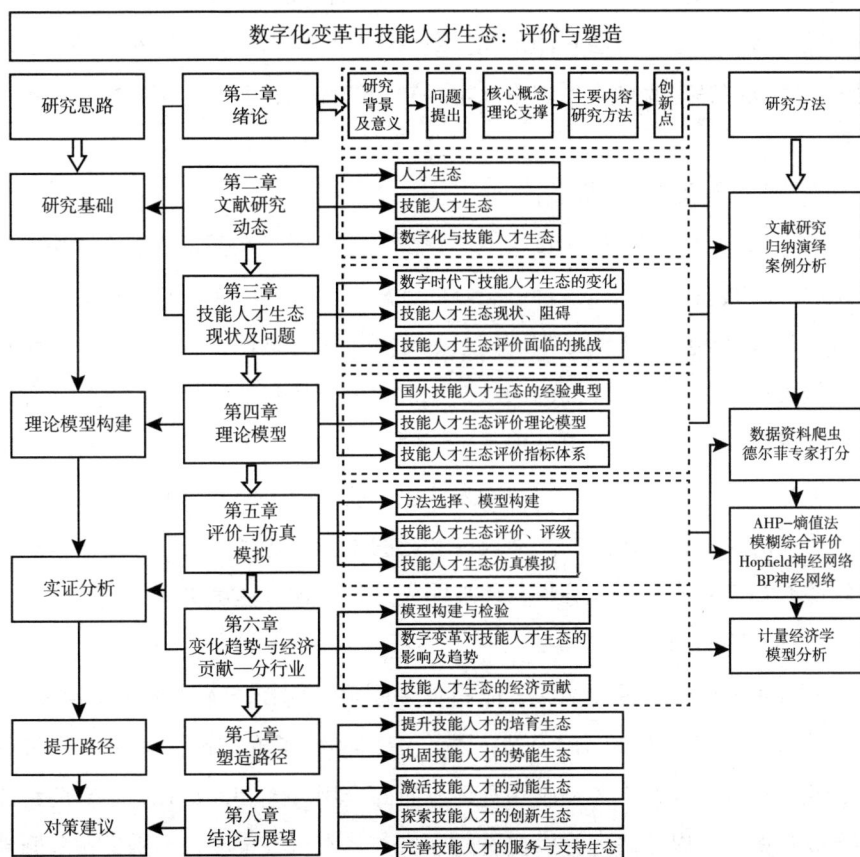

图 1-1 技术路线

二　研究方法

（一）文献归纳及演绎

通过文献归纳及演绎的研究方法，系统地收集、整理、分析与人才生态、技能人才激励和人才生态评价相关的文献和理论依据。这个方法有助于构建全面的理论支撑体系，提供深入研究和探讨这些领域的机会。在文献归纳的过程中，研究人员从丰富的文献资源中提取了关于人才生态、技能人才激励和人才生态评价的主要结论和观点。这有助于形成基础理论，从理论角度全面理解人才生态系统的运作机制、技能人才的需求和激励机制。文献演绎则通过比较和分析不同文献之间的理论观点和观察结果，进一步完善综合性的理论体系。这个方法有助于建立更深入的理论框架，以应对复杂的实际问题。文献演绎也有助于促进不同学科领域的知识融合，为跨领域研究提供支持。

（二）案例及资料分析

通过深入的案例分析和资料整理分析，能够更好地探索技能人才生态状况及评价所面临的问题。这种方法有助于深入了解不同领域和行业的人才需求，以及人才供给是否满足市场需求。此外，资料整理分析还有助于揭示目前技能人才生态评价所面临的问题，包括数据收集和处理面临的挑战、评价指标的确定和更新、如何更好地满足不同领域的需求等问题。综合而言，案例分析和资料整理分析是研究技能人才生态的重要方法，有助于更好地探讨当前存在的问题，为未来的发展提供有力的支持。这种方法也有助于促进不同领域的知识交流和经验分享，为技能人才生态评价提供更多的启示。

（三）调研与访谈

通过实地调研和深入访谈，能够更全面地了解技能人才生态评价情况。首先，与人事和人才部门的专业人员交流，详细了解技能人才生态评价现状、发展趋势及其在人才招聘和管理方面的应用。他们通常具有丰富的经验和专业知识，可以为研究提供宝贵的信息。其次，与企业，特别是实际开展技能人才生态评价的公司进行深入交流。通过与企业管理人员和人力资源专家的互动，了解在实际工作中是如何构建和应用技能人才生态的。实地访谈有助于了解不同行业和企业对于技能人才的需求。总之，实地调研和访谈是深入了解技能人才生态评价的重要手段，可以了解实际操作中面临的情况，收集真实的案例，为更好地开展技能人才生态评价提供有力的支持。

（四）数据资料爬虫

使用 Python 软件进行数据和资料爬虫搜索是一种高效的方法，可以收集和整理产业（企业）、技能人才生态等相关数据。通过编写合适的爬虫程序，自动抓取各种网站和数据库中的信息，从而获取大量技能人才生态有关数据，包括企业的招聘信息、技能人才的培训计划、行业的就业趋势等。这不仅可以提供全面的信息，还可以帮助研究人员及时发现和分析有关技能人才生态的新趋势和问题。通过数据和资料的爬虫搜索，可以更好地支持技能人才生态评价工作的开展，从而促进技能人才培养和发展。

（五）德尔菲专家打分

本研究邀请相关领域专家，对技能人才生态的评价指标进行量化打分评价。专家的参与有助于确保评价的客观性和权威性。专家可以基于自己的领域专长和实践经验，为每个指标提供详细的评分和评价依据，这有助于深入了解技能人才生态的各个方面。此外，专家的参与还可以减少主观偏见，确保评价的公正性和可信度。采用定量和定性相结合的方法，综合考虑各项指标的重要性和实际表现。

（六）综合指标评价

使用 Hopfield 神经网络分析和 AHP（层次分析法）等方法对专家打分数据进行处理和分析，有助于确定评价体系中各指标因素的权重。Hopfield 神经网络是一种能够处理复杂非线性关系的工具，通过迭代学习和优化，可以捕捉指标之间的相对重要性，从而为每个指标分配权重。这种方法的优势在于其自适应性和非线性建模能力，能够更准确地反映指标之间的相互影响。将 Hopfield 神经网络分析和 AHP 层次分析法结合使用，可以更全面地考虑指标之间的关系和各级指标的重要性，确保评价体系更具客观性和科学性。这将为技能人才生态评价提供可靠的数据支持，有助于更准确地评估技能人才生态发展状况。

（七）计量经济学模型

基于技能人才生态评价的结果和宏观数据，本书致力于进一步深入探索数字时代技能人才生态的经济贡献。采用计量经济模型，通过脉冲响应模型的应用，分析数字化转型对技能人才生态的影响。这将帮助我们更好地了解技能人才在数字时代变革中扮演的角色和受到的影响。同时，采用回归分析模型，针对不同行业，如信息技术服务业、金融业、制造业、文化体育和娱乐业、建筑业，研究技能人才生态的经济贡献。通过这些深入的数据分析方法，我们将能够详细了解不同行业中技能人才生态的实际价值及其在不同经济领域的重要性。

第五节　可能的创新点

一　创新点一：引入技能人才生态观

在传统的评价体系中，通常聚焦技能人才的学历、工作经验、岗位职责等硬性指标。本书创新性地引入生态观念，将技能人才视为生态系统的一部分，强调技能人才在产业生态中的相互依赖、相互影响及其对整个产业的推动作用。通过生态观念的引入，更全面地认识技能人才的价值和作用。

二　创新点二：构建技能人才生态评价指标体系

技能人才要具备多方面的能力和素质，传统评价体系往往无法全面覆盖。本书在现有技能人才生态评价基础上，从培育生态、势能生态、动能生态、创新生态、服务与支持生态等维度构建综合评价指标体系，以期能更好地反映技能人才在复杂多变的环境下所需具备的综合素养。

三　创新点三：对技能人才生态进行实证评价

在构建技能人才生态评价指标体系的基础上，本书尝试评价技能人才生态现状，运用 AHP-熵值法、模糊综合评价和离散 Hopfield 神经网络分析，结合技能人才及产业相关数据和专家打分情况，对技能人才生态进行评价分析，确定各项指标权重，进行分类评价等。同时，还对技能人才生态的经济贡献进行了探索，分析了其在不同行业的影响。最终依据实证评价结果提出了相应的对策建议。

第二章　文献研究动态

　　本章从人才生态、技能人才生态、数字化与技能人才生态等层面，梳理国内外学者在人才生态和技能人才生态领域的研究成果。在人才生态领域，对人才生态的起源、发展和人才生态系统的研究成果进行了全面回顾，以揭示这一概念的演化轨迹。同时，探讨了人才生态环境的演变，即从传统的组织内部环境到更加综合和开放的生态环境。在技能人才生态领域，学者们更加关注技能人才的复杂性，研究了技能人才生态评价，以明确如何度量和评估技能人才的各个方面。此外，学者们还研究了技能人才在不同行业扮演的角色及其所处的地位，考察了技能人才的培育生态、流动生态和政策生态等内容。这些研究说明了技能人才是涉及各种复杂关系的综合体。与此同时，数字化技术的迅速崛起对技能人才生态产生了深远的影响。学者们研究了技能需求的快速变化、数字化技术对不同职业的影响，以及技能匹配与失配等问题。同时关注了新兴的职业和技能以及教育和培训领域的创新，探讨了数字化技术如何加剧就业市场的不平等现象。综上，技能人才生态的相关研究，有利于构建评价技能人才生态的理论框架，为本书提供坚实的理论基础，以便能够更好地理解数字时代下技能人才生态的变化和发展。

第一节 人才生态研究

一 人才生态的起源、发展

人才生态学理论，作为人才学理论的一个重要分支，将人才的成长与发展与各种生态系统，如个体、种群、家庭、社会和自然生态系统等联系起来。[①] 这一理论强调人才的成长不仅取决于个体的认知和动机，还受到广义生态系统的影响。人才生态学关注人才发展与广义生态系统之间的相互作用，将人才与生态环境的关系作为核心研究领域，以深入研究人才的成长和发展。人才生态学理论从多个方面明确定义了人才生态的含义和本质，包括人才生态结构、人才生态特征及人才生态系统。

人才生态学的根源可以追溯到 19 世纪，德国生物学家赫克尔最早提出了"生态学"的概念，[②] 将环境因素引入生物学领域的研究。Burgess 于 1921 年提出了"人类生态学"的概念，[③] 首次将生态学理念应用于研究人类社会。社会生态系统理论则由美国心理学家布朗芬布伦纳于 1979 年提出。[④] 他将生态学理论引入行为研究，认为个体与环境相互依赖，可分为微系统、中系统、外系统和宏系统等子系统，强调环境对人才发展的关键作用。此后，Deolalikar 于 1999 年提出了"人力资源生态学"的概念，[⑤] 强调各国应根据自己的发展阶段制订相应的人力资源与环境发展计划。

---

① 车广吉、丁艳辉、徐明：《论构建学校、家庭、社会教育一体化的德育体系——尤·布朗芬布伦纳发展生态学理论的启示》，《东北师大学报》（哲学社会科学版）2007 年第 4 期，第 155~160 页。

② 卢君臻：《教育生态环境简论》，《临沂大学学报》1998 年第 2 期，第 63~65 页。

③ 金卫根：《人口与环境——当前人类生态学的课题》，《东华理工大学学报》（社会科学版）1987 年第 1 期，第 49~52 页。

④ 王如松、欧阳志云：《生态整合——人类可持续发展的科学方法》，《科学通报》1996 年第 S1 期，第 47~67 页。

⑤ R. Deolalikar, " Environmentally Adjusted Human Resource Development," *Environmental Economics and Sustainable Development*, 1999, 3（6）：66–85.

人才学作为中国首创的学科，最早由雷祯孝和蒲克于 1979 年提出，而后发展为人才生态学。[①] 随着时间的推移，国内学者开始关注人才生态、人才环境以及人才生态环境等，认为环境在人才的成长和发展中起到重要作用，人才环境对人才的成长具有决定性作用。人才生态学的研究领域近年来不断拓展，国内外学者提出了不同的观点，有益于我们更好地理解人才的成长和环境之间的关系。这一领域的研究有望为更好地培养人才，实现个体、社会和环境系统的最大生态功能提供支持。

二　人才生态系统

（一）生态理论

英国生态学家 Tansley 对生态系统理论进行了深入的研究，首次明确提出了生态系统的概念。他认为生态系统是由生物体、环境以及二者相互作用所构成的复杂系统。[②] 随着生态学的不断发展，20 世纪中后期 Kumar 主张在生态研究中强调生态系统的整体性，同时强调其内部结构有限但复杂。[③] Loreau 对生态系统的功能和生物多样性等领域的研究成果进行了总结。[④] 此后，生态学积极吸纳数理化等技术科学的发展成果，形成了独具特色的定量研究体系。庄子在《齐物论》中提出了"天地与我并生，而万物与我为一"的哲学思想，将人与自然视为整体，初步探讨了生态哲学。自工业革命以来，随着人类社会的快速发展，自然环境逐渐恶化，人类将关注重点转向保护生态环境。生态环境成为学者的研究热点，研究角度不再局限于概念框架，呈现出多元化趋势。

（二）人才生态系统

有研究强调人才与周围环境的系统性关系，进而分析人才生态的状态和

----

① 雷祯孝、蒲克：《应当建立一门"人才学"》，《人民教育》1979 年第 7 期，第 23~28 页。

② A. G. Tansley, "The Use and Abuse of Vegetational Concepts and Terms," *Ecology*, 1935, 16 (3): 284-307.

③ A. Kumar, "Emphasizing the Holism of Ecosystems with an Emphasis on Limited yet Complex Internal Structures," *Ecological Studies*, 1992, 8 (6): 28-45.

④ M. Loreau, "Summary of Research Findings in Ecosystem Functioning and Biodiversity," *Ecological Reviews*, 2001, 11 (7): 14-29.

变化。有学者认为人才与人才生态环境的关系，可以通过改善社会系统和自然环境系统进行改造。① 这不仅有助于保持社会与自然之间的生态平衡，还有助于实现培养人才和增加经济价值的目标。还有观点提出人才生态学主要研究人才开发培养与环境系统的关系，同时也涉及整体人才生态系统内部规律。② 还有观点认为多个环境因素相互作用形成了人才生态环境系统。③ 多个人才要素一起构成了人才生态系统，也是人类在自然环境中不断进化和演变的最终结果。④

　　有研究则从复杂系统视角分析人才生态，有学者认为人才生态系统由多个复杂组成部分构成，是一个复杂的、多维的网络系统，由各种能量、物质和信息组成，经过动态传递促进了人才的发展和演变。⑤ 人才生态系统主要包括人才群落、个体人才、人才生态因素和人才环境等。人才生态系统具有客观性特征，存在资源和人才相互依赖和制约的环境关系。有学者强调人才是构成人才生态系统的主要部分，人才与环境之间相互作用从而形成一个完整的系统，⑥ 如果人才生态系统存在缺陷，即使投入大量资金或提高薪资水平，也可能导致关键人才流失。⑦ 还有学者发现，创新型人才生态系统属于耗散结构系统，基于不同要素之间的非线性特性和远离平衡态的开放性，可以全面了解和把握人才生态系统的动态发展状况。⑧

　　还有研究则从产业、市场、企业、学校等组织系统层面分析人才生态变

---

① 唐德章：《人才生态系统的动态平衡及政策措施》，《生态经济》1990 年第 6 期，第 31~35 页。

② 沈邦仪：《关于人才生态学的几个基本概念》，《人才开发》2003 年第 12 期，第 22~23 页。

③ 刘瑞波、边志强：《科技人才社会生态环境评价体系研究》，《中国人口·资源与环境》2014 年第 7 期，第 133~139 页。

④ 曾建丽、刘兵、梁林：《科技人才生态系统的构建研究——以中关村科技园为例》，《技术经济与管理研究》2017 年第 11 期，第 42~46 页。

⑤ 黄梅、吴国蔚：《人才生态环境综合评价体系研究》，《科技管理研究》2009 年第 1 期，第 62~65 页。

⑥ 张东雪、汤博、刘雪芹：《京津冀科技人才生态系统优化研究》，《合作经济与科技》2017 年第 10 期，第 140~141 页。

⑦ 宋素娟：《人才生态系统的建构》，《现代企业》2005 年第 6 期，第 47~48 页。

⑧ 杨凡、吴红云：《基于生态学视阈的创新型人才成长体系初探》，《四川教育学院学报》2010 年第 9 期，第 7~9 页。

化。有观点认为人才生态系统可以直观反映某个时空内的组织、人才和市场，并且包含的人才种群、群落和人才所依赖的产业环境共同构成了产业与人才之间的"生态系统"，系统中的产业链与人才生态系统的各项功能紧密连接，实现了结构、空间、运作和功能上的动态平衡，① 为了实现人才生态系统的良性发展，需要"建立人才发展梯队，构建与上下游公司的联系网络"。② 还有研究从人力资源价值链的角度入手，探索了企业人才生态系统评价模型，包括组织能力、环境地域和人才能力等组成部分。③ 有观点认为，我国各高等院校、个体人才、企业组织和其他群体一起构成了高技能人才的外部生态系统，同时还受到各种外部因素的影响，包括成长、生存和发展等因素。④

（三）人才生态系统评价

为对人才生态系统进行评价，学者普遍采用构建评价指标体系的方法。随着研究的深入，评价维度、指标和思路也不断更新。有学者从人力资源、自然环境和社会环境三个维度评价人才生态系统。⑤ 还有研究结合人才需求不同层次，构建人才生态系统评价指标体系。⑥ 随着社会经济发展，对人才生态系统评价也不再局限于生产要素的投入和产出，还引入了服务和支撑等非定量因素。⑦ 还有研究回归到生态学的原始基础，从个体、群落、环境以及各种生态因子等角度对人才生态系统进行全面评价。⑧ 在企业层面的研究

---

① 张子良：《实现人才与产业的交融——关于如何营造人才与产业的"生态系统"》，《中国人才》2007 年第 5 期，第 26~27 页。

② 杨菲：《培育人才生态系统》，《21 世纪商业评论》2010 年第 1 期，第 70~71 页。

③ 商华、王苏懿：《价值链视角下企业人才生态系统评价研究》，《科研管理》2017 年第 1 期，第 153~160 页。

④ 李援越、吴国蔚：《高技能人才生态系统相关研究》，《经济纬纬》2010 年第 1 期，第 4 页。

⑤ 颜爱民：《人力资源生态系统刍论》，《中南大学学报》（社会科学版）2006 年第 1 期，第 67~71 页。

⑥ 张红霞：《创新驱动战略下科技人才生态环境系统评价指标体系构建》，《经济论坛》2019 年第 11 期，第 35~42 页。

⑦ 顾然、商华：《基于生态系统理论的人才生态环境评价指标体系构建》，《中国人口·资源与环境》2017 年第 S1 期，第 289~294 页。

⑧ 商华、惠善成、郑祥成：《基于生态位模型的辽宁省城市人力资源生态系统评价研究》，《科研管理》2014 年第 11 期，第 156~162 页。

中，有学者通过价值链和组织创新绩效评价企业人才生态系统。①

　　除了人才生态系统的评价指标体系构建方法外，更多新颖的研究方法也层出不穷。有学者着眼于定性和定量相结合的研究方法，引入了协调模型，以评价人才生态环境的协调性。② 还有研究采用了 DEA 模型，以人才生态环境的效率为核心进行评价，选择了人才保障、经济、孵化、自然、科技贡献以及人才存量等多个变量，全面评价人才生态环境的质量。③ 有研究强调了评价不仅应关注产出，还要关注投入和环境的平衡。④ 对人才生态系统进行全面评价是一项复杂的任务，需要多维度的信息和方法，人才生态系统评价不再仅仅关注人才的数量，更需要考虑人才的质量、环境的适应性以及生态系统的平衡。⑤ 各种因素和变量都应该被充分考虑，以更好地指导政策制定和实践，推动人才与社会发展的协同增长。⑥

　　综上，人才生态系统评价是一个多层次、多角度的研究领域，需要综合运用定性和定量的方法，结合实际情况和生态系统理论，构建灵活且精准的评价体系，进而有助于更好地了解人才需求和供给，为人才培育和社会发展提供科学的指导。随着数字化时代到来，可以预期人才生态系统评价仍将是学术界和政策领域的热点问题，应不断丰富和完善评价体系，更好地适应社会发展需求。

---

① 张雯、姚舒晨：《人才生态系统与组织创新绩效评价指标体系研究》，《经济师》2021 年第 1 期，第 9~11 页。

② 李荣杰：《山东半岛蓝色经济区人才生态环境评价与优化研究》，中国海洋大学硕士学位论文，2012。

③ 周方涛：《基于 AHP-DEA 方法的区域科技创业人才生态系统评价研究》，《管理工程学报》2013 年第 1 期，第 8~14 页。

④ 郝金磊、韩静：《西部地区科技创新人才生态环境评价研究》，《西安电子科技大学学报》（社会科学版）2015 年第 2 期，第 37~43 页。

⑤ 杨河清、陈怡安：《海外高层次人才引进政策实施效果评价——以中央"千人计划"为例》，《科技进步与对策》2013 年第 16 期，第 107~112 页。

⑥ S. Y. Chen, "The Evaluation Indicator of Ecological Development Transition in China's Regional Economy," *Ecological Indicators*, 2015, 51 (1): 42-52.

三 人才生态环境

对于人才生态环境，国外学者较早开始关注，早期研究主要从心理学角度出发，探讨人的行为是如何受到主体和环境的双重影响，如何随着自身和周围环境、空间的变化而变化。[①] 国内学者的研究相对较晚，强调培养和吸引人才离不开高度融合、顺畅运行、健康发展的人才生态环境[②]。还有研究认为吸引和留住人才的前提是企业或组织内部必须具备一个适宜人才生存和成长的生态环境，尤其是在吸引和培育核心人才方面[③]。

从国内外关于人才生态环境重要性的研究来看，不论是宏观层面还是微观层面，从国家到企业，人才生态环境都对地区或组织内部人才的流动、发展和作用发挥至关重要，同时人才的发展也离不开良好的人才生态环境。

（一）人才生态环境影响因素

国内外学者对人才生态环境的影响因素进行了广泛研究，涉及社会学、心理学、经济学等多个学科领域，涉及组成要素、人才需求、发展、自我实现价值以及人才的不同构成层次等多个维度。

有研究揭示了人才在挑选工作和决定职业去留时，主要考虑的因素包括个人环境、工作环境以及社会环境。[④] 研究基于期望理论从多学科视角分析人才流动选择问题，揭示了人才在不同人才环境之间的流动规律，并强调了工作机会和满意度的重要性。[⑤] 还有研究基于心理学从国际视角，系统分析了影响人才流动的因素，认为人才环境在很大程度上决定了人才流动，经济、政治、职业、文化等多个因素都对人才流动具有显著的影响。

---

① 朱达明：《人才环境初探》，《中国人力资源开发》2001 年第 7 期，第 4~8 页。
② 王光玲：《知识型企业微观人力资源生态系统研究》，《中国商贸》2009 年第 19 期，第 65~66 页。
③ 李锡元、查盈盈：《人才生态环境评价体系及其优化》，《科技进步与对策》2006 年第 3 期，第 37~39 页。
④ B. J. G. Rosse, R. A. Levin, *The Jossey-Bass Academic Administrator's Guide to Hiring*, Jossey-Bass, 2003.
⑤ 林静霞：《城市舒适性视角下归国科研创新人才的空间偏好及其影响因素研究》，南京大学硕士学位论文，2019。

国内的相关研究也不断深入。有观点对人才生态环境评价体系进行了划分，强调满足人才内在需求的重要性，指出要发挥人才的潜力，不仅需要物质上的激励，还需要关注其内在需求。有学者从产业视角探讨人才集聚与产业集聚的相互作用和乘数效应，通过软件产业的案例阐明了地区产业集聚对人才生态环境的重大影响。[①] 还有研究分析了北京市核心商业区周围的人才环境，发现政策环境在影响人才吸引和聚集方面起到了决定性和根本性的作用。[②] 有学者全面梳理了现有人力资源生态系统指标，通过实证研究优化了一个包含三级指标的人才生态环境评价体系模型，揭示了员工素质、文化环境、物质环境、经济环境等多个因素对人才生态环境建设的重要性。有研究发现，政策环境、事业环境、团队环境、生活环境等人才环境因素对人才，尤其是高层次人才的流动意愿产生显著影响，其中团队环境的影响效应最为显著。[③]

国外学者和国内学者的研究为深入了解人才生态环境的复杂性和多样性提供了重要的洞见，有助于更好地认识人才生态环境的关键因素，并为改善和优化人才生态环境提供有益的信息。

（二）人才生态环境优化

国内研究方面，重点关注人才生态环境优化所需的经济、社会、政策和生态环境，促进各环境元素和谐共生。[④] 人才生态环境的竞争关键在于谁能采取更有力的措施、谁的方法更为实际可行，尤其需要创新人才理念，以确保环境的可持续发展。[⑤] 人才生态环境优化目标应当确保智力资源得以充

① 孙健、尤雯：《人才集聚与产业集聚的互动关系研究》，《管理世界》2008 年第 3 期，第 177~178 页。
② 李倩：《北京 CBD 人才聚集环境效应及优化研究》，首都经济贸易大学硕士学位论文，2009。
③ 陈杰、刘佐菁、陈敏：《人才环境感知对海外高层次人才流动意愿的影响实证——以广东省为例》，《科技管理研究》2018 年第 1 期，第 163~169 页。
④ 张潇：《鄱阳湖生态经济区人才生态环境评价研究》，华东交通大学硕士学位论文，2012，第 47~51 页。
⑤ 王永桂：《政府行为与人才生态环境的改善》，《重庆科技学院学报》（社会科学版）2010 年第 21 期，第 42~43+57 页。

分汇聚，人才机制得以完善，创新创业文化保持高度活跃，以便提供便捷和高质量的人才服务。[1] 在我国人才环境影响因素中，政府具有宏观调控的优势，要进一步优化人才生态环境，政府应发挥主导作用。[2] 有学者提出人才环境优化要坚持市场导向、社会各界参与，不断完善经济、生活和政策等环境。[3] 关于人才生态环境优化的研究，大多数文献着眼于企业或组织层面，而从政府角度切入的研究较少。人才生态环境优化措施大多停留在宏观层面，较少结合特定人才群体、特色行业、地方特色等进行深入探索。

（三）人才生态环境评价

当前，有关人才生态环境评价指标体系的研究可以总结为以下三个方面。

首先，关于特定地区构建的人才生态环境评价指标体系，有研究分析了山东半岛蓝色经济区构建的人才生态环境竞争力评价指标模型。[4] 该模型包括 5 个一级指标，包括地域文化、政府执政能力及效率、教育与科技发展水平、人才政策、环境因素，涵盖了 15 个二级指标，如风俗习惯、受教育人数、人才评价机制、民主化程度、交通环境等。此外，还有研究对雄安新区人才环境进行研究，构建了人才生态环境评价指标体系，包括 6 个一级指标，如政策环境、经济环境、文化环境、生活环境、社会环境和自然环境，涵盖了 38 个二级指标，包括人才发展政策、收入水平、创新精神、公共交通、空气质量等。[5]

其次，基于特定人才类型的人才生态环境评价指标体系，有研究在深入

---

① 古龙高、古璇：《以生态性人才环境建设引领欠发达地区人才集聚的路径创新》，《大陆桥视野》2017 年第 5 期，第 28~33 页。

② 蒋满元：《承接产业转移过程中的政府生态责任与生态政策选择问题探讨》，《宁波广播电视大学学报》2009 年第 2 期，第 25~28 页。

③ 应验：《人才环境指标体系及优化路径研究——以海南为例》，《经济与社会发展》2017 年第 6 期，第 6 页。

④ 许衍凤、杜恒波、孙玉峰：《山东半岛蓝色经济区人才生态环境竞争力评价》，《科学与管理》2013 年第 6 期，第 91~95+101 页。

⑤ 耿子恒、汪文祥：《人才生态视域下的人才集聚策略研究——河北雄安新区的探索》，《经济论坛》2020 年第 4 期，第 48~60 页。

分析人才生态系统作用机理的基础上，构建了区域科技创业人才生态系统，包括 5 个一级维度，分别是科技创业人才、创业支撑环境、市场经济环境、社会文化环境、生活服务环境。① 还有研究通过对科技人才生态环境进行分析，构建了包含经济基础环境、科技创新环境、成长激励环境、生活环境和区位环境 5 个维度的人才生态环境评价体系，包括高新技术企业数量、恩格尔系数等 30 个具体评价指标。② 此外，还有研究以创新驱动战略为指标体系构建基础，从微观、中观及宏观三个层次出发构建指标体系。③

最后，有关人才生态评价指标体系构建方法的研究，学者们主要采用因子分析法、AHP-熵值法、层次分析法、DEA 模型等方法。在技能人才评价方面，借鉴国内外绿色素养评价研究经验，邀请多名专家采用德尔菲法和层次分析法确定技术技能人才评价模型的各项指标及其权重。④

第二节　技能人才生态研究

一　技能人才生态评价

国内学者广泛应用生态学理论和研究方法，尤其是生态位理论、协同进化理论、生态平衡理论以及生态系统健康评价理论，分析和评价技能人才生态系统。这些理论和方法已成功应用于经济和管理领域，特别是在人力资源管理方面，取得了一些显著成果，为高技能人才的生态评价研究提供了有益

① D. De Angelis, Y. Grinstein, "Relative Performance Evaluation in CEO Compensation: A Talent-Retention Explanation," *Journal of Financial and Quantitative Analysis*, 2020, 55 (7): 99 – 123.

② 张立新、崔丽杰：《基于非整秩次 WRSR 的市域科技人才生态环境评价研究——以山东省 17 地市为例》，《科技管理研究》2016 年第 2 期，第 83~87 页。

③ 盛科荣、张红霞、赵超越：《中国城市网络关联格局的影响因素分析——基于电子信息企业网络的视角》，《地理研究》2019 年第 5 期，第 1030~1044 页。

④ R. Olivares, R. Henríquez, C. Simpson, O. Binvignat, M. González, L. Conejeros, C. Merino, P. L. Arce, "Evaluation of the Teaching and Learning Process in a Human Morphology Course by Students from an Academic Talents Program," *International Journal of Morphology*, 2014, 32 (1): 141 – 146.

的启示。有学者分析了企业对人力资源生态系统的动态适应和自我调节问题，[①] 在微观层面探讨了人力资源系统与自然环境、经济环境、社会环境之间的相互关系，通过建模分析了不同生态位水平的人力资源在市场竞争方面的表现，[②] 研究了人才生态链的形成机制及其对人才结构的优化作用，并构建了具有可操作性的人才生态环境综合评价体系。知识经济背景下企业在高技能人才管理方面面临的外部环境发生变化，而企业在高技能人才培养和发展中具有重要作用。[③]

同时，国内学者还试图将生态学理论和方法引入高技能人才研究，以关注问题发生的内在机制。有学者探讨了高技能人才发展现状和存在的问题，强调全面建设技能生态的必要性，提出了多项解决技能人才培养问题的政策组合。[④] 还有研究分析了技能人才需求的结构性矛盾，强调重视软技能需求，并提出了合理配置专业、促进核心素养培养等方面的建议。[⑤]

同时，还有学者分析了影响技能人才培养的主要因素，提出了建立有效的政府、企业、培训机构协同机制，以推动技能人才发展。[⑥] 其中高职院校技能人才培养面临一系列挑战，而基于生态学理论的培养体系改革路径具有可行性。[⑦] 还有研究通过扎根理论分析了高技能人才生态系统，从生态学角度构建了高技能人才生态系统，分析其特点和功能，[⑧] 强调要适

[①] 邓涛：《人力资源生态系统的理论与应用研究》，中南大学硕士学位论文，2006。

[②] 桂学斌：《生态位在人力资源市场竞争中的应用研究》，中南大学硕士学位论文，2006。

[③] G. Sart, "The Impacts of Strategic Talent Management Assessments on Improving Innovation-Oriented Career Decisions," *Anthropologist*, 2014, 18（3）: 57-65.

[④] 陈玉杰：《全力打造技能生态 助推高技能人才队伍建设》，《职业》2023 年第 1 期，第 16~18 页。

[⑤] 梁珺淇、石伟平：《人工智能视域下技能人才需求的未来走向与职业教育的路径选择——基于 OECD 教育报告的分析》，《中国成人教育》2019 年第 4 期，第 4 页。

[⑥] 宁高平、王丽娟：《新时期技能人才培养培训机制研究》，《宏观经济管理》2019 年第 8 期，第 59~67+74 页。

[⑦] 楼晓春、马亿前、陶勇：《"行校企共同体"电梯类技术技能人才培养生态构建研究》，《中国职业技术教育》2022 年第 10 期，第 88~92 页。

[⑧] 戴福祥、章娜、杨佳敏：《高技能人才生态系统要素间的相互关系及其模型构建——以湖北省为例》，《武汉理工大学学报》（社会科学版）2021 年第 2 期，第 94~103 页。

应协同创新生态系统的发展要求，以提高高职技术技能人才培养质量。[①]
有研究利用现代生态学理论和方法，分析了政府、培训机构、人才市场
和用人单位等对技能人才培养和发展的作用。[②] 还有学者基于生态环境评
价框架，分析了经济发展环境对技能人才的社会生态环境的影响，[③] 强调
技能人才可持续发展，特别关注职业教育的管理效能、科创合作、政策
体系等，以完善技能人才生态系统。[④] 还有学者基于协同理论，分析技能
人才供给与区域经济效益的协同作用机制，[⑤] 根据技能人才"引用育留"
机制，提出了技能人才协同发展策略。[⑥] 上述研究在技能人才生态评价体
系和生态协同发展方面提供了有益的理论和方法，有助于解决技能人才培
养中的实际问题。

二 技能人才的行业生态

学者们基于数据通过各种实证分析方法对技术技能人才培养成效进行
了分析，在制造业领域，这些成效尤为显著。[⑦] 我国的制造业迅速发展，
技能人才已经成为推动制造业进一步发展的重要支撑力量。此外，随着产
教协同试点项目不断增加，尤其是先进制造业的快速发展，产教协同平台
得以建立和壮大，多家高职院校已针对智能制造、新一代信息技术、高级

---

① 唐小艳、谢剑虹：《"政产学研用"协同创新生态系统下高职技术技能人才培养模式改革路径分析》，《长沙民政职业技术学院学报》2022 年第 3 期，第 66~69 页。

② S. Waheed, A. H. Zaim, "A Model for Talent Management and Career Planning," *Educational Sciences-Theory & Practice*, 2015, 15 (5): 5-13.

③ 田楠：《京津冀产业转移中技术技能人才社会生态环境研究》，《中国职业技术教育》2020 年第 13 期，第 77~88 页。

④ 宋杰：《长株潭技能人才生态可持续发展困境及生态位策略》，《机械职业教育》2023 年第 4 期，第 8~12 页。

⑤ 沈钰、韩永强：《协同学视域下技术技能人才供给与区域经济效益协同度测量》，《职业技术教育》2021 年第 1 期，第 32~37 页。

⑥ 康月林：《技能人才协同发展的内涵及其圈层体系构建研究》，《中国职业技术教育》2022 年第 33 期，第 22~29 页。

⑦ 唐小艳：《"中国制造 2025"背景下技术技能人才培养的成效与问题分析》，《国际公关》2019 年第 6 期，第 57~58 页。

数控机床、先进装备制造、节能和新能源汽车等领域的人才需求，积极调整专业设置，共同创建应用技术协同创新中心。因此，技能人才已经成为产业集群中不可或缺的关键力量。

关于人才短缺问题，有研究分析了我国高技能人才市场供给现状以及人才短缺的多种原因，包括高技能人才的社会价值评价不当、培养机制存在缺陷、培训经费不足、高技能人才的评价和激励机制存在问题等，并为解决这些问题，提出了相应的对策，如改变片面的人才观念，创造更有利于高技能人才成长的社会环境；完善高职院校和企业的培养机制；完善高技能人才评价和激励机制。[1] 还有研究从城市层面入手，研究了城市中高技能人才供求关系失衡现状及其负面影响，并对高技能人才供给进行了预测。[2] 有研究从产业结构升级的角度分析了苏州高技能人才队伍建设中存在的问题，如高技能人才分布不平衡、"橄榄型"分布结构、高技能人才素质亟待提高以及高技能人才趋于老龄化等。[3]

三　技能人才的培育生态

有研究探讨了学校与企业联合培养应用型人才的办学模式。[4] 有研究归纳了校企联合培养高技能人才实现双赢的成功经验，还有研究针对现有高技能人才课程模式存在的不足，介绍了天津和浙江温州培养高技能人才的成功经验。[5] 还有研究从师资视角讨论了建立"双师型"教师队伍的高技能人才

---

[1] 杨皖苏、邹幼明、严鸿和：《我国高技能人才短缺的对策研究》，《人才开发》2006年第5期，第17~19页。

[2] 叶荣德：《城市高技能人才供求失衡研究》，扬州大学硕士学位论文，2007。

[3] 罗国莲、盛立强：《产业结构转型升级视角下的苏州高技能人才队伍建设的对策研究》，《科技管理研究》2012年第4期，第109~113页。

[4] 肖坤梅、苏华：《校企合作培养高技能人才的七种模式》，《中国培训》2007年第10期，第20~21页；滕宏春：《"工学结合"培养高技能人才的困惑及其创新运作机制与管理探讨》，《职教论坛》2007年第17期，第17~19页。

[5] 魏崴：《校企融合　创新高职办学理念和管理模式》，《中国高等教育》2006年第8期，第47~49页；黎德良：《大力开展校企合作　探索高技能人才培养的有效途径》，《中国培训》2007年第5期，第37~38页；魏康民：《半工半读是培养高技能人才的有效途径》，《成人教育》2007年第8期，第58~59页。

培养途径，并提出了一系列措施，包括完善职业教育和培训体系、增加技术技能人才供给、提高培养质量、实施正向激励政策、改善技能人才评价制度、改进引进政策等。[①] 另外还有研究强调"政—校—企"结合的重要性，认为当前在高技能人才培养过程中缺乏激励企业与高职院校建立合作关系的配套税收优惠政策。[②]

此外，还有研究从社会学和管理学的理论入手重点探索了家庭或组织管理的影响，实证研究了中国情境下家长式领导对技能人才知识共享意愿的影响、技能人才的组织自尊在其中发挥的中介作用、权力距离在家长式领导与组织自尊之间的调节作用。[③] 研究结果显示，仁慈领导和德行领导对技能人才的知识共享意愿有正面的作用，而威权领导对技能人才的知识共享意愿有负面的作用；组织自尊在家长式领导与技能人才知识共享意愿之间发挥了中介作用；权力距离对家长式领导与技能人才组织自尊之间的关系具有调节作用。

随着全球经济数字化和技术变革，技能人才培养变得至关重要，对保持竞争力、促进经济增长和解决就业问题都具有重要意义。因此，技能人才培育生态研究逐渐引起广泛的关注。数字时代的兴起引领了培育生态的变革。在线教育、远程学习和数字化技术的广泛应用，使技能人才的培养不再受限于传统教育体系，对技能人才的培育方式、资源利用以及学习成果的评价提出了新的挑战。并且，技能人才培育生态研究逐渐趋向跨学科，涉及社会学、经济学、教育学、心理学等多个学科。这有助于更全面地理解技能人才培育过程，同时有助于揭示各种社会、文化和政策因素对技能人才的影响。政府和产业界开始更积极地介入技能人才培育生态，政策制定者推出一系列激励计划，以吸引更多的人才投身关键领域。同时，企业也在积极参与技能

---

① 谭永生：《促进我国技术技能人才发展》，《宏观经济管理》2020 年第 2 期，第 35~41 页。
② 陈洁：《试析高技能人才培养存在的问题及解决措施》，《人才资源开发》2010 年第 9 期，第 86~87 页。
③ 叶龙、刘云硕、郭名：《家长式领导对技能人才知识共享意愿的影响——基于自我概念的视角》，《技术经济》2018 年第 2 期，第 55~62+119 页。

人才培育，与教育机构合作，提供实际技能培训服务。现代技能人才培育不再仅仅关注理论知识，更强调实际应用。技能人才培育生态研究强调实际技能、解决问题和创新思维的重要性，以使学习环境更具针对性。另外，技能人才培育生态研究将评估和质量控制作为关键因素，开发有效的评价体系，以确定技能人才培养成果，持续改进培育生态，确保培养出更具市场竞争力的人才。

四　技能人才的流动生态

技能人才的流动生态研究关注在国际经济竞争中高技能人才流动对国家之间关系的影响，指出移出国和移入国之间的关系可以是"赢家—输家"或"赢家—赢家"。[①] 有学者分析了香港在高新技术和信息技术领域的高技能人才短缺情况，探讨了香港特别行政区政府采取的吸引高技能人才以增强自身国际竞争力的措施。[②] 还有研究调查了匈牙利外国直接投资（FDI）企业对高技能人才的雇佣情况，在经济全球化的过程中，揭示了知识流动与资本流动之间的相关性，以及 FDI 对知识和技术从高度市场化经济国家向匈牙利转移的潜在趋势。[③] Fuess 分析了日本高技能人才短缺现状，强调自 1990 年以来，日本政府进行了移民政策调整，尽管政策相对谨慎和相对严格，但成功吸引了大量外籍高技能人才。[④] Rudra 则对欧洲国家的高技能人才生态系统进行了实证分析，认为从"高技能人才生态系统"的角度入手，可以更深入地理解人才迁移和流动行为。[⑤] 技能人才流动不仅是国际跨境迁徙，

① A. M. Gaillard, J. Gaillard, "The International Circulation of Scientists and Technologists," *Science Communication*, 1998, 20 (1): 23-34.

② J. K. C. Lam, "Shortage of Highly Skilled Workers in Hong Kong and Policy Responses," *Journal of International Migration and Integration*, 2000, 1 (4): 54-62.

③ Annamária Inzelt, "The Inflow of Highly Skilled Workers into Hungary: A By-product of FDI," *Journal of Technology Transfer*, 2008, 33 (4): 52-67.

④ S. M. Fuess, "Immigration Policy and Highly Skilled Workers: The Case of Japan," *Contemporary Economic Policy*, 2003, 21 (2): 55-67.

⑤ N. Rudra, "Are Workers in the Developing World Winners or Losers in the Current Era of Globalization?" *Stud Comp Int Dev*, 2005, 40 (3): 29-64.

也包括国内城市和地区之间的流动，涉及人才的选择、动机、适应等。

技能人才的流动受数字化和全球化的双重影响。数字化技术和互联网的发展使人才更容易获取信息、建立联系，这加速了跨国和跨地域的流动，也使技能人才更容易适应新的工作环境和变化。[①] 在技能人才流动对知识和经济影响方面，技能人才流动伴随着技术创新和知识经济的变化，这种变化不仅仅是正向的，也包括技能人才外流的负面影响。在政策和管理方面，技能人才流动引发了政策和管理上的一系列挑战。国家和地区竞相制定政策以吸引和留住技能人才，包括税收政策、工作签证、教育投资等。同时，人才流动管理也需要考虑流动的合法性、人权、社会融合等问题。综上，技能人才的流动生态和环境研究呈现了复杂的、多元化的趋势，反映了数字时代全球化和数字化的挑战和机遇。技能人才的流动生态研究逐渐向多维度延展，从个体家庭逐渐扩大至社会和国家甚至是全球。不同尺度的因素相互交织，影响着技能人才的流动和适应。需要研究者们进行技能人才流动生态的测度和评价，开发有效的方法和指标来量化技能人才的流动和适应情况，以更好地理解其影响和趋势。

五 技能人才的政策生态

关于技能人才政策生态，有学者引述了欧盟发布的关于欧洲人口老龄化与劳动力短缺的报告，强调劳动力市场呈现出两极分化趋势：低技能人员失业率高企，而高技能人才短缺。[②] 有学者发现城市的吸引力和国际化程度与其外来高技能人才的流动能力息息相关，凸显了城市作为国际中心对高技能人才的吸引力。[③] 有研究对欧洲各国高等教育结构和高技能人才雇佣情况进行了比较研究，将高技能人才的培养与国家的创新系统联系在一起，强调了

[①] A. E. L. Sawad, "Becoming a Lifer? Unlocking Career through Metaphor," *Journal of Occupational & Organizational Psychology*, 2011, 78 (2): 12-24.

[②] 李仲生：《欧盟人口老龄化与劳动力不足》，《西北人口》2008 年第 5 期，第 5~7 页。

[③] L. Zhang, F. L. Wang, T. Sun, B. Xu, "A Constrained Optimization Method Based on BpNeural Network," *Neural Computing & Applications*, 2018, 29 (2): 13-21.

两者的相互关系。① 习近平总书记在党的十九大报告中强调，"加快建设制造强国，促进先进制造业发展"。我国制造业发展较快，而人才培养成为其中的关键因素。职业教育作为技能人才培养的主要领域，为建设制造强国提供了重要的支持，取得了显著的成效。

随着全球化的不断发展，未来研究应多关注技能人才政策的国际比较，关注不同国家和地区的政策实践，总结各国在技能人才培育和流动方面的经验和教训。数字时代带来了新的挑战，政策需要具有灵活性和创新性，研究也需要关注政策如何调整以提升技能人才的适应性和创新性。数字化技术的迅速发展对政策生态产生了深远影响。政府制定的数字化领域的政策变得愈加重要，以支持技能人才的数字化培训，需确保政策与技术发展保持同步。

第三节　数字化与技能人才生态

数字化转型对技能人才生态的影响是备受关注的研究领域，以下是一些相关的研究成果。

一　技能需求的快速变化

在数字时代，新技术不断涌现，特定领域的技能可能会逐渐无法满足快速发展的数字化经济需求。② 但与此同时，新兴技术和数字化工具的广泛应用也催生了全新的技能需求，推动了一系列新的职业的兴起。这种技能需求的演变过程吸引了研究者的极大关注，③ 他们迫切希望深入了解这一演变过

---

① A. Back，J. Scherer，G. Osterhoff，L. Rigamonti，D. Pförringer，D. Pförringer，Digitalisation Working Grp.，"Digital Implications for Human Resource Management in Surgical Departments," *European Surgery-Acta Chirurgica Austriaca*，2022，54（1）：17-23.

② Z. Bin，X. D. Hu，D. K. Gao，L. Z. Xu，"Construction and Evaluation of Talent Training Mode of Engineering Specialty Based on Excellence Engineer Program," *Sage Open*，2020，10（2）：58-74.

③ C. C. Chang，C. S. Chang，"Influences of Talent Cultivation and Utilization on the National Human Resource Development System Performance：An International Study Using a Two-Stage Data Envelopment Analysis Model," *Mathematics*，2023，11（13）：66-78.

程，以找到应对这一挑战的方法。

在数字时代，数字化技术的快速发展引发了劳动力市场技能需求的根本性变化。这一现象吸引了众多研究者的关注，他们试图深入了解不同行业和职业对技能的需求如何随着数字化技术的普及而变化。首先，数字化技术的快速发展已经彻底改变了很多行业的运作方式。信息技术、云计算、大数据、人工智能和自动化等技术已经渗透到许多行业，从制造业到金融服务，从医疗保健到教育，[①] 这一广泛应用的趋势引发了对数字技能的迫切需求。在数字时代，数字技能已成为基本职业技能。研究者指出，对数字技能的需求不再局限于信息技术从业者，而是扩展到各行各业。[②] 例如，销售和市场营销专业人员需要掌握数字广告和电子商务等相关知识，医疗保健领域开始使用电子病历系统，制造业大量采用数字生产技术，而建筑师和设计师需要会使用计算机辅助设计工具。此外，信息安全也是数字时代不可或缺的。随着网络犯罪和数据泄露事件的增多，企业和组织越来越需要专业的信息安全人员来保护其数字资产和客户数据安全。[③] 这种安全技能需求引发了信息安全领域的发展。除了数字技能外，创新技能也在数字时代变得至关重要。创新技能包括创造性思维、解决问题的能力和对新技术的适应性。在快速变化的数字环境中，创新技能可助力个体应对新挑战。另一个关键的技能领域是数据科学和大数据分析。[④] 企业和组织越来越需要从大量数据中提取有价值的信息，为此，对数据科学家和分析师的需求激增，包括统计学、编程和数据可视化等技能，以便有效地分析和解释数据。随着技能需求的变化，教育

① S. Y. Chen, "The Evaluation Indicator of Ecological Development Transition in China's Regional Economy," *Ecological Indicators*, 2015, 51 (1): 42-52.

② D. De Angelis, Y. Grinstein, "Relative Performance Evaluation in Ceo Compensation: A Talent-Retention Explanation," *Journal of Financial and Quantitative Analysis*, 2020, 55 (7): 99-123.

③ W. E. Donald, Y. Baruch, M. J. Ashleigh, "Technological Transformation and Human Resource Development of Early Career Talent: Insights from Accounting, Banking, and Finance," *Human Resource Development Quarterly*, 2023, 34 (3): 29-48.

④ M. A. Galindo-Martín, M. S. Castaño-Martínez, M. T. Méndez-Picazo, "Digitalization, Entrepreneurship and Competitiveness: An Analysis from 19 European Countries," *Review of Managerial Science*, 2023, 17 (5): 9-26.

和培训机构重新调整课程，以满足数字时代的需求。在线教育和远程培训平台如 Coursera、edX 和 Udacity 等提供了丰富的数字技能培训课程。这使得学生和职业人士能够灵活地学习所需技能，无须传统课堂教育。

然而，技能需求的演变也引发了一些重要的问题。数字时代拉大了缺乏数字技能劳动者和掌握数字技能劳动者之间的差距。① 具备数字技能的劳动者通常更易找到高薪工作，而那些缺乏数字技能的劳动者可能会面临就业难问题。这种现象在不同国家和地区之间也存在显著差异。② 研究者们积极探索数字化转型对不同行业和领域的技能需求所产生的深远影响。他们深入研究新技术如自动化、大数据、人工智能和云计算等的应用情况，以洞察哪些技术将成为未来劳动力市场的热门需求。③ 这有助于完善教育和培训政策，以确保劳动力能够适应快速变化的职业环境。适应性培训和教育已经成为关键课题，研究者们正在积极提出各种方法和策略，以帮助个体和组织更好地适应技能需求的演变，包括开发在线学习平台、创新课程设计、提供技能更新和再培训机会，以确保个人和专业人才能够保持竞争力。④

二　技能失配

在数字化时代，技能供应与需求之间的匹配程度备受关注。快速演进的数字化技术可能导致技能失配，这不仅会影响个体就业、薪酬，甚至会影响

---

① Y. J. Jing, "Evaluation of Talent Training Model Taking into Account the Knowledge Recognition Algorithm of Multiple Constraint Models," *Mathematical Problems in Engineering*, 2022, 15 (6): 22-35.

② S. Koivunen, O. Sahlgren, S. Ala-Luopa, T. Olsson, "Pitfalls and Tensions in Digitalizing Talent Acquisition: An Analysis of Hrm Professionals' Considerations Related to Digital Ethics," *Interacting with Computers*, 2023, 35 (3): 43-51.

③ S. M. Li, J. Jiang, "Construction of College Students' Employment Quality Evaluation Model System under the Background of Digitalization," *Journal of Environmental and Public Health*, 2022, 1 (6): 77-82.

④ J. K. Liang, K. Du, D. D. Chen, "The Effect of Digitalization on Ambidextrous Innovation in Manufacturing Enterprises: A Perspective of Empowering and Enabling," *Sustainability*, 2023, 16 (15): 16-25.

国家的经济增长和产业创新。[①] 技能匹配意味着个体技能与工作需求相符，有助于提高生产率和就业满意度[②]，相反技能失配，可能导致岗位不适应和低生产率[③]。数字化时代技术快速发展，某些岗位对数字技能的需求增加，如编程、数据分析，而其他岗位可能更注重创新和沟通能力。[④] 因此，拥有适当的技能集合对于职业成功而言至关重要。技能匹配与个体的就业和职业发展密切相关，有助于提高职业满意度，[⑤] 同时，也会影响劳动市场的整体运作，如提高生产力和促进经济增长。[⑥] 技能失配可能导致职业不适应和低生产率，对企业和经济发展产生负面影响。[⑦] 在技术快速发展和劳动市场需求变化的背景下，技能的快速更新使得劳动者较易面临技能失配。[⑧] 要进一步解决技能匹配和失配的问题，终身学习和技能发展是可行的路径和方法。[⑨] 构建适宜技能人才成长和发展的环境，政府需制定政策支持技能培

① J. Q. Luo, Y. Y. Ding, J. Liu, H. B. Kuang, "Research on Construction of Innovative Teaching System of Transportation Engineering and Talent Evaluation Based on CDIO," *International Journal of Electrical Engineering Education*, 2021, 4 (7): 112-121.

② P. C. Martínez-Morán, Jmfr. Urgoiti, F. Díez, J. Solabarrieta, "The Digital Transformation ofthe Talent Management Process: A Spanish Business Case," *Sustainability*, 2021, 13 (4): 11-25.

③ J. A. Odugbesan, S. Aghazadeh, R. E. Al Qaralleh, O. S. Sogeke, "Green Talent Managementand Employees' Innovative Work Behavior: The Roles of Artificial Intelligence and Transformational Leadership," *Journal of Knowledge Management*, 2023, 27 (3): 696-716.

④ Ali S. K. Johl, "Impact of Total Quality Management on Industry 4.0 Readiness and K. Practices: Does Firm Size Matter?" *International Journal of Computer Integrated Manufacturing*, 2023, 36 (4): 567-589.

⑤ S. Ogbeibu, C. J. C. Jabbour, J. Burgess, J. Gaskin, D. W. S. Renwick, "Green Talent Management and Turnover Intention: The Roles of Leader Stara Competence and Digital TaskInterdependence," *Journal of Intellectual Capital*, 2022, 23 (1): 27-55.

⑥ R. Olivares, R. Henríquez, C. Simpson, O. Binvignat, M. González, L. Conejeros, C. Merino, P. L. Arce, "Evaluation of the Teaching and Learning Process in a Human Morphology Course by Students from an Academic Talents Program," *International Journal of Morphology*, 2014, 32 (1): 141-146.

⑦ X. Pei, "Construction and Application of Talent Evaluation Model Based on Nonlinear Hierarchical Optimization Neural Network," *Computational Intelligence and Neuroscience*, 2022, 7 (2): 8-18.

⑧ G. Sart, "The Impacts of Strategic Talent Management Assessments on Improving Innovation-Oriented Career Decisions," *Anthropologist*, 2014, 18 (3): 57-65.

⑨ L. H. Lin, K. J. Wang, "Talent Retention of New Generations for Sustainable Employment Relationships in Work 4.0 Era-Assessment by Fuzzy Delphi Method," *Sustainability*, 2022, 14 (18): 74-86.

训，教育机构应更新课程内容以满足市场需求，企业则应投资于员工技能发展。①

为应对数字化时代技能失配带来的挑战，研究人员和政策制定者正探索多种解决方案。首先，改进教育和培训体系是关键，使之更灵活、适应性强。② 教育机构应与行业紧密合作，调整课程和培训内容以满足市场需求，确保技能学习者具备所需技能。③ 此外，通过技能市场调查和趋势分析，可以预测未来高需求的技能，④ 为个人职业规划和政策制定提供支撑。政府可采取激励措施，如奖学金和税收优惠，鼓励人们学习与数字化技术相关知识。同时，跨领域技能培训能鼓励人们掌握多项技能以适应市场变化。⑤ 提高市场透明度，如通过在线职业市场和技能交流平台助力人才匹配。数字技能鸿沟是当前劳动力市场中的一个重要问题。具备数字技能的人更易获得高薪工作。⑥ 这一鸿沟的成因包括数字化技术的广泛应用和教育及培训机会不平等。⑦ 数字技能鸿沟的影响是多面的，包括经济不平等加剧以及影响国家整体经济竞争力。为加强技能适配，有研究认为，政府应制定政策促进数字

---

① M. L. Song, W. L. Tao, Z. Y. Shen, "The Impact of Digitalization on Labor Productivity Evolution: Evidence from China," *Journal of Hospitality and Tourism Technology*, 2022, 4 (3): 63-79.

② P. H. Tsai, Y. L. Kao, S. Y. Kuo, "Exploring the Critical Factors Influencing the Outlying Island Talent Recruitment and Selection Evaluation Model: Empirical Evidence from Penghu, Taiwan," *Evaluation and Program Planning*, 2023, 9 (9): 88-96.

③ A. Alnamrouti, H. Rjoub, H. Ozgit, "Do Strategic Human Resources and Artificial Intelligence Help to Make Organisations More Sustainable? Evidence from Non-Governmental Organisations," *Sustainability*, 2022, 14 (12): 26-38.

④ S. Waheed, A. H. Zaim, "A Model for Talent Management and Career Planning," *Educational Sciences-Theory & Practice*, 2015, 15 (5): 5-13.

⑤ M. Wehrle, S. Lechler, H. A. von der Gracht, E. Hartmann, "Digitalization and Its Impact on the Future Role of Scm Executives in Talent Management-an International Cross-Industry Delphi Study," *Journal of Business Logistics*, 2020, 41 (4): 356-383.

⑥ Y. B. Xu, C. X. Li, X. Y. Wang, J. J. Wang, "Digitalization, Resource Misallocation and Low-Carbon Agricultural Production: Evidence from China," *Frontiers in Environmental Science*, 2023, 11 (2): 25-36.

⑦ S. Wiblen, J. H. Marler, "Digitalised Talent Management and Automated Talent Decisions: The Implications for HR Professionals," *International Journal of Human Resource Management*, 2021, 32 (12): 101-121.

技能培训和教育普及，特别是针对低收入家庭和不同社会群体。[①] 教育机构需更新课程，确保学生掌握必要的数字技能。企业应为员工技能发展提供培训机会。同时终身学习被视为消弥数字技能鸿沟的有效途径。数字化时代提供的在线学习资源，为个人不断更新技能提供了便利。[②] 综上，通过合理的政策、教育改革和技能预测[③]，可以有效应对技能失配挑战，促进包容和可持续的经济增长[④]。

三 教育和培训创新

数字化转型促进了教育和培训领域的创新，[⑤] 以更好地适应不断演化的技能需求。以下几个方面的创新引起了研究者和教育者的关注：数字化转型伴随着教育技术的快速发展，如虚拟和增强现实的教育培训技术，基于大数据和在线学习分析在技能教学过程中发挥了重要作用。[⑥] 通过运用这些技术可以收集和分析受教育者的学习数据，[⑦] 为教育者提供更好的支持。还有研究者探讨了不同形式在线学习的成效，例如同步在线课堂、自主学习和混合

① L. Zhang, F. L. Wang, T. Sun, B. Xu, "A Constrained Optimization Method Based on BpNeural Network," *Neural Computing & Applications*, 2018, 29 (2): 13-21.

② Y. Zhou, G. J. Liu, X. X. Chang, L. J. Wang, "The Impact of Hrm Digitalization on Firm Performance: Investigating Three-Way Interactions," *Asia Pacific Journal of Human Resources*, 2021, 59 (1): 20-43.

③ M. L. Zhou, K. Q. Jiang, J. Zhang, "Environmental Benefits of Enterprise Digitalization in China," *Resources Conservation and Recycling*, 2023, 19 (7): 39-43.

④ Y. E. Zhang, P. L. Nesbit, "Talent Development in China: Human Resource Managers' Perception of the Value of the Mba," *International Journal of Management Education*, 2018, 16 (3): 80-93.

⑤ R. Amoako, Y. C. Jiang, S. S. Adu-Yeboah, M. F. Frempong, S. Tetteh, "Factors Influencing Electronic Human Resource Management Implementation in Public Organisations in an Emerging Economy: An Empirical Study," *South African Journal of Business Management*, 2023, 54 (1): 88-96.

⑥ A. Back, J. Scherer, G. Osterhoff, L. Rigamonti, D. Pförringer, D. Pförringer, Digitalisation Working Grp, "Digital Implications for Human Resource Management in Surgical Departments," *European Surgery-Acta Chirurgica Austriaca*, 2022, 54 (1): 17-23.

⑦ Z. Bin, X. D. Hu, D. K. Gao, L. Z. Xu, "Construction and Evaluation of Talent Training Mode of Engineering Specialty Based on Excellence Engineer Program," *Sage Open*, 2020, 10 (2): 58-74.

学习，并评估了这些模式的成效，① 发现互动性是在线学习的关键，② 包括在线讨论论坛、虚拟实验等，对学生的参与度和学术成就有显著影响③。同时，数字平台使得教育者可以采用多样的教学方法，如视频课程、模拟游戏等。④ 有研究还关注到了数字课程内容呈现方式，以及如何设置个性化课程，以提高学生的学习体验，⑤ 并且智能教育软件能够根据学生的需求和能力自动调整课程内容和难度。⑥ 还有研究探索了个性化学习路径的设计，以及自适应学习系统如何根据学生的表现和反馈调整教学方法和材料。⑦ 有学者发现，开放教育资源（OER）可以为学生提供更为广泛的学习资源，OER 的质量、可访问性将直接影响学生学习成效。⑧ 与之相关联的是学习管理系统（LMS），LMS 可帮助学生和教师更有效地管理学习和教学过程，提高学习效率。⑨ 强互动性和反馈也是数字教育培训的特点，如实时在线讨

---

① J. Blstakova, Z. Joniaková, N. Jankelová, K. Stachová, Z. Stacho, "Reflection of Digitalization on Business Values: The Results of Examining Values of People Management in a Digital Age," *Sustainability*, 2020, 12 (12): 36-45.

② C. C. Chang, C. S. Chang, "Influences of Talent Cultivation and Utilization on the NationalHuman Resource Development System Performance: An International Study Using a Two-Stage Data Envelopment Analysis Model," *Mathematics*, 2023, 11 (13): 66-78.

③ S. Y. Chen, "The Evaluation Indicator of Ecological Development Transition in China's Regional Economy," *Ecological Indicators*, 2015, 51 (1): 42-52.

④ M. Chugunova, A. Danilov, "Use of Digital Technologies for HR Management in Germany: Survey Evidence," *Cesifo Economic Studies*, 2023, 69 (2): 69-90.

⑤ F. L. Cooke, M. Dickmann, E. Perry, "Building a Sustainable Ecosystem of Human Resource Management Research: Reflections and Suggestions," *International Journal of Human Resource Management*, 2023, 34 (3): 59-77.

⑥ M. Dabic, J. F. Maley, J. Svare, J. Pocek, "Future of Digital Work: Challenges for Sustainable Human Resources Management," *Journal of Innovation & Knowledge*, 2023, 8 (2): 44-51.

⑦ D. De Angelis, Y. Grinstein, "Relative Performance Evaluation in CEO Compensation: A Talent-Retention Explanation," *Journal of Financial and Quantitative Analysis*, 2020, 55 (7): 99-123.

⑧ A. Erro-Garcés, M. E. Aramendia-Muneta, "The Role of Human Resource Management Practices on the Results of Digitalisation. From Industry 4.0 to Industry 5.0," *Journal of Organizational Change Management*, 2023, 36 (4): 585-602.

⑨ J. F. Feliciano, A. M. Arsénio, J. Cassidy, A. R. Santos, A. Ganhao, "Knowledge Management and Operational Capacity in Water Utilities, a Balance between Human Resources and Digital Maturity-the Case of Ags," *Water*, 2021, 22 (13): 38-41.

论、虚拟实验等，能够提高学生的参与度和成绩，即时反馈以帮助学生了解学习进度。[1] 还有研究关注到了教育政策和可持续发展，政策制定者、研究者和教育机构应关注如何制定和实施政策，以确保数字教育的可持续性和有效性。[2]

但有学者对数字教育培训表达了担忧，即数字鸿沟的挑战：缺乏数字技能或设备的学生可能无法充分参与在线学习[3]，加剧教育不平等[4]，如何消弥数字鸿沟是关键[5]。此外，保护学生数据免受未经授权访问和滥用也很重要。[6] 总之，数字化转型推动了教育和培训领域的创新，这有助于满足不断变化的技能需求，支持人们在技能市场展开竞争。同时，这些创新面临着数字鸿沟、隐私安全和教育政策适应等挑战。

四　数字化技术和劳动力市场不平等

数字化技术对劳动力市场不平等的影响受到了广泛关注，技能鸿沟的加深和工资不平等是主要议题。高技能者通常受益于数字化技术的发展，[7] 而

① M. A. Galindo-Martín, M. S. Castaño-Martínez, M. T. Méndez-Picazo, "Digitalization, Entrepreneurship and Competitiveness: An Analysis from 19 European Countries," *Review of Managerial Science*, 2023, 17 (5): 9-26.

② B. M. Gu, J. G. Liu, Q. Ji, "The Effect of Social Sphere Digitalization on Green Total Factor Productivity in China: Evidence from a Dynamic Spatial Durbin Model," *Journal of Environmental Management*, 2022, 20 (3): 24-37.

③ I. Hudek, P. Tominc, K. Sirec, "The Human Capital of the Freelancers and Their Satisfaction with the Quality of Life," *Sustainability*, 2021, 13 (20): 33-47.

④ D. V. Huynh, B. Stangl, D. T. Tran, "Digitalization of Information Provided by Destination Marketing Organizations in Developing Regions: The Case of Vietnamese Mekong Delta," *European Journal of Innovation Management*, 2023, 12 (1): 44-57.

⑤ S. K. Jena, A. Ghadge, "An Integrated Supply Chain-Human Resource Management Approach for Improved Supply Chain Performance," *International Journal of Logistics Management*, 2021, 32 (3): 28-41.

⑥ W. E. Donald, Y. Baruch, M. J. Ashleigh, "Technological Transformation and Human Resource Development of Early Career Talent: Insights from Accounting, Banking, and Finance," *Human Resource Development Quarterly*, 2023, 34 (3): 29-48.

⑦ S. M. Li, J. Jiang, "Construction of College Students' Employment Quality Evaluation Model System under the Background of Digitalization," *Journal of Environmental and Public Health*, 2022, 1 (6): 77-82.

低技能者可能难以找到高薪工作从而导致技能鸿沟加深，① 这不仅影响个体，也对社会和经济产生深远影响。② 还有观点认为数字化技术的应用改变了劳动力市场的需求和供应，从新的层面加剧了劳动力市场分割。③ 随着新业态的深入发展，新兴的"雇佣经济"所包括的独立承包商和自由职业者等，④ 虽然具有灵活性却可能带来不稳定性和不平等，⑤ 通常缺乏社会保障和稳定工资，面临更大的经济风险。⑥ 地理不平等也是数字化背景下必须要考虑的问题，⑦ 不同地区的数字化技术应用程度不同，⑧ 这可能导致人们被迫搬迁或失去工作机会，尤其是在城乡间表现得更为明显。⑨ 此外，数字化自动化对人力的替代也是一个关注点，低技能工作减少，⑩ 导致相应工作者

---

① E. Kambur, T. Yildirim, "From Traditional to Smart Human Resources Management," *International Journal of Manpower*, 2023, 44（3）：42-52.

② A. Kianto, H. Hussinki, M. Vanhala, A. M. Nisula, "The State of Knowledge Management in Logistics SMES：Evidence from Two Finnish Regions," *Knowledge Management Research & Practice*, 2018, 16（4）：77-87.

③ S. Koivunen, O. Sahlgren, S. Ala-Luopa, T. Olsson, "Pitfalls and Tensions in Digitalizing Talent Acquisition：An Analysis of Hrm Professionals' Considerations Related to Digital Ethics," *Interacting with Computers*, 2023, 35（3）：43-51.

④ S. Kraus, A. Ferraris, A. Bertello, "The Future of Work：How Innovation and Digitalization Re-Shape the Workplace," *Journal of Innovation & Knowledge*, 2023, 8（4）：14-21.

⑤ R. Olivares, R. Henríquez, C. Simpson, O. Binvignat, M. González, L. Conejeros, C. Merino, P. L. Arce, "Evaluation of the Teaching and Learning Process in a Human Morphology Course by Students from an Academic Talents Program," *International Journal of Morphology*, 2014, 32（1）：141-46.

⑥ R. Palumbo, M. Cavallone, "Is Work Digitalization without Risk? Unveiling the Psycho-Social Hazards of Digitalization in the Education and Healtheare Workplace," *Technology Analysis & Strategic Management*, 2022, 2（4）：74-85.

⑦ Y. J. Jing, "Evaluation of Talent Training Model Taking into Account the Knowledge Recognition Algorithm of Multiple Constraint Models," *Mathematical Problems in Engineering*, 2022, 15（6）：22-35.

⑧ H. J. Liang, C. K. Shi, N. Abid, Y. L. Yu, "Are Digitalization and Human Development Discarding the Resource Curse in Emerging Economies?" *Resources Policy*, 2023, 8（5）：64-75.

⑨ J. A. Odugbesan, S. Aghazadeh, R. E. Al Qaralleh, O. S. Sogeke, "Green Talent Managementand Employees' Innovative Work Behavior：The Roles of Artificial Intelligence and Transformational Leadership," *Journal of Knowledge Management*, 2023, 27（3）：696-716.

⑩ J. Q. Luo, Y. Y. Ding, J. Liu, H. B. Kuang, "Research on Construction of Innovative Teaching System of Transportation Engineering and Talent Evaluation Based on CDIO," *International Journal of Electrical Engineering Education*, 2021, 4（7）：112- 121.

面临失业或薪资下降的风险。[①] 另外，数字化技术为在线教育和技能培训提供了新机会，但也可能加剧教育不平等，[②] 经济状况较差的家庭可能缺乏必要的设备和互联网连接，限制了其孩子的在线学习机会。[③] 为减轻数字化技术带来的劳动力市场不平等，研究者提出了多种方法，包括开展技能培训和再培训，[④] 以增加人们的就业机会和薪酬，实施税收政策和社会保障措施以减轻收入不平等[⑤]，以及改革教育体系并注重 STEM 教育和数字素养普及。[⑥] 同时，强调实现包容性数字化转型，确保数字化技术发展带来的红利惠及所有社会群体[⑦]。总之，数字化技术在一定程度引起了劳动力市场不平等，为了创造更具包容性的劳动力市场，需要平衡政策和教育改革，确保数字化技术发展带来的机会更公平地被分享。

第四节　文献述评

经济和社会快速变革，对于技能人才生态评价展开研究更显迫切，然而现有研究仍有不足，需要进一步探讨。

① O. Maki, M. Alshaikhli, M. Gunduz, K. K. Naji, M. Abdulwahed, "Development of Digitalization Road Map for Healthcare Facility Management," *Ieee Access*, 2022, 10 (14): 50-62.

② P. C. Martínez-Morán, Jmfr Urgoiti, F. Díez, J. Solabarrieta, "The Digital Transformation of the Talent Management Process: A Spanish Business Case," *Sustainability*, 2021, 13 (4): 11-25.

③ A. Kuzior, K. Kettler, L. Rab, "Digitalization of Work and Human Resources Processes as a Way to Create a Sustainable and Ethical Organization," *Energies*, 2022, 15 (1): 24-36.

④ L. H. Lin, K. J. Wang, "Talent Retention of New Generations for Sustainable Employment Relationships in Work 4.0 Era-Assessment by Fuzzy Delphi Method," *Sustainability*, 2022, 14 (18): 74-86.

⑤ C. Z. Li, A. Razzaq, I. Ozturk, A. Sharif, "Natural Resources, Financial Technologies, and Digitalization: The Role of Institutional Quality and Human Capital in Selected Oecd Economies," *Resources Policy*, 2023, 8 (1): 23-41.

⑥ A. D. Pizzo, T. Kunkel, G. J. Jones, B. J. Baker, D. C. Funk, "The Strategic Advantage of Mature-Stage Firms: Digitalization and the Diversification of Professional Sport into E-sports," *Journal of Business Research*, 2022, 13 (9): 57-66.

⑦ R. Ramachandran, V. Babu, V. P. Murugesan, "The Role of Blockchain Technology in the Process of Decision-Making in Human Resource Management: A Review and Future Research Agenda," *Business Process Management Journal*, 2023, 29 (1): 16-39.

第一，技能人才生态评价不足。现有研究主要集中于管理型、科技型和研究型等人才环境的分析，而相对较少关注技能人才生态评价。技能人才在诸多行业中扮演着关键的角色，对实现经济可持续发展而言至关重要。因此，有必要增加对技能人才生态评价的研究。

第二，缺乏技能人才生态评价指标体系研究。针对技能人才生态评价，需要建立综合的、具体的评价指标体系。这个指标体系应该考虑到国家政策、行业需求、技能培训等多方面因素。例如，基于数字化转型和可持续发展目标，指标体系需要不断更新，以反映新趋势。这需要多方合作，包括政府、企业、教育机构和研究者等。

第三，技能人才生态评价量化研究不足。现有研究侧重于定性的理论分析，而对于技能人才生态评价的量化研究相对较少。量化研究可以更准确地度量不同环节和机制的影响，以及评价不同政策和经济情景的敏感性。这种研究可以帮助政策制定者更好地了解技能人才生态系统运行情况，并制定更有效的政策。

综上所述，技能人才生态评价研究需要进一步深入，以确保技能人才的成长与当前的社会和经济发展要求相匹配。这将有助于提高国家的竞争力，促进可持续发展，同时改善技能人才的职业前景。

第三章　数字时代技能人才生态的
现状及面临的问题

在数字时代，技能人才生态发生了显著的变化，涉及制造业、金融业、信息科技、零售业等的数字化转型，催生了新的技能需求和职业等。同时在线培训、远程培训等方式，也影响着技能人才的发展。数字时代技能人才生态呈现出多样化和复杂性的特点，同时受到新职业资格认证不足、教培体系不完善、行业结构变化以及社会观念和文化等的影响。本章将深入分析数字时代技能人才生态的变化、特点及面临的问题等，充分展现数字时代下技能人才生态的改变。

第一节　数字时代下技能人才生态的变化

产业数字化转型对技能人才生态产生了深远的影响。随着企业和组织日益依赖数字技术和数字化方法来改善业务模型、提高效率和增强竞争力，新技能需求迅速增加。这一数字化浪潮催生了一系列新技能，涵盖各个领域，从数据分析和人工智能到云计算和物联网技术，再到数字安全和数据隐私等。这些新技能不仅为现有员工提供了持续学习和职业发展的机会，还为新进职场人才创造了就业机会。企业越来越需要拥有跨领域技能人才，以应对严峻的数字化挑战。高等教育和培训机构不断调整课程和教育模式，以培养适应新技能要求的人才。同时，技术供应商和行业协会也积极参与调整技能人才认证和培训计划，以满足市场发展需求。数字化时代技能人才生态变得更加多样化和全球化，数字技术的普及使远程工作和全球协作成为可能，拓展了人才市场的边界。企业可以更轻松地吸引和雇用来自世界各地的技术专家，加速创新和增强竞争力。

一　产业数字化转型与新技能需求

本部分将分析受到数字化转型影响较大的几个代表性行业，探索其对技能人才的需求变化。

（一）数字技能的崛起

随着数字化转型的加速，掌握数字技能已经成为几乎所有行业的基本岗位要求，包括数字化工具、大数据分析、人工智能、机器学习等内容。例如，在金融服务行业，金融科技公司（FinTech）需要专业人才来开发智能算法、数据挖掘技术，以改进风险管理和提升客户体验。

表3-1　金融服务业的数字技能需求

技能需求	内容
大数据分析	分析大数据以预测市场趋势和风险,支撑决策
人工智能	开发智能投资算法,提供个性化投资建议
区块链技术	实现更安全、透明和高效的交易和结算
数字支付	开发和维护移动支付和电子货币系统
安全与合规	保护客户数据,确保合规性,防范金融犯罪

资料来源：《2023年中国银行业数字化转型研究报告》以及相关行业资料。

金融机构不断推出数字支付解决方案，如移动支付、电子货币等。这就需要专业的技能人才来运营和维护这些支付系统。为了满足各类市场需求，金融科技公司和金融机构需要移动支付应用开发、区块链技术、数字支付、安全与合规、大数据分析和风险管理等领域的技能人才。

（二）数据驱动的决策

数字化转型使企业能够更多地基于数据作出决策。因此，数据分析和数据科学技能的需求迅速增长。这种需求来自各个领域，包括市场营销、医疗保健、零售和制造业。

表 3-2　零售行业的数字技能需求

技能需求	内容
大数据分析	分析客户购买数据，预测趋势，优化库存和定价策略
电子商务	开发和维护在线销售平台，提供个性化购物体验
客户关系管理	使用数据管理客户关系，提升客户满意度和忠诚度
物联网技术	连接物品以收集数据，优化供应链和库存管理
数字营销	利用数据来优化广告投放和市场推广策略

资料来源：《中国数字经济发展研究报告（2023 年）》以及相关行业资料。

数据驱动决策已成为零售企业成功的关键，这就需要更多的数据科学家、分析师和数据工程师，帮助企业收集和分析数据，以指导战略和业务决策。应用领域涉及市场研究、客户细分、竞争分析、产品定价和销售预测等。例如，零售行业通过大数据分析来确定最佳定价策略，以追求利润最大化。电子商务和用户体验方面，电子商务需要设计优秀的用户界面，以吸引和留住在线消费者。应用领域涉及电子商务平台的界面设计、个性化推荐系统和购物体验提升。例如，亚马逊的个性化推荐系统基于数据分析来推荐产品给用户。供应链和物流管理方面，供应链和物流基于数据来优化库存、规划路线和交付商品。应用领域涉及实时库存管理、运输路线优化、需求预测等。例如，亚马逊使用大数据分析来提高物流效率和商品交付速度。

（三）自动化和机器人技术

数字化转型促使自动化和机器人技术被广泛应用。这对制造业、物流和供应链管理等领域的技能人才需求产生了深刻影响。例如，在制造业，工业机器人的使用迅速增加，这就需要专业人才来设计、运营和维护这些机器人。

表 3-3　制造业的数字技能需求

技能需求	内容
自动化工程	设计、开发和维护自动化生产线和机器人系统
3D 打印技术	利用 3D 打印技术进行快速原型制作和生产
物联网技术	使用物联网传感器监测设备状态和生产流程
大数据分析	分析生产数据以提高生产效率和产品质量
数字双胞胎	创建数字模型以优化制造过程和产品设计

资料来源：《中国数字经济发展研究报告（2023 年）》以及相关行业资料。

自动化和机器人技术正在改变生产和服务领域，这对工程师和技术人员应具备的技能提出了新要求。自动化工程方面，自动化工程师设计自动化系统，包括自动化生产线和机器人，使其应用在汽车制造、工业生产、食品加工等领域。例如，特斯拉的工厂基于自动化生产线制造电动汽车。3D 打印技术方面，3D 打印技术通过逐层堆叠材料的方法来制造物品，包括从原型到定制制造，以及航空航天、医疗器械、汽车制造等领域的快速原型制作和生产。例如，波音公司使用 3D 打印技术来制造飞机零部件。另外，物联网技术方面，物联网技术通过将传感器和设备连接到互联网从而实现实时监控，被广泛应用于智能城市、智能家居、智能制造等领域。例如，智能家居系统依托物联网技术来实现家庭自动化和远程监控。

（四）创新和创业需求

数字化转型也促进了创新和创业活动。技术的迭代更新、研发与应用，使企业对创新和创业技能的需求不断增加，这在科技创业和初创企业表现得尤为明显。

表 3-4　科创产业的数字技能需求

技能需求	内容
创新思维	提出新想法,解决新问题,推动产品和服务创新
风险管理	识别和管理创业风险,制定策略以降低风险
融资和投资	筹集资金,寻找投资者,管理财务资源
市场营销	推广新产品和服务,建立客户群体
团队管理	领导和管理多元化团队,推动项目开发

资料来源:《中国数字经济发展研究报告(2023 年)》以及相关行业资料。

创新思维与设计,是一种寻找新解决方案、提出新想法和解决新问题的思考方式,经常被应用在产品创新、流程改进、市场开拓等方面。例如,苹果公司一直以创新思维和独特的产品设计而闻名。数字化风险管理在创业风险管理、项目管理和市场风险分析等方面发挥着关键作用。例如,风险投资家利用数字化工具来辨识和管理投资项目的风险,而融资和投资涉及资金筹集和财务资源管理,使用数字化技术有益于初创公司融资和资本市场投资,投资银行家也借助数字化工具筹集资本、进行投资。数字化项目管理则有助于减少项目风险,提高项目效率,不仅在风险管理领域而且在多个行业都有所应用。数字化技术正在市场营销领域催生革命,用于产品推广、品牌建立、客户吸引和市场策略制定,包括市场定位、广告策略、数字营销和社交媒体管理等维度,谷歌等企业运用数据分析来优化广告投放策略,提高市场营销效果。这一数字化趋势对于企业更精确地满足客户需求和提高市场竞争力而言至关重要。

(五)增强安全需求

随着数字化转型的深入,网络安全和数据隐私的重要性也日益凸显。因此,对于网络安全专家和数据隐私专家的需求急剧增加。

网络安全方面,网络安全专家负责保护组织免受网络攻击,确保数据安全,应用领域包括网络威胁检测、防火墙管理、恶意软件分析等。例如,银行和金融机构需要采用强大的网络安全措施来保护客户数据安全。数据隐私方面,数

表 3-5　信息安全的数字技能需求

技能需求	内容
网络安全	保护组织免受网络攻击,确保数据安全
数据隐私	制定隐私政策,确保数据的合规性,保护用户隐私
威胁检测和应对	发现并应对网络威胁,防止数据泄露
安全意识培训	增强员工识别和防范网络安全风险的意识
法规遵从	遵守数据隐私法规,规避法律风险

资料来源：《中国数字经济发展研究报告（2023 年）》以及相关行业资料。

据隐私专家负责制定隐私政策，确保数据的合规性，并保护用户隐私，应用领域包括个人数据保护、合规性检查、数据泄露风险防范等。例如，社交媒体平台需要遵守数据隐私法规，以保护用户数据。威胁检测和应对方面，威胁检测专家负责发现并应对网络威胁，以防止数据泄露和规避网络攻击，应用领域包括入侵检测、威胁情报分析、安全事件响应等。例如，大型企业需要通过威胁检测系统来保护其重要数据。安全意识培训方面，安全意识培训涉及增强员工识别和防范网络安全风险的意识，应用领域包括员工培训、模拟演练、社会工程学测试等。例如，政府机构需要培训公务员以识别钓鱼邮件和网络欺诈。法规遵从方面，法规遵从专家负责确保组织遵循数据隐私法规和安全标准，应用领域包括合规审计、数据报告、法规解释等。例如，医疗保健行业需要遵守医疗信息安全法规以保护患者隐私。

二　催生新领域职业

随着科技的不断进步，尤其是数字化技术的迅猛发展，职业机会也在以前所未有的速度和规模不断涌现。数字化转型引领了新领域的职业机遇加速增长。在这个过程中，基于新兴技术和行业，人工智能、数据科学、云计算、区块链等全新的职业出现。本书将探讨数字化转型如何催生了未来的职业机会及其对教育和技能培训产生的重大影响。

（一）传统产业领域中新职业的兴起

传统产业也在进行着数字化转型，也出现了新的职业。

1. 制造业

工业数据分析师在制造业中利用数据分析工具和算法，监控生产过程，预测设备故障风险，提高生产效率。他们分析大量的生产设备性能数据，实时监控制造流程，并优化产品质量和供应链管理。在一家汽车制造厂，工业数据分析师通过分析生产线上的大量传感器数据，实现了对设备故障的提前预警，降低了生产中断风险，并优化了零部件库存管理。

物联网工程师在制造业中负责设计、安装和管理物联网系统，实现设备之间的互联和数据共享。他们确保设备能够实时监测，支持远程控制，并处理大量的传感器数据。在工业机械制造公司，物联网工程师通过部署物联网传感器，实现了设备状态的实时监测和远程故障排除，提高了设备利用率和生产效率。

2. 农业

农业数据科学家分析大量农业数据，包括土壤质量、气象数据和植物生长指标，以改进农业管理。他们利用数据进行农业生产预测，确定最佳种植时间、水资源利用和病虫害预防方案。在现代化农场，农业数据科学家通过分析土壤和气象数据，优化灌溉系统，实现水资源的有效利用，提高农作物产量。

农业技术顾问指导农民使用数字工具和自动化设备，提高农业生产效率。他们提供技术指导，协助在农田中部署传感器和农业机械，促进农业现代化。在农业合作社，农业技术顾问引导农民采用先进的农业机械和数字化农业管理系统，提高农业生产的效益和可持续性。

3. 建筑业

建筑信息模型（BIM）专家使用数字工具创建和管理建筑项目的三维模型，使建筑师、工程师和施工人员可以更好地协作。他们确保项目的设计和施工与数字模型保持一致。在建筑设计公司，BIM专家通过创建精确的三维模型，帮助团队更好地协作，减少了设计变更和施工错误，提高了项目的质量和效率。

建筑虚拟现实（AR/VR）开发者创建虚拟现实和增强现实应用程序，使评审、培训和项目可视化。他们通过虚拟模拟帮助建筑团队提前发现问题，减少施工错误，降低项目成本。在建筑工程公司，AR/VR 开发者设计了虚拟现实培训模拟程度，使工人能够在安全的虚拟环境中学习使用新的建筑设备和工具。

4. 能源产业

可再生能源工程师负责设计和部署太阳能光伏、风能和其他可再生能源系统。他们基于设备的位置、容量和运行参数，确保能源系统的高效运行。在可再生能源公司，可再生能源工程师设计了太阳能光伏电站，优化了光伏板布局，提高了能源转换效率。

能源数据分析师基于大量的能源生产和消耗数据，监测和优化能源系统。他们通过分析数据来提高能源效率、减少能源消耗并降低碳排放。在能源公司，能源数据分析师通过实时监测能源系统的数据，识别潜在的能源浪费问题，并提出改进方案，降低公司的能源成本。

5. 市场营销

数字市场营销专家利用在线渠道和工具，如社交媒体、搜索引擎营销和电子邮件营销，推广产品和服务，吸引客户。他们使用数据分析工具评估广告效果，并根据受众反馈优化营销策略。在电子商务公司，数字市场营销专家通过社交媒体广告和精准营销策略，提高产品曝光度，增加在线销量，并通过数据分析调整广告投放策略。

（二）数字化转型与新兴职业

数字化转型是指利用数字技术来改变现有业务和社会实践的过程，涉及企业、政府、医疗保健、教育、制造业等。其中，一些新兴技术已崭露头角。

1. 人工智能（AI）和机器学习

在人工智能和机器学习领域，机器学习工程师、数据科学家和自然语言处理专家在不同领域取得了巨大成功。机器学习工程师的职责包括开发智能算法和构建预测模型，他们使用大数据集进行训练，以使计算机系统具备自我学习和改进的能力。数据科学家专注于收集、分析和解释数据，提供对业务决策有价值的见解。自然语言处理专家则致力于让计算机能够理解和处理人类语言，推动语音识别和文本分析等技术的发展。

2. 数据科学

数据科学家和分析师在企业中扮演着关键的角色。他们负责收集、分析和解释数据，以提供对业务决策有价值的见解。数据科学家利用统计学、机器学习和数据挖掘技术，深入分析大规模数据集，揭示隐藏在数据背后的模式和趋势。他们的工作内容不仅包括数据清理和建模，还包括使有效的数据可视化，让复杂的数据变得更易被理解。

3. 云计算和网络安全

随着云计算的普及，对云工程师和网络安全专家的需求不断增加。云工程师负责设计、搭建和维护云基础设施，确保其高效运行。网络安全专家则致力于维护组织的信息系统，他们通过实施安全措施，监测网络活动，防范潜在的网络威胁和攻击。

4. 区块链技术

区块链技术的发展催生了新的职业，包括区块链开发人员、智能合约工程师和区块链解决方案架构师。区块链开发人员负责创建安全的分布式账本系统，智能合约工程师则编写自动执行的智能合约代码，而区块链解决方案架构师则设计整体的区块链系统，确保其满足特定业务需求。

5. 可持续能源和绿色技术

在环保和可持续发展的背景下，绿色技术和可持续能源领域的职业种类不断增加。从可再生能源项目经理到环境工程师，各种新职业层出不穷。可再生能源项目经理负责规划、执行和监控可再生能源项目，确保其高效运行。环境工程师通过创新技术和方法解决环境问题，推动企业朝着更可持续的方向发展。这些职业的涌现为推动社会可持续发展做出了重要贡献。

这些新兴职业不仅推动了经济发展，还促进了社会进步。然而，要在这些领域获得成功，专业知识和技能是至关重要的。因此，数字化转型对教育和技能培训产生了深远的影响。

（三）数字化转型：未来的职业机会

随着数字化转型的深入，可以预见到未来将涌现更多的职业（见表3-6）。

表3-6　数字时代的未来职业

序号	未来职业	具体内容
1	自动化和机器学习工程师	随着自动化技术的不断发展，自动化工程师和机器学习工程师将扮演关键角色，负责设计和维护自动化系统
2	增强现实（AR）和虚拟现实（VR）开发人员	AR和VR技术的广泛应用将催生对AR和VR开发人员的需求，他们将设计各种虚拟体验和应用
3	数字治疗师	随着数字医疗和健康科技的兴起，数字治疗师将提供个性化健康治疗方案，使用数字工具来改善患者的生活质量
4	区块链专家	区块链技术的广泛应用将催生对区块链专家的需求，他们将开发和维护安全的区块链系统
5	可持续发展顾问	可持续发展领域的发展将催生对可持续发展顾问的需求，他们将帮助组织开展可持续发展实践
6	数据伦理学家	随着数据收集和分析的深入，数据伦理学家将负责确保数据使用符合伦理标准和法规

数字化转型催生了新的职业领域和职业机会。为了在这个快速变化的环境中取得成功，个人需要不断学习和掌握新的技能，而教育和技能培训机构需要为此提供支持。政府、企业和教育机构的合作也至关重要，以确保人才培养与新兴职业领域相匹配。数字化转型将继续引领新的职业机会加速增长，对于未来的劳动力市场产生深远的影响。

三 技能人才的数字化培训

（一）在线培训的兴起

数字化转型深刻改变了培训方式，并在多个方面产生了显著影响。首先，增强了培训的可访问性，通过在线培训，学习资源更易获得，无论身处何地，都可以轻松获取知识，尤其对于那些身处偏远地区或无法前往传统学校的人来说具有重要意义。其次，推动了个性化学习，借助智能学习系统，培训能够根据每个学生的学习风格、兴趣和进度提供个性化的学习体验，使学生能够更好地匹配自己的需求，提高学习效率。同时，在数字化培训中互动性显著增强，通过虚拟课堂、在线论坛和即时聊天等工具，学生与教师之间的互动得以加强，这不仅有助于问题讨论和解答，还有利于鼓励合作。最后，带来了实时更新的好处，数字教材可以及时更新以反映最新信息和发展趋势，对于那些处在快速发展领域的人来说尤为重要。这些特点共同推动了培训的个性化和全球化。

在线培训的生态系统由多个关键部分构成，共同推动了在线培训的发展。首先，在线课程和学位项目在这一生态系统中扮演着关键角色，学校和在线培训平台提供了各种在线课程和学位项目，覆盖了各个学科和领域，不仅包括免费和付费选项，还提供了学位项目，以满足不同学生的需求，为他们提供更多的选项。其次，培训科技工具是在线培训的支持和推动力量，包括学习管理系统（LMS）、虚拟课堂平台、在线测试和测验工具、云存储和协作工具等。这些工具赋予培训者能力去创建、管理和交付在线课程，同时也鼓励学生积极参与互动式学习。多媒体教材在在线培训中也占据重要地位，包括视频讲座、交互式模拟、在线实验等内容，为学生提供更生动的学习体验，有助于他们更好地理解和掌握知识。最后，社交学习在在线培训中被极力推崇，鼓励学生之间的互动和合作。这一互动可以通过在线讨论、协作项目和团队合作来实现，从而拓展学习的深度和广度，让学生在共同探讨和合作中掌握更多的知识。这些因素共同构建了在线培训的丰富生态系统，为学生提供了更多的学习机会，推动了在线教育的不断发展和创新。

在线培训的兴起对技能人才生态产生了广泛的影响。首先，促进了技能的更新和提升，允许职场人士通过在线课程获取新技能或提升现有技能，以适应快速变化的职业需求。例如，工程师可以通过在线学习获得人工智能相关知识，从而提高在科技领域的竞争力。其次，在线培训为职业转型提供了机会，降低了进入新行业的门槛。例如，会计师可以通过在线学习获取数据分析技能，从而成功转型进入数据科学领域。再次，在线培训鼓励自主学习，学生可以根据自己的时间表和兴趣进行学习，提高学习的自主性。这对于成年人来说尤为重要，他们可以在空闲时间进行学习。最后，在线学习增强了学生的全球竞争力，他们可以获得来自世界各地的知识和培训资源。学生可以参加国外大学的在线课程，与来自不同国家的学生互动，获得国际学术交流经验，这有助于提高他们的国际竞争力。这些因素共同提升了在线培训在技能人才生态中的作用，使人们更容易获取所需的知识和技能，以适应不断变化的职业要求。

（二）在线培训的机遇和挑战

在线培训是数字化转型的重要组成部分，在技能人才生态中发挥着关键作用。它提供了广泛的学习机会，不仅提高了个体的竞争力，还为企业和行业的发展提供了培训和人才储备支持。在线培训仍在不断演变中，需要政府和培训机构、技术公司共同努力，以应对挑战并推动在线培训的可持续发展。在数字时代，在线培训将继续成为知识传播和技能提升的重要渠道。在线培训不仅为学生提供了更多的学习机会，还促进了培训全球化，使知识在全球传播。这为建设更具竞争力的技能人才生态系统提供了强大的支持。

在线学习要求学生具备一定的自我驱动力和自律性。学生需要管理自己的学习进度、参与课程并完成作业和测验。这对于一些人来说可能是一个挑战，尤其是那些注意力容易分散或需要外部监督的学生。同时，在线培训依赖互联网和技术设备，但不是所有人都有稳定的互联网连接和必要的技术设备。这可能引发数字鸿沟问题，一些人无法获得在线培训机会。要解决这一问题，就需要政府、学校和科技公司合作，提供互联网接入和技术设备的支持。此外，在线考试方面，学生可以通过各种方式欺骗在线监考系统，如代考或抄袭。在线培训机构需要采取有效的反作弊措施，以确保诚信。这可能涉及使用监考软件、随机化试题、在线监控等。

第二节 技能人才生态现状及特点

技能人才生态正处于快速变化之中，表现为技能需求的多样化、技能认证的重要性以及技能人才的流动性等。随着科技的不断进步和社会的发展，技能人才生态将持续演变，人们需要不断适应变化，以保持竞争力和适应就业市场需求。

一 新兴职业资格的认定与评价

在新时代，以数字经济和智能制造为代表的新技术、新业态、新模式不断涌现，催生出大量新就业形态和新职业。《中华人民共和国职业分类大典（2022 年版）》公布了 168 个新职业，首次标识 97 个数字职业，占全部职业的 6%，其中新职业 43 个，占数字职业的 44.3%；延续绿色职业标识，共标识绿色职业 134 个，其中新职业 15 个。培养和评价数字人才及其技能水平至关重要。新兴职业不断涌现，数字经济和智能制造迅猛发展，数字平台崭露头角，对数字技能培训和认证提出了迫切需求。

首先，新职业认证的加速推进是至关重要的。随着新兴职业的出现，传统职业认证标准不再适用，需要更灵活、适应性更强的认证机制。国家应加快新职业的认定流程，确保新兴职业的从业者能够及时获得专业认证，从而提高其就业竞争力。其次，应该加强数字技能培训，特别是通用数字素养和职业数字技能。实施面向全民的数字技能培训计划，提高社会公众对数字时代的适应能力。对于从业者，应提供迭代升级的数字技能培训课程，帮助他们更好地适应新兴职业的需求。同时，优化职业技能等级认定也是必要的。职业技能等级认定是一种有效的评价机制，可以帮助确定从业者的实际技能水平。通过不断改进这一体系，确保其与新兴职业和数字技能需求相匹配，从而更精确地评价从业者的技能。最后，数字平台在定向培育数字人才方面发挥了巨大作用。这些平台可以提供在线培训、虚拟实践和实时认证，有助于个人更好地适应新兴职业需求。政府和行业可以鼓励数字平台发展，提供相应支持，以确保其质量和有效性。

二　技能需求多样化

技能人才生态中的技能需求呈现出广泛而多样化的特点，在不同行业和领域之间表现出差异，各个领域有其独特的特点和发展方向。例如，科技行业对技术相关的技能，如软件开发、数据分析和人工智能等有着较高的需求。科技行业需要不断创新和应对技术的快速发展。与此不同，金融行业更侧重于金融分析、风险管理和投资策略等专业技能，而医疗行业则需要医学知识、护理技能和医疗设备操作等专业技能。随着科技的飞速发展和数字化转型的加速，技术和数字化相关的技能需求也逐渐增加，包括编程和软件开发、数据分析和处理、人工智能和机器学习、物联网和云计算等。这些技能在各个行业中变得越来越重要，以满足新技术应用和创新的需求。创新创业能力同样是技能人才生态中的重要需求之一。企业和组织需要拥有创新思维和创业精神的人才，以推动产品和服务创新，探索新市场机会，应对变化和竞争。这些技能包括市场研究和分析、产品设计和开发、项目管理等。除了专业技能，软技能也是技能人才生态中的重要需求之一，包括沟通能力、团队合作、领导力、问题解决能力、创造力和创新能力等。这些技能对于个人在工作中的表现和职业发展而言同样重要，也能对组织的协作和创新能力产生积极影响。

总体而言，技能人才生态中的技能需求呈现出多样化的特点，反映了不同行业和领域的特殊需求以及技术发展和社会变革带来的影响。技能人才需要不断提升自身的技能，以满足不断变化的市场需求。也需要继续加强教育和培训，以确保人才具备多领域的知识和技能，能够在不同领域之间进行跨界合作和创新。这将有助于满足技能人才生态中的多样化需求，推动经济可持续发展。

三　技能人才短缺、市场需求较大

由于技能需求的多样化和快速变化，许多行业和领域都面临技能人才短缺问题，信息技术、人工智能、大数据等领域尤为突出。这也为相关技能人才提供了更大的发展空间。人工智能在各行各业中的应用日益广泛，对 AI 相关技能人才的需求迅速增加。例如，机器学习工程师、数据科学家和自然语言处理专家等在市场上非常抢手。由于 AI 技术的复杂性和高度专业化，找到具备相关技能的人才往往是一项挑战。随着大数据的崛起，对具备大数据分析和处理能力的人才的需求急剧增加。大数据分析师、数据工程师和数据科学家等技能人才在市场上很受追捧。这些人才能够从庞大的数据集中提取有价值的信息，并为企业的决策和战略提供支持。随着云计算和网络安全的重要性不断提升，对相关技能人才的需求也在增加。云架构师、云工程师和网络安全专家等人才短缺现象凸显。这些人才能够设计和维护安全的云基础设施，并保护企业的数据和网络免受潜在威胁。技术领导力和项目管理能力也是当前市场需求较强烈的技能。技术领导者能够指导团队设计和实施创新的解决方案，而项目经理则负责管理和协调复杂的技术项目。这些岗位需要综合的技术知识、沟通能力和领导才能，找到符合条件的技能人才具有一定的挑战性。

四　技能培训愈加重要

技能人才短缺和市场需求增加的问题在众多领域都存在。这为那些拥有相关技能的个人提供了更大的职业发展空间。同时，这也使企业和教育机构对技能人才培训和教育的投入增加，以满足市场需求。以高技术行业为例，该领域正在迅速发展，对技能人才的需求非常紧迫。例如，在人工智能领域，许多企业和组织提供机器学习培训课程，旨在帮助个人掌握这个复杂领域的基本概念和工具。同样，在软件开发领域，编程培训和开发工作坊可以帮助人们学习和提高编程技能。这些技能培训机会使个人能够跟上技术的快速演进，并在竞争激烈的就业市场中保持竞争力。再以制造业为例，这个领域也需要就业人员不断更新技能。随着自动化和数字化技术的推进，许多传统制造工种正在发生变化。为了适应这些变化，制造业工人需要通过参加培训来掌握新的工艺和操作技能。例如，汽车制造商为员工提供培训课程，以适应电动汽车技术和智能制造的新要求。这些技能培训有助于员工提高技术水平，以适应行业变革。在实际中，企业和组织越来越重视员工培训，以适应不断变化的市场需求。同时，个人也认识到不断学习和培训的重要性，以增强自己的竞争力。这种互动和共同努力有助于适应市场需求，同时推动技能人才生态发展。

五　技能人才流动性差异明显

数字时代的技能人才流动呈现出明显的差异。在这个信息时代，技能人才的流动取决于多种因素，包括行业、技能类型、地理位置、公司政策等。有些技能人才可能频繁跳槽，以便寻找更好的机会，而另一些技能人才可能在同一公司或领域保持较低的流动性。以下将通过案例分析来探讨这种差异。

（一）案例1：高度流动的科技创业者

在数字时代，科技行业是非常具有活力的领域，科技创业者通常是最具代表性的高度流动的技能人才。以 A（化名）为例。A 毕业于一所著名的大学，获得计算机科学学位，毕业后在一家初创公司工作，但在不到两年的时间里，他就跳槽到另一家初创公司，参与开发了一项颠覆性的应用。随着该应用取得市场成功，A 成为公司的联合创始人。然而，即便如此，A 还是在数年内多次跳槽，创办了多个初创公司，直到最后一家公司被一家大型科技巨头收购。A 的案例反映了科技创业者的流动性非常高。他们通常在寻找新的商机、合作伙伴上非常活跃，这使得他们成为技能人才生态中的高度流动群体。

（二）案例2：稳定的医疗专业人员

与科技行业不同，某些领域的技能人才可能表现出更低的流动性。以 B（化名）为例。B 是一名注册护士，在大学获得了护理学士学位，毕业后在一家医院工作了十年。尽管她时常接触到医疗新科技，但她从未离开过原有工作岗位。B 的情况反映出医疗领域的技能人才通常表现出较低的流动性。这是因为医疗行业的专业要求很高，涉及严格的执业要求。医疗专业人员通常需要在一个稳定的环境中积累经验，以提供高质量的医疗服务。

（三）案例3：地理位置和行业需求的影响

地理位置和行业需求也会对技能人才的流动产生影响。以 C（化名）为例。C 是一名地理信息系统（GIS）专家，在一家环境咨询公司工作，主要从事 GIS 项目。然而，C 决定迁居到偏远地区，而那里的环境咨询需求相对较低。在新地方，C 发现很难找到与其专业相关的工作机会，因此，C 最终改变了职业方向，转向教育行业。这个案例反映了地理位置和行业需求会影响技能人才的流动。技能人才可能会受制于其所在地区相关的工作机会和需求，这会在一定程度上决定他们是否会频繁流动。

综上所述，数字时代下，不同领域、行业和个体的特点会影响技能人才的流动性。高度创新和竞争激烈的领域，如科技行业，技能人才的流动性通常较高，而一些领域，如医疗行业，技能人才的流动性较低。地理位置和行业需求也会影响技能人才的流动性。技能人才的流动性差异在技能人才生态中是常见的，对于个体和组织来说，了解这种差异至关重要。

六 自主性强、创业倾向大

技能人才生态的自主性强和创业倾向明显是指技能人才具有较强的自主性和创业意愿。技能人才通常具备较强的自主性和主动性。他们在选择职业领域、工作方式和发展方向时更加自主和灵活。相比于传统的早九晚五的工作模式，技能人才更倾向于选择自由职业、远程工作、项目合作等灵活的工作方式。他们希望能够根据兴趣、技能和目标来安排工作，追求成就感。技能人才生态中的人才往往具有创业倾向和创新精神。他们具备特定领域的专业知识和技能，认为创业是一种实现个人价值、展现创造力的途径，希望成为企业家或创业团队的一员。技能人才的创业倾向推动了创新和创业，对经济社会发展起到积极的推动作用。技能人才通常追求持续地自主学习。他们认识到技能的快速提升和不断学习的重要性，积极寻求学习机会和专业培训，希望通过掌握新的技能来提高竞争力，并实现自身的成长和职业发展。技能人才往往具备创造性思维和解决问题的能力。他们擅长用自己的专业知识和技能，提出解决方案，并在工作中面对各种挑战和难题时能够快速反应和找到解决方法。这种创造性解决问题的能力使他们在创业和创新领域具有优势，并能够为组织和社会创造价值。总体而言，自主性强和创业倾向明显反映了技能人才具备自主精神、创新意识和追求个人发展的特点。这种特点为他们提供了更多的职业选择和发展机会，并对经济社会发展产生积极的影响。

第三节　阻碍技能人才生态发展的因素

技能人才生态的发展受到多种因素的影响。以下是一些可能阻碍技能人才生态发展的主要因素。

一　培训体系有待完善

良好的培训体系是培养技能人才的关键，然而，一些地区的培训体系可能存在培训资源匮乏、质量不高、与市场需求不匹配等问题。缺乏适当的培训和培训机构，以及缺乏更新的课程和教学方法等都会限制技能人才的培养和发展。

（一）缺乏实践教学

培训体系不完善的表现之一是缺乏实践教学环节。许多职业需要通过实际操作来积累经验、提高技能水平，但一些培训机构仍然侧重于理论教学、忽视实践。这导致学生毕业后在实际工作中缺乏必要的实践技能。实际操作对于技能培训而言至关重要。如果学生没有机会在真实的工作环境中应用他们所学的技能，将难以胜任实际工作。因此，培训体系需要加强实践教学，为学生提供更多的实践机会，以确保他们具备必要的实际技能。

（二）与市场需求不匹配的课程设置

培训体系存在的另一个问题是课程设置与市场需求不匹配。一些培训机构没有及时调整课程设置，无法适应技术和行业发展要求。例如，某个行业出现了新的技术或工艺，但相关的培训课程却没有相应更新，导致学生掌握的技能与实际需求不符。为了解决这个问题，培训机构需要与行业企业建立紧密的联系，定期评估市场需求，并相应地更新课程内容，以确保学生掌握符合市场需求的技能。

（三）缺乏行业合作和实习机会

培训机构缺乏与行业合作和实习机会等问题。与行业合作可以帮助学生更好地了解实际工作要求，并通过实习应用所学知识。然而，一些培训机构与行业之间的联系不够紧密，缺乏合作，学生缺乏实践经验。为了弥补这一不足，培训机构应积极与行业建立伙伴关系，为学生提供实习机会，以便他们更好地适应实际工作要求。

（四）培训师资力量不足

培训机构的师资力量不足也是一个突出问题。技能培训需要具备相关技能和经验的讲师来传授知识和技能。然而，一些地区可能缺乏经验丰富的培训师资队伍，影响培训质量，学生无法获得高质量的指导。为了提高培训质量，需要加强培训师资队伍建设。

培训体系不完善对技能人才的培养和发展产生了负面影响。为了解决这些问题，需要加强实践教学、课程设置与市场需求保持同步、注重行业合作、加强培训师资队伍建设。这样才能更好地开展技能人才培训，并促进技能人才培训体系健康发展。完善的技能人才培训体系应该是紧密与市场需求相结合、培训质量高、实践教学充分、与行业紧密合作的，以推动技能人才的发展。

二 技能认可和证书体系的不完善

技能人才认证在我国技能人才生态中扮演着至关重要的角色，但仍存在一系列问题。

（一）缺乏行业导向的认证机构

在一些地区，技能认证体系尚处于建设阶段。一些地区缺乏专门的行业导向的认证机构，无法提供特定行业所需的认证支持，技能人才要证明自己在特定行业的专业能力和资质存在困难。解决这一问题的关键在于建立更多的行业导向的认证机构，以确保各个行业的技能认证得到认可，满足市场需求。

（二）缺乏更新和适应性

技术和行业的快速发展对技能认证体系提出了挑战。这些体系需要不断更新和调整以反映最新的技术和行业发展趋势。在一些地区，技能认证体系建设可能滞后于市场需求，技能人才难以通过获得最新的认可证书来证明自己具备的新技能。要解决这一问题，需要加强技能认证机构的协作，确保能够及时调整和更新认证标准，以适应不断变化的市场需求。

（三）高成本和复杂的认证过程

一些技能认证体系存在成本高、认证过程复杂等问题，加重了技能人才在经济上和时间上的负担，限制了他们获得认证的机会。为解决这一问题，可以考虑降低认证费用，提供更大力度的财政支持，以确保技能人才不会因经济因素而发展受阻，同时，可以采用在线培训等灵活的方式，以减轻时间上的负担。

技能认证体系不完善对技能人才的职业发展形成了一定的阻碍。为了解决这些问题，需要建立标准统一的认证机构，加强行业导向的认证机构建设，保持认证体系的及时更新并简化认证过程，降低技能认证成本。这样才能更好地支持技能人才的职业发展。

三 行业结构的快速变化

技能需求与行业结构密切相关。随着科技进步和经济发展，一些传统行业可能衰落或发生结构变化，导致其技能需求发生变化。如果技能人才无法及时适应新的技术和市场需求，就可能会失业。

（一）技能失配

行业结构变化可能导致技能需求与技能供应不匹配。当某个行业发生结构变化时，原有技能不再适应新的需求，导致技能人才缺乏适应新兴行业和技术的能力。例如，当某个行业转向高度自动化和数字化时，如果技能人才没有及时提升自身技能，可能就会失业。

（二）就业机会减少

行业结构变化可能导致一些传统行业的就业机会减少。随着某些行业的衰落或转型，其原本提供大量的就业机会可能不再存在或减少。这会给技能人才带来就业压力。例如，传统煤炭行业发展势弱，相关地区的煤矿工人面临就业难问题。

（三）转岗困难

行业结构变化可能导致原有技能人才面临转岗难。当某个行业的需求减少时，技能人才需要转向其他行业寻求就业机会。然而，转岗需要学习新的技能和知识，适应新的工作环境，这对一些技能人才来说可能是一项新的挑战。

（四）市场竞争加剧

行业结构变化可能导致市场竞争加剧，技能人才面临更大的竞争压力。当某个行业的就业机会减少时，技能人才数量可能会超过市场需求量，导致供大于求。这可能使一些技能人才难以找到新的就业机会，或者被迫接受低薪工作。

行业结构变化可能对技能人才生态发展带来一定的影响。为此，需要技能人才持续学习和提升技能，适应行业结构变化。同时，政府和教育机构也需要提供相应的支持，如提供转岗培训、职业转型指导和创业支持，以促进技能人才的发展。

四 有效政策供给不足

技能人才生态中的有效政策供给不足是我国在技能人才培训和发展方面面临的挑战，以下几个方面表现得尤为明显。

（一）缺乏长期激励机制

技能人才需要长期的激励机制来鼓励他们不断提高技能水平和追求职业发展。然而，我国在这方面的政策供给相对不足。长期激励措施包括奖学金、晋升机会、税收减免等，这能够吸引更多人投身技能行业，同时激励已有技能人才持续提升自身能力。缺乏这种长期激励机制可能降低技能人才的工作积极性，影响他们的职业发展。

（二）地域差异明显

我国的区域差异非常明显，不同地区的经济发展水平差异较大。这导致不同地区之间的政策执行效果存在显著差异。一些发达地区能够提供更多的技能培训和认证机会，而欠发达地区可能面临资源不足问题。不同地区技能人才面临的就业机会和发展前景也不同。政府需要制定更具针对性的政策来缩小地区间差距，确保技能人才在区域间的均衡分布。

（三）配套政策缺失

不同行业对技能人才的需求各不相同，因此需要更多的产业政策来鼓励特定领域的技能人才发展，包括针对关键产业制定相关政策、提供专门的技能培训和认证机会。这些产业政策的缺失可能使一些重要领域的技能人才供给不足，从而制约产业发展。

（四）与国际接轨不足

随着我国深度参与国际市场竞争，国际技能认证也变得至关重要。政府需要推动国际化认证标准的发展，以确保我国的技能人才在国际市场上具备竞争力。此外，政府也可以鼓励技能人才的国际交流和合作，以提高国际竞争力。目前，我国在这方面的政策也有待进一步完善。

综合来看，技能人才生态中政策供给不足问题需要政府通过采取更积极的措施来解决，包括建立长期激励机制、缩小地区间差异、制定更多产业政策和推动国际化发展，以确保技能人才充分发展，促进经济社会可持续发展。这将有助于提高我国技能人才的竞争力。

五　社会观念和文化影响

一些地区对技能人才的认可度相对较低，导致技能人才缺乏相应的社会地位和职业尊重。这种观念会影响技能人才生态的发展，导致技能人才供应不足。

（一）教育偏好

某些社会观念更认同学术教育，将高等教育和知识型职业视为更优的选择。这可能导致对技能教育和技能职业的轻视或低估。比如，对从事技能职业的人存在偏见或刻板印象，认为这些职业缺乏发展前景，从而影响年轻人选择技能职业的意愿。

（二）职业荣誉感

一些社会观念倾向于将某些职业视为更有荣誉感，而轻视技能职业。这可能导致技能人才的社会价值被低估。例如，从事手工艺、维修和装配等技能职业的人可能难以获得应有的尊重。

（三）传统就业观念

一些社会观念可能导致就业认知出现偏差，将技能职业看作次选项。这可能导致技能人才流失甚至短缺，忽视了技能职业的重要性。

（四）性别角色观念

一些社会观念可能对性别角色有一定的刻板印象，将技能职业与男性相关联。这影响了技能人才的多样性和机会平等。例如，从事建筑工程、汽车修理等技能职业的女性可能面临不公平待遇。

一些社会观念可能对技能人才生态的发展产生一定的影响。为了克服这些问题，需要开展全面的职业教育宣传，改变对技能职业的偏见和刻板印象。同时，鼓励平等对待不同职业和性别角色，提供公平的就业机会和发展途径，以提升技能人才的多样性。教育机构、媒体、政府等都可以发挥作用，共同塑造支持技能人才发展的社会氛围。

综上所述，教育体系和技能认可体系不完善、行业结构变化、社会观念以及缺乏投资和支持是阻碍技能人才生态发展的主要因素。为此，需要采取综合性措施，包括改善教育体系、建立健全技能认证体系、促进职业发展、改变社会观念，并加强对技能人才的支持。

第四节　数字时代技能人才生态评价的改进及方向

各行各业的数字化发展加快，技能人才生态评价也进一步优化。数字时代技能人才生态评价需要从以下几个方面予以优化。

一　优化综合评价体系

传统的技能人才评价主要关注技能水平和证书认证，但这种单一指标的评价方法存在局限，无法全面准确地反映技能人才的综合素质和能力。在数字时代，随着工作环境的不断演变，优化技能人才评价至关重要。下文探讨数字时代技能人才生态评价的优化方向。

首先，综合评价体系的建立是关键。传统的评价主要以技能水平和学历证书为依据，而数字时代的技能人才评价内容已经不再局限于这两项。优化的方向是建立更全面的评价体系，涵盖多个关键维度，包括技能水平、创新能力、团队协作、问题解决能力、学习能力等。通过综合考察这些维度，评估者可以更准确地了解技能人才的实际素质和发展潜力。这样的综合评价体系可以更好地反映数字时代对多元技能的需求，促进人才的全面发展。其次，优化的方向之一是开展技能匹配度评价。在数字时代，技能的快速变化使得技能匹配度变得尤为关键。评估技能人才是否与特定工作或行业的需求相匹配，是一个重要的优化方向。评价体系可以包括技能匹配度评估,以便了解技能人才是否具备与其所从事的工作相符的技能。这有助于避免技能失配,增加技能人才的就业机会。再次,考虑到数字时代的不断变化,需要不断改进评价体系。这意味着评价不再是一次性的,而是持续更新和调整的。技能人才评价应该是一个持续的过程,以反映技能人才在不同时段的技能水平。这种动态评价可以通过使用各种工具和方法来实现,包括在线自我评估、持续培训,以及与雇主的定期对话。这样的评价方法可以更好地应对数字时代快速变化的需求。同时,改进的内容包括考虑技能人才的终身学习和适应能力。数字时代要求技能人才不仅具备一定的专业技能,还需要具备学习能力,以适应不断变化的工作环境。因此,评价体系应该考虑技能人才的适应能力。这可以通过跟踪他们的学习经历和参与的培训课程来实现。评估者可以关注他们在新领域获取新知识的能力,以了解其适应能力。最后,数字时代的技能人才评价还需要更多地关注社交和情感智能。与他人合作、与客户互动已经成为现代工作环境的重要组成部分。因此,评价体系应该包括对技能人才的社交和情感智能评估。通过情景模拟、与他人的合作,以及沟通技能来评估。这种改进有助于确保技能人才不仅具备技术能力,还具备与他人协作的能力。

综上所述,数字时代的技能人才生态评价更加综合、动态和多维。综合评价体系的建立、技能匹配度的评估、动态评价、终身学习和适应能力的考察,以及社交和情感智能的关注,都是未来优化的方向。这有助于更好地满足数字时代对技能人才的多元化需求,促进人才的培养和发展。

二　引入动态评估机制

技能人才的能力和素质在数字时代不断变化,传统的一次性评估具有滞后性,难以及时予以反映。因此,改进技能人才生态评价的方向之一是引入动态评估机制,通过定期或不定期的评估,及时了解技能人才的能力和发展情况。这有助于更准确地了解技能人才的成长轨迹和发展潜力,从而更好地满足数字时代对技能人才的多元化需求。

首先，动态评估机制可以通过定期或不定期的评估来实现，以确保技能人才的能力和素质能够得到准确地反映。这种评估包括技能测试、实际工作表现评估、自我评估以及与雇主或导师的对话。这些评估可以定期进行，以跟踪技能人才的发展过程，了解他们在不同时间点的变化。其次，动态评估机制还包括个体的自我评估。技能人才应该被鼓励定期进行自我评估，以便更好地了解自己的强项和不足，制订个人发展计划。这种自我评估可以帮助技能人才更好地适应数字时代的需求。同时，技能人才的动态评估还应该包括与雇主或导师的对话。定期的反馈和对话可以帮助技能人才了解雇主或导师对其表现的看法，并提供指导和建议。这种交流有助于技能人才更好地了解工作要求，及时调整发展方向。此外，动态评估还应考虑技能人才的终身学习和适应能力。数字时代要求技能人才不仅具备一定的技能，还需要具备学习能力，以适应不断变化的工作环境。这有助于评估者了解技能人才的学习能力和发展潜力。

综上所述，引入动态评估机制是完善技能人才生态评价体系的关键方向之一。这可以通过定期或不定期的实际工作表现评估、自我评估、与雇主或导师的对话等来实现。这有助于更好地了解技能人才的成长轨迹和发展潜力，帮助他们适应数字时代不断变化的需求，实现个人发展。

三　引入多元化评价方法

除了传统的考试和证书认定外，可考虑引入多元化评价方法。数字时代的技能人才生态评价可以采用项目实践评估、案例分析、模拟演练、口头陈述等方式，以更全面地反映技能人才的实际能力，更贴近实际工作情境。

首先，项目实践评估是一种重要的改进方向。技能人才通过参与实际项目，运用所学技能来解决现实问题。这种项目实践评估通过模拟真实的工作场景使评估者可以评估技能人才在实际项目中的表现，包括解决问题的能力、团队合作能力、创新能力等。项目实践评估可以更准确地评估技能人才在复杂工作情境下的能力。其次，案例分析是另一种多元化评价方法。提供实际案例，让技能人才进行分析，并提出解决方案，这样，评估者可以了解技能人才的问题分析能力。案例分析评估方法强调对复杂问题的理解和分析，反映技能人才的发展潜力。同时，模拟演练也是一个改进方向。通过在控制环境下模拟真实工作情境，评估者可以观察技能人才的应对能力、应急反应和决策能力。这种方式可以更好地评估他们在紧急情况下的表现和处理复杂任务的能力。此外，口头陈述评估方法注重考察技能人才的表达能力和沟通能力。技能人才以口头方式陈述自己的观点、思考过程和解决方案，这样，评估者可以更好地了解他们的表达能力、逻辑思维和沟通技巧。最后，引入多元化的评价方法还可以促进技能人才综合素质的提高。综合素质包括解决问题的能力、创新能力、团队合作能力、沟通技巧等。通过多元化的评价，可以全面提高技能人才的综合素质，使他们更好地适应数字时代多样化的职业要求。

总之，引入多元化的评价方法是完善技能人才生态评价体系的关键方向之一。通过项目实践评估、案例分析、模拟演练、口头陈述等方式，可以准确地评估技能人才的能力。这些方法有助于提高技能人才的竞争力，以便更好地适应数字时代的多样化需求。

四　强调终身学习观念

技能人才的学习能力和终身学习在数字时代变得尤为重要。为了促进技能人才生态发展，要强调终身学习观念，确保评价体系鼓励技能人才积极参与继续教育、培训等，同时评估其学习动力、学习记录和自我提升能力。

首先，强调终身学习观念是评价体系改进的关键方向之一。在数字时代，知识更新速度非常快，因此技能人才需要不断学习以适应新的技术发展趋势。评价体系应该明确反映技能人才的学习意愿和动力，鼓励他们积极参与各种学习活动，包括在线课程、工作坊、研讨会等。可以通过问卷调查、面试和自我评估等方式评估技能人才的学习动力和意愿。其次，评价体系应考察技能人才的学习记录。技能人才的学习记录包括参与的培训和教育课程、获得的证书和资格、参加的学习项目等。这些记录可以用来评估他们的学习投入程度。评价者通过查看技能人才的学习记录，了解他们在过去的学习活动中取得的成绩和荣誉，以更全面地评估他们的学习能力。同时，评价体系还应关注技能人才的自我提升能力。自我提升能力是指技能人才主动学习和发展的能力，包括自我规划、目标设定和自我反思。评价体系可以通过面试、自我陈述和反思报告等方式来评估技能人才的自我提升能力。技能人才的自我提升能力反映了其学习意愿和能力。最后，强调终身学习观念和继续学习的重要性可以激励技能人才积极参与教育和培训。评价体系应该为技能人才提供学习机会和奖励，鼓励他们不断提高技能和知识水平。这可以通过设立奖学金、提供学习资源、支持学习计划等方式来实现。继续学习的机会和激励可以帮助技能人才保持竞争力，适应不断变化的职业要求。

总之，完善技能人才生态评价体系需要强调终身学习观念和鼓励继续学习。评价体系应该关注技能人才的学习动力、学习记录和自我提升能力，以更全面地评估他们的学习能力。这样可以确保技能人才在数字时代保持竞争力，满足不断变化的市场需求。

五 加强实践能力评价

技能人才的实践能力在数字时代变得至关重要。为了优化技能人才生态评价，要加强对实践能力的评价，包括实际工作项目的参与度、项目成果质量、问题解决能力等。

首先，强化对实际工作项目的参与度的评价。技能人才的实践能力可以通过其在实际工作项目中的参与情况来体现。评价体系应该考虑技能人才在工作项目中的主动性、责任感和贡献度。这可以通过项目经历记录、工作任务报告、同事和上级的反馈等方式来反映。技能人才的实际工作项目参与度是评价其实践能力的重要指标之一。其次，评价体系应该重视项目成果质量。实际工作项目成果质量反映了技能人才的实践能力和专业水平。评价者可以根据项目绩效、成果产出、目标达成程度等来评估技能人才的项目成果质量。高质量的项目成果可以反映技能人才的实际工作能力，是评价实践能力的重要标志。同时，问题解决能力也是实践能力的关键组成部分。评价体系应该关注技能人才在实际工作中解决问题的能力，包括对复杂问题的分析、创新解决方案的提出、团队合作和决策能力等。问题解决能力可以通过案例分析、模拟演练、面试等方式来评估。技能人才的问题解决能力是实践能力的关键指标之一。最后，实践能力评价应该结合多种方法和数据来源，以确保评估的全面性和准确性，包括自我评估、同事和上级的评价、项目成果分析、案例分析、模拟演练等。通过综合不同的评估方法和数据，可以更准确地了解技能人才的实践能力。

总之，完善技能人才生态评价体系，需要加强对实践能力的评估。评价体系应该关注实际工作项目的参与度、项目成果质量、问题解决能力等，以更全面地评估技能人才的实践能力。这样可以确保他们在数字时代具备必要的实际工作能力，以更好地适应职业发展的要求。

综合来说，技能人才生态评价体系的完善方向应该是建立综合评价体系，引入动态评估机制，采取多元化评价方法，强调终身学习观念，加强实践能力评价，以更准确、更全面地评估技能人才的能力。这样能够更好地促进技能人才的发展，以适应快速变化的社会需求。

第五节　本章小结

本章的研究重点在于数字化转型对技能人才生态的影响，以及技能人才生态发展面临的挑战。同时，讨论了新时期完善技能人才生态评价体系的方向。数字化转型对技能人才生态产生了深远的影响。传统的职业正在迅速演变，新技术和新业态的兴起使技能需求发生了根本性变化。企业和组织越来越需要具备数字技能的专业人才。在线教育是数字化转型的一个重要方面，引领了技能人才培训革命。但随之而来的挑战是如何确保在线教育的质量和教育资源的普及。数字化转型还带来了新的职业机遇。在人工智能、区块链、可持续发展等领域，新的职业机会不断出现。这为技能人才提供了广阔的发展前景。

在阻碍技能人才生态发展方面，教育体系不完善是技能人才生态面临的主要挑战之一。技能认可和证书体系的不一致也对技能人才生态产生了负面影响。在一些地区，技能认可体系尚未标准化，技能证书的价值难以获得认可。技能人才必须不断适应行业结构的快速变化。社会观念也会影响技能人才的选择。技能人才生态发展需要更大力度的政策支持。

技能人才生态发展面临多重挑战，需要系统性和综合性的解决方案，包括改善教育体系、技能认可体系标准化、帮助技能人才适应行业变化、推动社会观念改变以及增加投资。只有这些问题得到解决，技能人才生态才能实现更加健康的发展。技能人才生态的复杂性使得评价标准多样化。不同地区和行业有不同的需求和标准，这导致了评价的复杂性。如何制定全面而灵活的评价标准是一个重要的挑战。评价技能人才生态需要跨学科的知识和综合性方法。这意味着需要整合不同领域的专业知识，以全面评估技能人才。技能人才评价不应是一次性的，需要定期进行评估，以反映其变化和发展，并提供有针对性的建议。

为了应对上述挑战，技能人才生态评价需要不断改进，这是一项复杂的任务，对于确保技能人才持续发展和社会繁荣至关重要。通过综合考虑不同维度的评价标准、引入动态评估机制和多元化的评价方法、强调终身学习观念，可以更好地推动数字时代的技能人才生态发展。这将为政府、教育机构和产业界作出决策提供更有力的支撑，促进技能人才健康成长。

第四章 技能人才生态评价的理论模型

本章着力于围绕技能人才生态评价指标体系构建理论模型，首先，总结国外相关成功案例经验，如德国、美国、日本和韩国等，以期为数字时代下的技能人才生态评价提供有益借鉴。其次，介绍评价指标的选取原则，着重考虑了数字时代背景下评价指标体系的时效性和适用性。指标的选取强调多维度、全面性，以涵盖技能人才的各个方面，包括培育生态、势能生态、动能生态、创新生态、服务与支持生态。最后，阐述构建技能人才生态评价指标体系的重要性，为具体评价提供了理论基础和框架。

第一节 国外构建技能人才生态的典型案例

一 德国

技能人才是国家经济发展和社会进步的重要推动力。德国的技能人才培养和评价经验闻名于世。在德国，技能人才培养被视为一个生态系统，学校教育、企业实践和政府支持有效结合。本部分将详细分析德国技能人才生态评价的相关经验，探讨其核心机制，从中揭示对其他国家的启示。德国技能人才生态评价体现出对工匠精神和技术专业性的高度重视。

（一）双元制职业培训系统

在德国的双元制职业培训系统下企业与学校密切合作。这一模式兼顾理论知识学习和实际工作经验积累，确保培训内容与实际工作需求高度契合。在德国，制造业企业与职业学校围绕人才培养紧密协作。例如，梅赛德斯－奔驰公司与梅赛德斯－奔驰技术学院建立了紧密的伙伴关系。学生在学习汽车技术理论的同时，参与梅赛德斯－奔驰公司的项目，包括汽车制造和维修等。这种合作模式下学生在毕业后不仅具备扎实的理论基础，还具有实际工作经验。在工程技术领域，博世公司与工程学院合作，学生在学习工程理论的同时，还可以参与博世公司的项目，涉及汽车技术、能源技术等。这种紧密的产学合作使得学生在完成学业的同时能够积累实践经验。此外，在德国医疗行业也采用了企业与学校合作模式。例如，慕尼黑大学医学中心与当地医疗机构合作，为医学生提供实习机会，让他们在临床环境中应用所学知识。这种紧密的产学合作不仅有利于培养具备临床技能的医学专业人才，也有利于为医疗机构输送具有实践经验的医护人员。综合而言，企业与学校的紧密合作是德国技能人才培养取得成功的关键之一。这种生态培养机制不仅确保了学生在校期间能够全面发展，也为企业输送了更适应实际工作需求的高素质人才。

（二）行业标准和认证

行业标准和技能认证制度是德国技能人才生态培养的关键机制，明确技能要求和标准，保证培训内容的一致性和实用性。在德国的制造业，特别是金属加工领域，行业标准起着至关重要的作用。行业协会与企业共同制定一系列标准，明确从业人员所需具备的技能，包括机械加工、焊接、质量控制等。标准设立使得培训内容更具针对性，确保学生毕业后具备满足行业需求的实际技能。德国的技能认证制度在医疗行业中得到了成功的应用。例如，在护理领域，通过参与德国护理协会举办的认证考试，护理人员能够证明其在临床护理、患者沟通等方面的专业水平。这不仅有利于提高护理人员的职业水平，也有利于为雇主提供明确的参照标准，确保可以招聘到具有实际护理经验的合格人才。此外，德国的工程技术领域也有明确的技能认证标准。

例如，在电气工程领域，德国电气工程师协会（VDI）制定了一系列技能认证标准，覆盖电力系统、自动化控制等内容。这些认证成为工程师们证明自己专业水平的有效方式，同时也为企业提供了可靠的招聘依据。总体而言，德国的行业标准和技能认证制度为技能人才的培养提供了明确的指导。行业协会和企业的合作不仅确保了培训内容的实用性，也为个体提供了提升职业素质的有效途径。

（三）学徒制度和实习计划

学徒制度和实习计划是德国技能人才生态培养的两个关键机制。通过这些机制，年轻人能够在实际工作中学到专业知识，也确保了培训内容的实用性。在德国的制造业中，学徒制度在培养技能工人方面发挥了关键作用。例如，西门子公司一直致力于通过学徒制度培养电气工程师。学徒在公司内部接受为期数年的培训，既学习电气工程理论知识，又参与实际项目，如电力系统的设计和维护。通过这样的培训，学徒能够在毕业后成为具有丰富实践经验的电气工程师，为公司的技术创新提供有力的支持。实习计划也在德国的职业培训中扮演着重要的角色。在 IT 领域，德国的一些大学与科技公司合作，为学生提供实习机会。例如，SAP 公司与柏林工业大学合作，推出了实习项目，让学生参与企业级软件开发。这样的实习计划不仅有利于帮助学生更好地了解实际工作环境，还可以让他们参与技术和工程项目实践。在医疗领域，学徒制度和实习计划也是培养医疗专业人才的重要手段。一些医学院与医疗机构紧密合作，让学生参与临床实践。这种实操性强的培养方式有助于医疗专业人才更好地适应临床工作要求，提高实际操作技能。综合而言，学徒制度和实习计划在德国的技能人才培养方面发挥着关键的作用，不仅确保了学生在校期间能够参与实际工作，也为他们提供了更多的职业发展机会。

（四）工匠精神与技艺传承

强调工匠精神和传统行业的技艺传承是德国技能人才生态培养的两个关键元素，通过强调实践性、创新和传统技艺的结合，为技能人才培养提供坚实的基础。德国在手工艺领域，特别是钟表制造业，高度重视工匠精神。帕捷尔·菲利普作为德国的高级钟表品牌，强调精湛的手工艺和工匠技术，成功培养了一批又一批高水平的钟表工匠。这些工匠不仅具备制造高级钟表所需的技术，而且在创新设计和问题解决方面表现出色。传统的工匠文化为公司的高端钟表制造提供了坚实的基础，同时也使公司成为全球钟表行业的标杆。在建筑行业，技艺传承同样非常重要。例如，科隆大教堂的建造涉及复杂的石雕和建筑技艺，这些技艺在建筑大师和学徒之间得到了传承。这种技艺传承使得科隆大教堂在数个世纪后仍然保持着独特的建筑风格，成为建筑领域的杰出代表。汽车制造业也强调技艺传承。梅赛德斯－奔驰公司通过建立大师制度，确保汽车制造技术的传承。这种技艺传承有助于确保梅赛德斯－奔驰公司在质量和创新方面一直保持全球领先地位。总体而言，德国对工匠精神和技艺传承的看重，在实际的技能人才培养中得以体现。这种培养方式不仅提高了技能人才在创新和解决实际问题方面的能力，也为行业发展注入了新的活力。

（五）政府支持和资金投入

财政激励和津贴是德国技能人才生态培养的重要内容，通过为企业提供财政支持，鼓励其积极参与技能培训，为培养高质量的技能人才提供有力的支持。在德国的制造业中，财政激励措施对企业参与技能培训产生了积极的影响。例如，宝马公司积极参与了由政府发起的技能培训计划。该计划为企业提供财政激励和津贴，帮助企业降低培训成本，鼓励企业在内部建立全面的培训体系，确保员工在汽车制造和维护领域掌握最新的技能和知识。在手工艺领域，财政支持为传统行业的技能人才培养提供了资金保障。例如，陶瓷制造企业通过参与由政府发起的学徒培训计划，得到了财政激励。企业能够为学徒提供更全面的培训，推动传统的陶艺技艺传承，同时提高员工在现代陶瓷生产方面的技能水平。在科技创新领域，财政激励为中小企业提供了支持，使得其能够更主动地参与技能人才培养。例如，德国的一家科技初创公司通过参与由政府资助的实习项目，为年轻的软件工程师提供了实践机会。这种支持不仅帮助企业解决了技能人才短缺问题，还为年轻人提供了在实际项目中应用知识的机会。总体而言，德国的财政激励和津贴为技能人才培养提供了支持，提高了企业的参与度，确保了培训体系的建立健全。这些政策的成功实施为德国制造业、工艺业的技术创新等注入了新的活力。

二　美国

美国作为世界上技术创新领域的领先者之一，在技能人才培养评价方面拥有一系列成功的经验。美国技能人才生态评价体系涵盖了职业教育、跨学科合作、实践导向型学习以及个性化职业规划等内容。本部分将深入分析美国技能人才生态评价体系，并通过具体案例来阐述其核心机制。

（一）职业教育和技术学院

职业教育和技术学院在美国的技能人才培养中扮演着关键角色。这些机构提供了多样化的技能培训和职业教育课程，为学生提供了获取实用技能的途径。加利福尼亚州的职业技术学院设置了丰富的课程，涵盖护理、信息技术、机械工程等领域。位于硅谷的 De Anza College 与科技公司建立了密切的联系，确保其信息技术专业的培训内容紧密贴合科技行业的发展需求。这种与行业的密切联系使得学生在完成学业后更易进入职场，同时帮助科技公司填补技能人才的空缺。得克萨斯州的技术学院 Texas State Technical College 致力于培养制造业和工程技术领域的专业人才。该学院与当地的航空航天和汽车制造公司合作，开设与制造业相关的课程。学生在校学习期间可以参与行业相关的实际项目，为学生提供了更具实操性的技术培训。此外，亚利桑那州的职业教育机构 East Valley Institute of Technology 与医疗保健行业建立了紧密的伙伴关系。该机构提供的医疗保健课程覆盖了临床和非临床等内容，学生通过参与当地医疗机构的实际项目，获得在医疗保健领域的相关实践经验，以便学生毕业后能够顺利进入医疗行业。上述案例反映了美国职业教育和技术学院的努力，通过与行业合作，确保培训内容与实际职业要求保持一致。这有助于满足不同行业的技能需求，从而为学生提供更多的职业发展机会。

（二）高等教育机构的技术专业

大学和学院在美国技能人才培养中扮演着至关重要的角色，其通过开设更高层次的技术专业，满足不同行业对高级技能人才的需求。麻省理工学院（MIT）在工程和科学领域的卓越教育闻名全球。MIT 的工程专业注重理论与实践相结合，通过推动学生参与创新研究项目，培养了许多在科技领域取得巨大成就的专业人才。例如，MIT 的校友埃隆·马斯克通过在校期间参与太阳能车项目，为其后来在电动汽车和太空探索领域的创新打下了基础。斯坦福大学的信息技术专业在培养技能人才方面起到了关键作用。学生有机会参与学校和硅谷科技公司开展的合作项目，如与谷歌、苹果等公司的联合研究。这种紧密的合作关系使得学生在校期间能够接触到最新的技术，并积累实践经验，有助于提高其在信息技术领域的竞争力。在医疗保健领域，约翰斯·霍普金斯大学的医学专业是美国最顶尖的医学培训项目之一。该校与约翰斯·霍普金斯医院合作，为学生提供实习机会。通过参与医学研究，学生能够在学术和实践方面取得卓越成就，成长为医疗保健领域杰出的专业人才。上述案例展示了美国大学和学院在培养技能人才方面的成功经验，即通过与行业和企业建立紧密联系，为学生提供丰富的机会，确保他们毕业后具备高级技能，能够适应不断变化的职业需求。

（三）学徒制度和实习计划

在美国，公司与教育机构开展紧密合作，基于学徒制度和实习计划形成了完善的技能人才培养生态系统。华盛顿州微软公司的学徒计划为年轻的软件工程师提供了独特的机会。该计划通过将学生纳入实际项目团队，使他们能够在真实的工作环境中应用理论知识。这种学徒制度不仅为学生提供了宝贵的实践经验，还使他们能够深入了解软件开发的最新技术。在休斯敦，石油和天然气公司埃克森美孚（ExxonMobil）与当地技术学院合作，推出了实习计划。该计划旨在为化学工程专业的学生提供参与公司工程项目的机会，使其能够直接应用专业知识，提高实际操作能力。在密歇根州，汽车制造商福特与当地的机械工程学院合作，推出了学徒计划。该计划使学生有机会在福特的工厂中参与学徒培训，学习汽车制造和维护相关技能。这种学徒制度有助于确保新一代技能人才具备在汽车行业中所需的实际经验和专业技能。这些案例反映了美国公司和教育机构通过学徒制度和实习计划为技能人才提供了更具实操性的培训机会。这不仅有助于学生毕业后顺利进入职场，还为他们提供了在实际工作环境中应用专业知识的机会，以便更好地适应不断变化的技术和行业需求。

（四）行业认证和标准

美国实行严格的技能人才培养行业认证和标准机制，以确保特定领域的技能人才具备一定的专业知识和技能水平。在信息技术领域，计算机行业的领军公司之一 Cisco Systems 推出了 Cisco 认证体系，覆盖网络工程、安全等多个专业方向。通过参与这些认证培训，技能人才能够获得在网络管理、数据安全等领域的核心技能。雇主普遍将 Cisco 认证作为评估人才水平的标准，确保招聘到的员工具备必要的专业知识。在医疗行业，美国护理协会（American Nurses Association）颁发的 RN（Registered Nurse）认证是衡量护理专业水平的重要标准。例如，得克萨斯州的医疗机构在招聘护士时通常要求候选人获得 RN 认证，以确保其具备必要的临床技能和医学知识。在建筑和工程领域，美国绿色建筑委员会（US Green Building Council）颁发的 LEED 认证可用于衡量专业人才在绿色建筑设计和可持续发展方面的能力。建筑师和工程师获得 LEED 认证，则可以证明其在设计环保建筑项目方面的专业知识水平。这些实际案例反映了美国行业认证和标准可在评估和招聘技能人才方面发挥关键作用。这不仅为个体提供了可靠的职业发展路径，还为雇主提供了有效的评估工具，确保招聘到的人才已具备必要的专业技能和知识。

（五）科技创新和研发投资

美国政府和企业在科技创新和研发方面的巨大投资不仅推动了新技术的发展，而且在培养技能人才方面也产生了深远的影响。在加利福尼亚州，美国科技巨头谷歌（Google）的"Google Research"项目致力于推动计算机科学和人工智能方面的研究。谷歌与斯坦福大学等高校合作，大力推动学术界和工业界的交流。这种紧密的合作有利于学生和研究人员在前沿科技领域积累经验，为培养高级计算机科学和人工智能领域的技能人才提供了有力支持。在奥斯汀，美国芯片制造商 AMD（Advanced Micro Devices）与得克萨斯大学合作，推动了芯片设计和半导体技术领域的研发。通过设立实验室和提供研究资金，AMD 培养了一批在半导体领域具备高级技能的工程师和科学家。这些人才对于美国半导体产业的创新发展有着积极的影响。在马里兰州，国家航空航天局（NASA）与马里兰大学合作，共同培养空间科学家和工程师。学生通过参与太空探索、卫星设计等项目，获得了在航天领域深入发展的机会。这种培养方式有助于确保美国在太空科学和技术领域的领先地位。这些实际案例反映了美国政府和企业在科技创新和研发方面的投资对于培养高科技领域的技能人才所起到的关键作用。这种紧密的产学合作有助于学术界和工业界实现平衡发展，确保技能人才在科技创新和实际应用中提高自身技能。

（六）在线学习和技术培训平台

随着数字化时代的来临，美国在技能人才培养方面积极作为，利用各种在线学习平台和技术培训资源，为个体提供灵活的学习途径，使其适应不断变化的职业需求。在线学习平台 Coursera、edX 和 Udacity 等迅速崛起，为个体提供了高度个性化的学习体验。例如，Coursera 与斯坦福大学合作推出的计算机科学专业在线学位，使学生无须出户就能够通过高质量的线上课程获得学历。这种在线学位项目不仅使学生能够在学习理论知识的同时提升技能，还为全职工作的人提供了灵活的学习途径。在科技领域，LinkedIn Learning 为专业人士提供了丰富的在线技能培训课程。通过与各行业的专业人士合作，LinkedIn Learning 能够提供实用性强、与实际职业需求贴合的培训资源。这种学习方式有助于技能人才随时随地获取新知识，适应科技发展要求。此外，美国各地的技术培训中心和社区学院也通过在线课程拓展了技能培训途径。例如，加州的社区大学通过提供各种在线职业技能培训课程，使学生能够根据自己的实际情况选择最合适的学习方式。这特别适合那些希望通过参与职业培训提升自身技能的人群。这些实际案例反映了美国积极利用在线学习平台和技术培训资源，为技能人才提供更加灵活和个性化的学习机会。这种教育生态创新有助于个体适应职业发展要求，在数字化时代保持竞争力。

（七）劳动力市场信息和职业指导

美国致力于通过提供劳动力市场信息和职业指导，帮助个体更好地了解市场需求，选择适合的职业道路。美国劳工部的"职业展望手册"（Occupational Outlook Handbook）为个体提供了详细的职业信息，包括就业前景、平均薪资、教育和培训要求等信息。比如，计算机科学领域的个体可以通过该手册了解到该领域的发展趋势、专业类别以及相关技能要求，以便更明晰地规划自己的职业生涯。CareerOneStop 是由美国劳工部创建的在线平台，提供全面的就业服务。该平台不仅提供各种职业的详细信息，还提供就业市场分析、培训资源和职业规划工具等。例如，医疗领域的个体可以通过 CareerOneStop 获取该领域的就业机会、所需技能和相关的培训机构等信息。在高校和职业培训机构中职业顾问团队扮演着重要角色。例如，弗吉尼亚理工大学的职业发展中心通过提供个性化的职业咨询服务，为学生提供就业市场信息和求职技能培训。这些案例反映了美国通过提供劳动力市场信息和职业指导，帮助个体明晰职业发展方向。这有助于个体基于市场需求和个人情况做出明智的职业选择。

三 日本

日本以完善的技能人才培养和评价体系闻名全球。日本技能人才生态主要涵盖以下几个方面。

（一）职业技能培训生态

日本建立了多元化的职业技能培训生态，包括由政府支持的技术学校、职业培训中心、企业内部培训机构。多元化的培训体系确保了不同行业和领域的技能人才需求都能够得到满足。

日本的职业技能培训生态呈现出丰富、多元的特点，为人才培养提供了坚实的基础。政府支持的技术学校在这一体系中扮演了重要角色，通过开设实用性强、与市场需求紧密契合的课程，帮助学生获取所需的实际技能。

这些学校通常会与各行业的专业协会合作，以确保培训内容与行业标准保持一致。职业培训中心提供各类技能培训，涵盖传统手工艺、先进科技等领域。这类中心通常能够根据行业需求灵活调整培训计划，为学员提供更贴近实际工作要求的培训。与此同时，企业内部培训机构也在培养技能人才方面发挥着关键作用。许多大型企业设立了专门的培训中心，为员工提供定制化的技能培训，以确保其具备公司发展所需的专业知识和技能。这种内部培训不仅增强了员工的职业能力，也为企业培养了更加适应自身业务需求的人才。丰田汽车公司就通过内部培训机构为员工提供高度专业化的技能培训。丰田的生产技能培训中心通过模拟实际生产场景，提升员工的生产技能和解决问题的能力。这种具有针对性的培训有助于员工了解丰田独特的生产流程，展现了企业内部培训在技能人才生态中的重要作用。日本的职业技能培训生态强调政府、学校、企业的共同努力，为不同领域的人才提供多样化、实用性强的培训，从而为日本的技能人才培养打下了坚实的基础。

（二）行业协会与教育机构的紧密合作

为了保证培训内容与实际产业需求相契合，日本强调行业协会与教育机构的紧密合作。这种合作便于及时调整培训内容，以适应行业发展要求，同时提高学生在实际工作中的适应能力。

在日本，行业协会与教育机构紧密合作，构建了一个有效的人才培养框架，强调培训内容与实际产业需求紧密契合。这种协作关系有助于确保培训内容与行业标准保持一致，提高学生在实际工作中的适应能力。行业协会在制定和更新技能标准方面发挥着关键作用，通过与教育机构紧密合作，能够及时了解行业的新趋势和技术变革，从而调整培训课程以满足市场需求。这有助于确保培训内容的实用性，使学生毕业后能够应对行业内的新挑战。比如，日本建筑业的协会与相关技术学校紧密合作，确保建筑领域的学生能及时参与技术培训，掌握实际工作中所需的专业技能。这种合作还为学生提供了与业界专业人士交流的机会，促使他们更好地理解职业环境，以便为未来的就业做好准备。另外，一些高等教育机构与 IT 行业的协会合作，共同举办研讨会、开设工作坊等，确保学生在校期间能够掌握最新的技术和工作方法。这种协作不仅有利于提高学生的技能水平，还能使他们更顺利地进入职场。综合而言，行业协会与教育机构的紧密合作是日本人才生态培养的核心内容之一。这促进了知识与实践的结合，使技能人才可以更好地适应不断变化的产业环境。

（三）实习和学徒制度

实习和学徒制度是日本技能人才生态的重要组成部分。学生有机会在实际工作环境中应用所学知识，同时积累实践经验。

实习和学徒制度在日本技能人才生态中发挥着至关重要的作用，为学生提供了在实际工作环境中应用所学知识的机会，同时也使他们积累了实际工作经验。例如，丰田汽车公司实行学徒培训制度，通过与职业培训学校和高等教育机构合作，大力培养年轻的技术工人。这些学徒在实际生产线上接受全面的培训，学习先进的制造技术。通过参与生产过程，学徒们能够深入了解汽车制造的各个环节，为其将来的职业发展打下坚实的基础。另外，餐饮业也实行实习和学徒制度。一些知名的料理学校与高级餐厅合作，为学生提供实习机会。学生在这个过程中不仅能够掌握烹饪技能，还能够参与厨房管理、团队协作等。这使得学生在毕业后能够更加顺利地进入职场。总的来说，实习和学徒制度有利于技能人才通过实际工作积累经验，更好地适应职业要求，同时雇主也能更全面地了解员工的潜力，为技能人才培养生态注入活力。

（四）技能标准和认证制度

日本制定了技能标准和认证制度，以确保培训质量。技能认证对于技能人才的职业发展而言至关重要，也为雇主提供了可靠的招聘依据。

技能标准和认证制度在日本的技能人才培养生态中扮演着关键的角色，旨在确保培训质量，从而为技能人才的职业发展提供指引。技能标准涵盖各个行业和领域，确保培训内容能够与实际职业要求相匹配。比如，日本的IT行业在技能标准和认证方面取得了显著的成就。日本计算机软件能力认证标准（JCERT）是由日本软件产业协会制定的技能认证标准，涵盖软件工程、数据库管理、网络技术等领域。依托 JCERT，个体能够证明自己具备特定领域的专业技能，这不仅对其职场竞争有着积极的影响，同时也为雇主提供了可信赖的技能评估基准。此外，制造业也实行了类似的认证标准。例如，日本工业技能评价协会（JSEE）推出了一系列制造业技能认证标准，涉及机械加工、电气控制、焊接等。通过参与这些认证，从业人员能够在特定领域展示其专业技能，增强自身在职场上的竞争力。这不仅为技能人才提供了明晰的发展路径，也为雇主提供了可靠的招聘依据和评估工具。技能认证是日本技能人才培养生态中的关键环节，有助于确保培训的实用性，提高技能人才的职业素养。

（五）中小企业支持生态

为了鼓励中小企业积极培养技能人才，日本提供了财政激励、技能培训津贴等支持。这有助于确保即使在资源有限的情况下，中小企业也能积极培养技能人才。

中小企业技能人才培养支持生态占据着重要地位，通过为中小企业提供必要的资源，促使其积极培养技能人才。日本政府制定了一系列财政激励措施，包括税收减免和贷款支持等，鼓励中小企业开展员工技能培训。这有助于弥补中小企业在技能人才培养方面可能面临的资源短缺，为其提供更大的发展空间。比如，日本为制造业中小企业提供了技能人才培训津贴，帮助中小企业降低员工培训成本，吸引和留住优秀的技能人才。此外，日本还设立了专门的中小企业技能培训基金，为中小企业提供资金支持。这有利于确保中小企业即使在竞争激烈的市场环境中，依然能够投资于员工的技能提升，为其长期发展打下坚实的基础。总体而言，日本通过中小企业技能人才培养支持生态，激发了中小企业的技能人才培养动力。日本政府通过提供财政激励和技能培训津贴等，使得中小企业更好地开展技能人才培训，从而促进整体产业发展。

（六）技能专业化与职业道路

技能专业化有利于鼓励个体在特定领域深耕。个体可以通过制定职业发展规划，并加入相关的专业协会，从而取得职业生涯的成功。

技能专业化与职业道路在日本的技能人才培养体系中扮演着关键角色，通过鼓励个体在特定领域深耕，为其明晰职业发展路径。这种专业化的培养方式有助于确保个体在特定领域掌握专业知识和技能，为其在职业生涯中取得成功奠定基础。在日本的医疗领域，医学专业的学生在完成基础医学知识学习后，通常需要进行长时间的临床实习，并接受特定领域的培训，如外科、内科等。这种分门别类的培训使得医生能够在特定医疗领域获得专业技能，进而为患者提供更高水平的医疗服务。此外，日本的工程和技术领域也强调技能专业化。例如，在电子工程领域，工程师通常会选择专攻某一特定领域，如通信技术或电力系统。通过专业化的培训，能够提高他们在特定领域解决问题和创新的能力。同时，加入相关的专业协会，如电子工程师学会，也成为在职业生涯中获取支持和建立专业联系的重要途径。总体而言，技能专业化与职业道路规划为个体明晰了发展方向，使其能够顺利地实现职业目标。这种培养方式不仅有助于个体在特定领域取得成功，也为整体技能人才培养生态发展夯实了基础。

日本在技能人才生态方面的成功经验包括实践导向型学习、行业认可与职业资格认证、企业参与、跨学科合作和长期职业规划等。这有助于促进学生的实际技能提升和职业发展，为日本的经济发展提供强有力的支持。同时，其他国家可以借鉴日本的经验，构建更加完善的技能人才生态评价体系，推动技能人才培养，为促进经济可持续发展作出贡献。

四　韩国

韩国作为技术和创新型国家，在技能人才培养和评价方面拥有丰富的经验，可以归结如下：实践导向型学习、行业认可与职业资格认证、产学合作、跨学科合作以及职业规划和职业导向等。本部分将深入分析韩国技能人才生态评价，并通过具体案例来说明其核心机制。

（一）职业技能培训体系

韩国致力于构建广泛而多元的职业技能培训体系，以确保能够满足不同行业和领域的技能人才需求。在实际案例中，这一体系的成功运作得益于多方合作和精心设计的培训计划。首先，技术学校在韩国职业技能培训体系中发挥着关键作用。例如，韩国有许多专业技术学校致力于培养学生在特定领域的实际技能。比如，韩国的电子技术学校提供了专门的电子工程师培训，使学生能够在电子领域顺利进入职场并作出贡献。其次，职业培训中心在整个培训生态系统中扮演着衔接不同领域的角色。这些中心通常与行业协会、企业和政府机构合作，开发具有实际应用价值的培训课程。以韩国的汽车制造业为例，职业培训中心与汽车制造商合作提供与新技术和生产流程相关的培训，确保技能人才适应行业发展形势。此外，企业内部培训机构也是韩国培养技能人才的重要渠道。大型企业通常会设立自己的培训机构，通过开展内部培训提升员工的技能水平。这种模式不仅确保了企业内部人才储备，也使员工能够在职场中不断成长。总体而言，韩国的职业技能培训由技术学校、职业培训中心和企业内部培训机构协同推进，为技能人才提供多样化的培训。这种生态系统的建设有助于确保技能人才具备实用的技能，提高他们在职场中的竞争力。

（二）行业协会与教育机构合作

为确保技能人才培养的实用性，韩国强调行业协会与教育机构的密切合作。这种合作模式通过有效整合行业需求和教育资源，确保了培训内容能够紧跟产业变革，提高学生在实际工作中的适应能力。在韩国的信息技术行业，韩国信息通信技术协会（KICTA）与技术学校和大学紧密合作，共同设计了适应行业发展要求的课程。通过持续的对话和反馈机制，KICTA能够提供技术、工具和编程语言等信息，确保学生毕业时能掌握最新的实用技能。这种协会与教育机构的合作，使得培训课程更具实用性，学生能更好地适应信息技术行业岗位要求。此外，韩国建筑行业也是行业协会与教育机构紧密合作的典范。行业协会与建筑专业的技术学校合作，确保培训课程涵盖最新的建筑技术和可持续发展实践等内容。举办行业研讨会，让学生有机会与业内专业人士交流，了解实际工作中的挑战。这种紧密的协作机制使学生在毕业后能够更加顺利地进入职场。这些实际案例反映了韩国行业协会与教育机构合作的成效，不仅能够及时调整培训课程以适应行业的快速变化，还能够提高学生在实际工作中的适应能力，为技能人才培养提供了有力支持。

（三）实习和学徒制度

实习和学徒制度在韩国技能人才生态培养中发挥了关键作用。通过结合实际案例，可以更清晰地看到这种培养机制是如何促进学生更好地适应岗位要求的。在制造业领域，韩国汽车制造商普遍实行学徒制度。学生在汽车制造厂参与为期数月的学徒培训。这不仅有利于学生将理论知识应用于实践，还使他们了解汽车制造流程和工艺。同时，企业也能够更全面地了解技能人才的技能水平、工作态度和适应能力。在信息技术领域，一些韩国的科技公司推出暑期实习项目，为学生提供在真实工作环境中应用其专业知识的机会。通过参与项目，学生能够深入了解公司文化、工作流程，并与业内专业人士建立联系。这种实习制度不仅有助于学生提升实际应用技能，也为企业提供了一个更直观了解潜在员工的途径。这些实际案例反映了韩国实习和学徒制度在培养技能人才方面的有效性，不仅使学生能更好地理解职业要求，也为雇主提供了评估潜在员工的机会。通过积累实际工作经验，学生能够更顺利地进入职场，为未来的职业生涯打下坚实的基础。

（四）技能标准和认证制度

韩国的技能人才培养生态强调技能标准和认证制度的重要性，通过实际案例的结合，可以更加具体地了解这一机制是如何确保培训质量和人才发展的。在制造业领域，韩国电子行业协会（KEA）与技术学校合作，制定了电子技术工程师技能标准。学生在完成相关课程学习后，可以参加由 KEA 组织的电子技术认证考试。通过这一机制，韩国确保了电子技术领域的培训内容与实际岗位需求高度契合。在韩国的酒店管理等行业，韩国酒店协会与酒店管理专业学校合作制定了服务行业标准。学生在完成相关专业课程学习后，可以获得由韩国酒店协会颁发的服务行业认证书。这不仅提高了学生的就业竞争力，也为酒店提供了可靠的招聘依据，确保员工具备行业所需的实际技能。这些案例反映了韩国技能标准和认证制度在不同行业中的应用情况。通过制定明确的标准，确保了培训内容的一致性和实用性，为技能人才明晰了职业发展路径。同时，这也为企业提供了可靠的招聘评估标准，促使整个技能人才培养生态更好地服务于行业发展。

（五）中小企业支持生态

为了鼓励中小企业培养技能人才，韩国采取了一系列措施。通过实际案例的展示，可以更具体地了解这些措施是如何支持中小企业培养技能人才的。在制造业中，政府通过财政激励措施鼓励中小企业参与技能人才培养。一些小型机械制造企业参与了由政府资助的技能培训项目，通过提供专业培训课程，帮助员工掌握先进的生产技术。这不仅提高了企业的生产效率，还提升了员工在实际工作中的技能水平，为企业的可持续发展提供了有力支持。在服务行业，特别是小型餐饮企业，政府提供技能培训津贴，支持企业提升员工的服务技能。通过参与由政府资助的烹饪技能培训，小型餐厅的厨师能够掌握最新的烹饪技术和了解卫生标准，提升服务品质。这不仅促进了小型企业的发展，也为员工提供了更多的职业发展机会。这些实际案例反映了韩国通过财政激励、技能培训津贴等，积极推动中小企业培养技能人才。这有助于中小企业在资源有限的条件下，仍积极培养技能人才，从而为韩国技能人才生态的健康发展作出贡献。

（六）技能专业化与职业道路

韩国鼓励技能人才在特定领域提高专业化水平，通过制定职业发展规划并加入相关的专业协会，从而取得职业生涯的成功。实际案例表明，这一策略为技能人才提供了更明晰的职业道路和更多的发展机会。在信息技术领域，韩国的计算机专业人士通过参与计算机协会（KCA）等专业协会，获得了与同行分享经验、学习最新技术和参与行业研讨会的机会。通过加入专业协会，技能人才能够建立起与同行和业内专业人士的联系，不仅扩展了个人职业网络，还提高了在快速发展的技术领域中的专业知识水平。在制造业领域，韩国的工程技师通过参与韩国工程师学会（KES）等工程师协会举办的技术研讨会和培训，不断提升自身在特定领域的专业技能。这为技能人才提供了分享知识和经验的平台，有助于其在职业生涯中取得成功。这些实际案例反映了韩国的专业化和职业规划策略在技能人才生态培养中的有效性。通过加入专业协会，技能人才能够更好地规划职业发展，获得行业认可，从而在特定领域取得更大的成就。这种专业化的培养方式有助于提高技能人才的综合素质，为其长期发展打下坚实的基础。

五 经验总结

通过综合分析德国、美国、日本、韩国在技能人才生态方面的典型做法，总结如下。

表 4-1 主要国家技能人才生态情况

技能人才生态		具体方式
人才培育、培养	师徒制	职业导师制度、企业导师制度、师徒制度
	职业培训	职业机构培训和实践、国家职业资格认证等
	联合培养	产学研合作、行业合作等
人才发展	职业能力评价	职业资格证书体系、职业能力开发制度
	行业再培训	职业能力开发、产学研合作、劳动力市场需求导向培训、持续专业化发展和学习机会等
人才跃迁力	行业转移	行业转移能力
	相关行业认可	跨领域认可

（一）在人才培育、培养方面

各国的技能人才生态发展经验表明，人才培育和培养是技能人才生态健康发展中至关重要的一环。在数字时代，培养技能人才的方式众多，如师徒制、职业培训和联合培养。这些方法不仅有助于填补技能人才缺口，还提供了更多的机会，以确保技能人才的全面发展。

1. 师徒制

师徒制是一种传统的教育方式，被广泛采用，用以培养技能人才。在这种制度下，有经验的专业人员担任导师，指导和教育新进人员。这有助于确保技能的传承。师徒制使新技能人才能够在实际工作中应用所学的技能。许多国家通过制定师徒计划来鼓励企业采用这种传统的培训方式，有效地将知识和经验传递给新技能人才。

2. 职业培训

职业培训是一种提供特定技能和知识的培训方式，通常由专门的培训机构提供。这种培训的重点在于满足市场需求，帮助学员获得特定领域所需的技能。许多国家大力发展职业培训，以确保技能人才能够适应行业发展需求。这种培训方式为技能人才提供了机会，以获得特定领域的专业知识，增强在就业市场的竞争力。

3. 联合培养

联合培养是一种学校教育和实际工作相结合的培训方式。这种方法通过将学术教育与实际工作经验结合，使技能人才能够在实际工作环境中应用所学到的知识。联合培养通常由学校和企业合作开展，以确保培养出符合市场需求的技能人才。这种方法有助于技能人才积累实际工作经验，更好地适应岗位要求。

各国的技能人才生态发展经验表明，多样化的培训方法是确保技能人才适应不断变化的市场需求的关键。师徒制、职业培训和联合培养等确保了技能人才获得所需的知识。这些方法有助于填补技能人才缺口，同时也为技能人才提供了更多的就业机会。采用这些培训方法，可以确保技能人才的全面发展。

（二）在人才发展方面

各国的技能人才生态发展经验表明，人才发展包括职业能力评价和行业再培训，确保技能人才具备所需的技能，以适应行业发展需求。

1. 职业能力评价

职业能力评价有助于了解技能人才在特定领域的实际能力，通常通过标准化测试、技能测验和实际工作模拟等方式来进行，有助于技能人才了解自己的职业表现，同时也为企业提供了可靠的招聘依据。各国积极制定职业能力认证计划，为技能人才提供机会，以便其证明在特定领域的能力。

2. 行业再培训

行业再培训是为技能人才提供继续教育的机会，确保其能够适应新技术和行业发展趋势，通常由行业协会、政府部门或公司组织开展，旨在帮助技能人才提高技能水平，适应不断变化的市场需求。行业再培训涵盖新技术、最佳实践和行业标准等内容。各国大力推进行业再培训计划，以确保技能人才能够适应行业发展要求。

各国的技能人才生态发展经验表明，职业能力评价和行业再培训是确保技能人才具备所需技能和知识的重要手段，有助于技能人才不断提高技能水平，适应行业发展趋势。通过采取这些方法，可以有效地填补技能人才缺口，同时也为技能人才提供更多的机会，促进数字时代的创新发展。

（三）在人才跃迁力方面

各国的技能人才生态发展经验表明，人才跃迁力维度下的行业转移和相关行业认可等方面的重要经验对于培养技能人才而言具有关键意义。

人才跃迁力指的是技能人才在职业生涯中具备适应不同领域和工作环境的能力，具有多元化和灵活性等特征，可应对市场的不断演变。各国已经意识到，传统的职业模式正在消失，技能人才需要具备跨领域的能力，以适应新兴领域的工作要求。培养人才跃迁力的方法包括为技能人才提供跨领域培训和认证，以增加其在不同领域的就业机会。

1. 行业转移

行业转移是指技能人才可以从一个行业转移到另一个行业，能适应新的岗位要求。这种现象在数字时代尤为明显，新兴技术和行业的崛起创造了新的岗位。各国积极采取措施，帮助技能人才实现行业转移，包括提供相关培训和职业规划服务。此外，政府和行业组织也鼓励技能人才积极探索新兴领域，以推动经济增长。

2. 相关行业认可

相关行业认可是指技能人才在某领域获得的技能也能在其他领域得到认可。这种认可有助于打破行业壁垒，为技能人才提供更多的就业机会。各国积极采取措施，以促进跨领域相关行业认可，包括建立统一的技能认证标准，以便技能人才可以在不同领域间流动。此外，一些国际组织也在促进技能人才的国际认可方面发挥了积极作用。

总的来说，各国在培养技能人才的跃迁力、支持行业转移和跨领域相关行业认可方面积累了宝贵的经验。这些经验有助于确保技能人才适应不断变化的岗位要求和技术发展，从而增加其就业机会。此外，这些经验还有助于促进经济发展，为数字时代的技能人才生态发展夯实基础。

第二节　技能人才生态评价理论模型构建

为构建技能人才生态评价理论模型，本部分将围绕技能人才生态，结合现实分析数字时代下的技能人才教育、技能人才区位、技能人才发展潜力、技能人才创新能力、技能人才政策与社会环境，提出技能人才生态评价的 5 个方面，即"培育生态""势能生态""动能生态""创新生态""服务与支持生态"，并以此为依据进行指标选取。

一　数字时代下的技能人才生态

在数字时代，技能人才的教育、区位、发展潜力、创新能力以及政策和社会环境等已发生深刻改变。技能人才教育面临着前所未有的机遇和挑战，跨学科和综合性的教育方法以及在线学习等新兴模式为技能人才提供了更多元的知识和技能培养途径。同时，技能人才区位问题也变得更为重要，技能人才能够突破区域边界，在全球范围内开展远程工作和协作。[①] 这要求各城市需提高自身区位竞争力，以吸引和留住技能人才。数字时代为技能人才的发展提供了广阔的舞台，他们有更多的机会创新创业，数字技术的快速发展催生了新的职业机会，也提升了终身学习的必要性，技能人才需要不断提升

---

① C. Ruiner, C. E. Debbing, V. Hagemann, M. Schaper, M. Klumpp, M. Hesenius, "Job Demands and Resources When Using Technologies at Work-Development of a Digital Work Typology," *Employee Relations*，2022，7（3）：26-39.

自身技能，以适应不断变化的市场。① 在这一过程中，创新能力成为技能人才不可或缺的一项素质。技能人才在数字化工具的支持下，能够应对复杂的挑战，提出创新解决方案。数字时代的技能人才政策也发生了变化，政府和企业对技能人才的培育更为重视，社会对技能人才的价值有了新的认知。在这一背景下，技能人才成为经济发展的推动者，为可持续发展注入新活力。因此，数字时代的技能人才面临新的机遇和挑战，需要不断提升自身技能。同时政府、产业界和教育机构需要密切合作，以确保技能人才能够充分发挥潜力，促进经济发展。

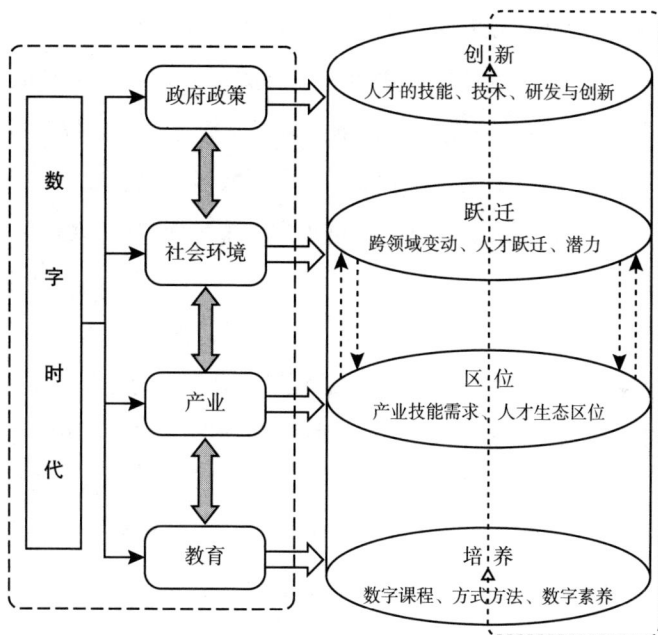

图 4-1　数字时代对技能人才生态的影响

（一）数字时代的技能人才培训

数字时代的技能人才培训在很大程度上塑造了技能人才生态，影响了技

---

① R. Sarc, A. Curtis, L. Kandlbauer, K. Khodier, K. E. Lorber, R. Pomberger, "Digitalisation and Intelligent Robotics in Value Chain of Circular Economy Oriented Waste Management-a Review," *WasteManagement*, 2019, 9 (5): 76-92.

能人才的培养、迁移、就业和社会参与等。① 这不仅反映为培训体系的改变，还深刻影响着经济、社会和组织等。数字时代的技能人才生态正在发生根本性变革。技能人才培训不再局限于传统的方式，而是受到数字技术和在线学习的广泛影响。这不仅改变了人才的学习和职业发展方式，还重塑了技能人才生态。本部分将探讨数字时代的技能人才培训是如何影响技能人才生态的，并结合学者的观点和现实案例进行深入分析。

在技能人才培养的影响方面，数字时代的技能人才培养不再局限于传统培训机构，学习资源还可以通过在线平台和开放式课程获得。学习者可以根据需求和兴趣自主选择课程，这改变了技能人才学习模式，称为"连接主义"，强调学习者在数字时代需要建立广泛的网络连接，以获取知识和信息。② 数字时代的技能人才培训还强调实际技能的重要性。数字技术的普及使得高度技能化的人才更受市场欢迎，数字时代对技术、数据分析和自动化等的需求不断增加，因此，技能人才培训应注重实际技能的提升，以满足市场需求。

在技能人才迁移和流动的影响方面，数字时代的技能人才培训对技能人才的迁移和流动产生了影响，在线学习和远程工作等方式的普及使得技能人才可以突破地理位置的限制。技能人才流动对城市经济增长产生了积极影响，而数字化培训为技能人才提供了更多的机会。③ 然而，这也带来了一些挑战，数字时代的技能人才流动可能导致城市间发展不平衡，一些城市因更具吸引力而流入更多的技能人才，而另一些城市则面临人才流失。④

---

① G. Sart, "The Impacts of Strategic Talent Management Assessments on Improving Innovation-Oriented Career Decisions," *Anthropologist*, 2014, 18（3）: 57-65.

② H. Schildt, "Big Data and Organizational Design-the Brave New World of Algorithmic Management and Computer Augmented Transparency," *Innovation-Organization & Management*, 2017, 19（1）: 23-30.

③ M. Silic, G. Marzi, A. Caputo, P. M. Bal., "The Effects of a Gamified Human Resource Management System on Job Satisfaction and Engagement," *Human Resource Management Journal*, 2020, 30（2）: 260-77.

④ M. L. Song, W. L. Tao, Z. Y. Shen, "The Impact of Digitalization on Labor Productivity Evolution: Evidence from China," *Journal of Hospitality and Tourism Technology*, 2022, 4（3）: 63-79.

在技能人才就业和组织生态的变革方面，数字时代的技能人才培训也影响了技能人才的就业和组织生态，[1] 数字化技术的发展使得远程工作和自由职业等现象更加普遍，重塑了组织的工作方式，提升了就业的灵活性和创新性。此外，技能人才培训也推动了创新发展，数字化技术的应用，为初创企业和技术公司提供了更多的机会，同时也为技能人才创造了更多的就业机会。

在技能人才生态的社会影响方面，数字时代的技能人才培训对技能人才的社会参与产生了重要影响，其隐私安全和知识产权保护等面临重大挑战。技能人才在数字时代需要更多地关注自己的数字足迹和数据隐私。但同时数字时代的技能人才培训也为社会创新提供了更多的机会。[2] 数字技术和开放创新平台使得创新更具社会性，技能人才可以更容易地参与解决社会问题和推动社会创新。

数字时代的技能人才培训产生了深远的影响，塑造了技能人才生态，影响了技能人才的培养方式、迁移和流动、就业机会及社会参与等。学者们在强调数字时代培训和职业挑战的同时，也指出技能人才培训可以促进社会创新和经济增长。数字时代的技能人才培训已经成为技能人才生态中不可或缺的一部分。政府、培训机构和企业需要加强合作以适应数字时代的需求，构建更加包容的技能人才生态。

（二）数字时代的技能人才区位

在数字时代，技能人才区位不再受制于传统的地理边界，而是更为注重个体的特定价值、能力、贡献及影响力。这可以通过国内外的实际案例得以体现。以中国的互联网行业为例，阿里巴巴、腾讯、字节跳动等企业在全球范围内寻找并吸纳优秀的技能人才。这些企业更注重个体在数字领域的专业

---

① N. Staffenová, A. Kucharcíková, "Digitalization in the Human Capital Management," *Systems*, 2023, 11（7）: 21-35.

② P. H. Tsai, Y. L. Kao, S. Y. Kuo, "Exploring the Critical Factors Influencing the Outlying Island Talent Recruitment and Selection Evaluation Model: Empirical Evidence from Penghu, Taiwan," *Evaluation and Program Planning*, 2023, 9（9）: 88-96.

能力和创新思维，而非其所处地理位置。一位优秀的算法工程师，通过在线平台可以迅速加入公司的全球团队，为公司创造价值。在国际范围内，许多科技公司采用远程工作模式，如谷歌、Facebook 等，鼓励员工通过数字协作工具在全球范围内开展协同工作。这种方式下，技能人才区位更多地依赖于其专业技能、解决问题的能力，以及在全球范围内建立的专业网络。数字时代的技能人才呈现出更注重创新、数字技能和跨领域能力的趋势。他们能够通过在线平台提升自己的专业影响力，涉足多个领域，灵活运用数字技能。这一新的区位观念推动了全球范围内的人才流动，形成了更加开放和多元化的人才生态系统。

数字时代技能人才区位出现频繁变化，技能人才更加注重在特定领域提供独特的价值，[①] 他们基于专业知识和经验，解决问题并推动创新。例如，数据科学家在数据分析和机器学习领域提供了独特的价值，为企业重要的决策提供了支持。数字时代技能人才通常需要具备跨领域的能力，掌握不同领域的知识。有学者强调技能人才需要在专业领域拥有深度知识，同时具备跨领域能力。[②] 这种能力对于创新发展和解决问题而言至关重要。数字时代的技能人才需要具备的数字技能，包括数据分析、编程和数字营销等。无论是金融、医疗、教育领域还是制造业，数字技能都已经成为绝大多数岗位的必备技能。数字时代技能人才可以通过在线平台提升自己的影响力。博客、社交媒体和在线教育平台为技能人才提供了展示自己专业知识和技能的机会。

（三）数字时代的技能人才发展潜力

数字时代为技能人才的发展提供了巨大的空间。技能人才不再受限于地理位置，可以利用数字工具和在线学习资源不断提升自身技能，拓展个人职

---

① D. D. Uyeh, K. G. Gebremedhin, S. Hiablie, " Perspectives on the Strategic Importance of Digitalization for Modernizing African Agriculture," *Computers and Electronics in Agriculture* , 2023, 2（11）：25-37.

② S. Waheed, A. H. Zaim, " A Model for Talent Management and Career Planning," *Educational Sciences-Theory & Practice* , 2015, 15（5）：05-13.

业发展空间。①

数字时代的技术、教育、平台工具等有助于进一步释放技能人才发展潜力。数字时代技能人才可以通过在线学习平台获取高质量的教育资源，而不受时间和空间限制。他们可以选择适合的课程，提升自己的技能水平。"连接主义"学习理论认为，学习者可以通过建立广泛的网络连接来获取知识和信息。② 通过运用数字工具和技术，数字时代的技能人才可以提高工作效率和创新能力。例如，数据分析工具、云计算平台和协作工具可以帮助他们更好地解决问题。数字技术将成为未来创新和生产力的关键，助力全球合作和远程工作。数字时代的技能人才可以与全球各地的同行合作，共同解决复杂的问题，而远程工作方式的普及使得他们可以在全球范围内寻找工作机会。有研究表明，技能人才的流动对城市的经济增长产生了积极影响。③ 数字时代技能人才面临更多的创新创业机会，他们可以通过在线平台和社交媒体建立个人品牌，依托在线影响力，吸引投资和客户。

未来，技能人才将更加注重终身学习和可持续发展，不断提升自己的技能，以适应快速变化的市场需求。终身学习的理念要求技能人才不断适应变化并积累新知识。④ 数字时代技能人才将更多地关注数字技术融合，如物联网（IoT）和人工智能（AI）的融合将创造新的机会。第四次工业革命的理

---

① M. Wehrle, S. Lechler, H. A. von der Gracht, E. Hartmann, "Digitalization and Its Impact on the Future Role of Scm Executives in Talent Management-an International Cross-Industry Delphi Study," *Journal of Business Logistics*, 2020, 41 (4): 356-83.

② S. Wiblen, J. H. Marler, "Digitalised Talent Management and Automated Talent Decisions: The Implications for Hr Professionals," *International Journal of Human Resource Management*, 2021, 32 (12): 101-121.

③ H. Yang, Y. L. Hao, F. R. Zhao, "Assessment and Analysis of the Role of Green Human Resource on Agile Innovation Management in Small-and Medium-Sized Enterprises of Digital Technologies: The Case of Asian Economies," *Journal of the Knowledge Economy*, 2023, 7 (2): 98-109.

④ K. Ali, S. K. Johl, "Impact of Total Quality Management on Industry 4.0 Readiness and Practices: Does Firm Size Matter?" *International Journal of Computer Integrated Manufacturing*, 2023, 36 (4): 567-589.

念指出数字技术将重塑产业和社会。[①] 技能人才将更多地参与社会创新和可持续发展，积极解决社会和环境问题，同时倡导企业可持续经营。社会创新是数字时代的一个重要趋势。

数字时代技能人才的发展潜力是巨大的，技能人才可以通过在线学习、数字工具和全球合作来提升自己的技能水平，其更注重终身学习、数字技术的融合、社会创新和可持续发展，积极适应快速变化的市场，参与解决社会和环境问题，为创新和经济增长作出贡献。

（四）数字时代的技能人才创新能力

数字时代技能人才的创新能力发生了革命性变化。除了传统的创新模式，技能人才可以通过数字技术、在线协作和全球化网络充分发挥创新潜力。随着云计算技术的迅速发展，技能人才能够在全球范围内实现高效协作。云计算为技能人才提供了灵活的工作环境，使得他们能够随时随地访问所需的数据和工具。GitHub 作为全球最大的开源代码托管平台，连接了来自世界各地的开发者，使他们能够共同参与项目、分享代码，并实现实时协同工作。阿里云、腾讯云等云计算服务商为技能人才提供了强大的基础设施支持。通过云计算，中国的技能人才能够更加便捷地参与全球性合作项目，共同推动创新发展。

数字时代的技能人才通过在线教育平台拓展了学习视野。Coursera、edX 等平台聚集了全球顶尖学府的课程，使技能人才能够获取来自世界各地的最新知识。通过学习全球领先的课程，技能人才在跨领域知识的积累上取得了巨大的进展。在国内，大学 MOOC（慕课）等平台为技能人才提供了与国际接轨的学习资源。通过在线学习，技能人才能够更深入地了解国际前沿技术和创新理念，为其创新能力的提升提供了强大的支持。数字时代各国均注重技能人才跨领域能力的培养，以期在不同领域推动突破性创新。谷歌、苹果等在人才招聘上越来越注重跨领域的综合

---

① A. Alnamrouti, H. Rjoub, H. Ozgit, "Do Strategic Human Resources and Artificial Intelligence Help to Make Organisations More Sustainable? Evidence from Non-Governmental Organisations," *Sustainability*, 2022, 14（12）：26-38.

能力，鼓励员工涉足多个领域。例如，谷歌指出"20%时间"项目，允许员工占用工作时间的20%用于自主项目，促进了跨领域开放创新。在国内，一些科技公司也开始倡导跨领域的协同创新。腾讯推动人才的多元化发展，鼓励员工参与不同领域的项目，促使技能人才在跨领域合作中开阔创新视野。

数字时代的全球化网络为技能人才提供了开源协作的平台，助力他们充分发挥创新潜力。GitHub等全球性开源社区成为技能人才交流与合作的重要场所。开源项目的协同开发模式使得来自不同国家的技能人才能够共同推动技术进步。在国内，开源社区的兴起也为技能人才提供了广阔的创新空间。开源平台Gitee、Coding等促使技能人才在开源项目上作出贡献，推动了技术生态发展。数字时代的技能人才通过社交媒体和在线平台形成了广泛的影响力。这种在线影响力有助于吸引更多人才加入创新的行列，形成更为开放的创新生态。在国内，一些技能人才通过平台分享技术经验，成为业内的意见领袖。他们的经验分享和专业见解对于培养更多创新人才、推动技术进步起到了积极的作用。

数字时代技能人才可以利用各种数字工具和技术来提高自身的创新能力。借助数据分析、人工智能、云计算等技术，他们能够更好地处理信息、解决问题和预测趋势。数字技术将成为创新的关键推动力，数字时代为技能人才提供了与全球范围内的同行合作的机会。[1] 依托在线协作工具和协作平台，他们能够突破地理边界，与来自不同文化背景的人合作，共同解决复杂问题。协作共享理论认为开放和分布式的合作模式能够激发创新活力，[2] 技能人才可以通过在线平台建立个人品牌。社交媒体、博客和在线教育平台为他们提供了展示专业知识和创新成果的机会，例如，Elon

---

[1] R. Amoako, Y. C. Jiang, S. S. Adu-Yeboah, M. F. Frempong, S. Tetteh, "Factors Influencing Electronic Human Resource Management Implementation in Public Organisations in an Emerging Economy: An Empirical Study," *South African Journal of Business Management*, 2023, 54 (1): 88-96.

[2] A. Back, J. Scherer, G. Osterhoff, L. Rigamonti, D. Pförringer, D. Pförringer, Digitalisation Working Grp, "Digital Implications for Human Resource Management in Surgical Departments," *European Surgery-Acta Chirurgica Austriaca*, 2022, 54 (1): 17-23.

Musk 通过社交媒体积极传播特斯拉和 SpaceX 的创新成就，扩大了其影响力。数字时代鼓励技能人才积极参与开放创新和共享经济的发展。开放创新平台和共享经济模式为他们提供了与其他组织和个人合作的机会，共同推动创新。

（五）数字时代的技能人才政策与社会环境

数字时代对技能人才政策和社会环境提出了新的要求。政府、企业和教育机构需要重新思考如何吸引、培养和留住技能人才，以应对数字化发展需求。[①] 政府和行业组织应制定技能认证和标准，以确保技能人才培训质量。这有助于减小雇主面临的不确定性，鼓励技能人才不断提升自己的技能水平。政府应制定创新政策，激励技能人才参与创新活动。创新政策可以包括研发资助、知识产权保护和创业支持等内容。

社会环境应鼓励创新文化和创业精神的培养。创新文化鼓励技能人才思考问题、尝试新方法。社会环境应强调社会责任和可持续发展，技能人才将更多地参与解决社会和环境问题，关注企业可持续经营，进一步凸显企业履行社会责任的重要性。数字时代的技能人才社会环境发生了变化，远程工作方式变得更加普及。[②] 技能人才面临更高的工作灵活性，但也面临新的挑战，如平衡工作与生活等。数字时代技能人才政策发生了深刻的变化。政府、企业和教育机构需要重新思考如何吸引、培养和留住技能人才，以应对数字化发展需求。社会环境应鼓励创新文化和可持续发展。数字时代技能人才面临更多的合作和就业机会，同时也面临新的挑战。技能人才政策和社会环境的调整将有助于推动创新和经济增长，同时满足社会发展需求。

---

① Z. Bin, X. D. Hu, D. K. Gao, L. Z. Xu, "Construction and Evaluation of Talent Training Mode of Engineering Specialty Based on Excellence Engineer Program," *Sage Open*, 2020, 10 (2): 58-74.

② S. Strohmeier, "Digital Human Resource Management: A Conceptual Clarification," *German Journal of Human Resource Management-Zeitschrift Fur Personalforschung*, 2020, 34 (3): 45-65.

二 评价的指标选取与介绍

技能人才生态评价的实质是确定技能人才在专业领域的人才生态中所处的位置，并通过一定方式来识别、评估和显现其所处生态位置所代表的生态能力和生态动力。技能人才的势能生态主要指人才的特定价值、能力、贡献及领域影响力、能级等；技能人才的动能生态主要指人才在生态位置上的振动和上升潜力，代表着他们的发展潜能。技能人才评价的有效性是要考虑评价本身是否反映了以下情况：一是人才在专业领域的人才生态中处于何种层次、何种位置，主要反映了他们在所处生态位置上的潜能；二是人才在专业领域是否具有较大的发展潜力，其所处生态位置是否存在向上跃升的可能性，主要展现了他们在所处生态位置上的动力。不同学科、领域之间存在专业壁垒和信息不对称，要得出真正反映客观实际、具有价值的评价结论，只能通过专业共同体的同行评议来实现。在这种情况下，同行专家指的是同属于专业共同体、领域共同体、学术共同体或技术职业共同体的人，他们对特定专业领域人才生态的整体结构和网络延伸具有更深入、全面的认知和理解。

人才通常分属于不同的专业、行业或职业，每位人才在其所处领域都有着一个生态位置，并且具备相应的技能，可以称为人才的动能生态和势能生态。这种基于职业、行业维度构建的人才生态是由职业共同体、专业共同体、科学共同体、知识共同体等自发组织形成的。它的存在、发展和演化依赖于领域内专业群体的认知、行为和动态规律，是相对客观的，不受个别人意志的影响。这些科学共同体、专业共同体和职业共同体等代表着专业力量、社会力量和市场化力量，可以超越地域的边界，在特定领域连接起大量显性人才。人才在生态共同体或生态体系中所处位置取决于其能力、价值、贡献和专业化水平等要素。人才处于不断发展之中，他们所占有的生态位置也处于不断变化中，只是在特定时期内相对稳定。人才评价与人才生态体系密不可分，与人才所处的生态位置密切相关。

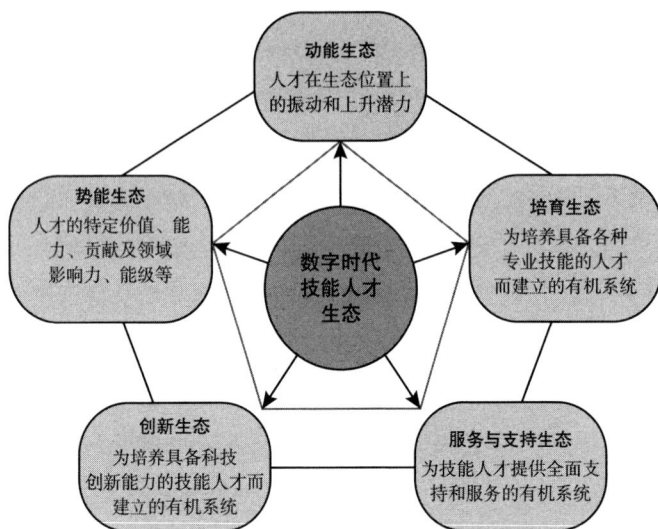

图 4-2　数字时代技能人才生态评价维度

除了要评价技能人才的动能和势能生态外，也需要进一步关注和分析技能人才的培育生态、创新生态、服务与支持生态。技能人才的培育生态是指为培养具备各种专业技能的人才而建立的有机系统。这种生态系统涵盖教育培训、产业需求、政府政策和社会支持等方面，旨在构建全面、持续和协调的环境，以满足社会经济发展需求。技能人才的创新生态是指为培养具备科技创新能力的技能人才而建立的有机系统。这种生态系统涵盖科研投入、创新环境、技术创新、数字化效能等方面，旨在构建培养科技创新人才的全面、持续和协调的科技创新环境。技能人才的服务与支持生态是指为技能人才提供全面支持和服务的有机系统，包括就业创业培训、就业服务、职业发展、政府政策等方面，旨在为技能人才提供良好的工作环境、发展机会等。

三　指标选取

综上，本部分将从培育生态、势能生态、动能生态、创新生态、服务与支持生态 5 个维度构建一级指标，并选取相应的三级指标，最终形成技能人才生态评价指标体系。

（一）培育生态

在培育生态方面将从技工院校、就业训练中心、民办职业技能培训机构3个培养技能人才主体入手。

1. 技工院校的作用

技工院校一直被认为是培养高质量技能人才的关键。这些院校为学生提供了广泛的技术培训内容，涵盖多个领域，如制造业、建筑业、汽车行业等。技工院校不仅传授实际技能，还强调职业伦理、沟通能力和解决问题的能力，使学生毕业后能够顺利进入职场。这种机构的存在对于技能人才的培育而言至关重要。

2. 就业训练中心的角色

就业训练中心在技能人才培养中发挥着至关重要的作用。这些中心提供了工作机会和培训服务，使学生能够将其在技工院校学到的知识和技能应用到实际工作中。此外，就业训练中心还与各行业企业建立联系，确保培训方向与市场需求保持一致。这有助于确保培育的技能人才能够适应不断变化的市场需求。

3. 民办职业技能培训机构的贡献

民办职业技能培训机构在满足不同人群的培训需求方面具有独特的作用。这些机构通常更加灵活，能够提供个性化的培训方案，满足个体的需求。此外，它们还可以更快地调整课程内容，以适应新兴技术和行业的发展要求。因此，民办职业技能培训机构在技能人才培育多样化和灵活性方面发挥了积极的作用。

总的来说，技工院校、就业训练中心和民办职业技能培训机构是健康的技能人才培育生态的关键组成部分。它们相互协作，确保人才具备多方面的专业技能，满足不断变化的社会经济发展需求。这种综合性的生态系统有助于支撑技能人才的培育和发展，为各个行业提供所需的专业人才。综上，3个主体是技能人才生态发展的重要基础，需评价其发展情况，故有"技工院校""就业训练中心""民办职业技能培训机构"3项二级指标。

表4-2 培育生态各项评价指标

一级指标	二级指标	三级指标
培育生态	技工院校	技工院校数量（个）
		教职工数量（人）
		就业学生数量（人）
		获取职业资格证书数量（人）
	就业训练中心	技能培训机构数量（个）
		教职工数量（人）
		参与技能培训人数（人）
		获取职业资格证书数量（人）
	民办职业技能培训机构	技能培训机构数量（个）
		教职工数量（人）
		参与技能培训人数（人）
		获取职业资格证书数量（人）

资料来源：《中国劳动力统计年鉴》（2010～2022年）。

为评价二级指标"技工院校"，对应的三级指标为"技工院校数量""教职工数量""就业学生数量""获取职业资格证书数量"。为评价二级指标"就业训练中心"，对应的三级指标为"技能培训机构数量""教职工数量""参与技能培训人数""获取职业资格证书数量"。为评价二级指标"民办职业技能培训机构"，对应的三级指标为"技能培训机构数量""教职工数量""参与技能培训人数""获取职业资格证书数量"。"培育生态"的三级指标数据来源为2010～2022年《中国劳动力统计年鉴》，采用取均值方法衡量每个指标。

（二）势能生态

技能人才的势能生态主要指人才的特定价值、能力、贡献及领域影响力、能级等方面。

技能人才存量是一个关键指标，用于测量特定领域的技能人才数量。拥有足够的技能人才储备是行业发展的基础。一定的人才储备有助于应对市场需求的波动，同时也为创新提供支撑。因此，人才存量是衡量技能人才生态强度和稳定性的关键因素。

经济贡献是另一个重要的指标，用于测量技能人才在特定领域或行业作出的贡献，包括就业机会、生产力增长、税收贡献及产业发展等。技能人才的经济贡献可以促进行业竞争力提升，吸引更多的投资和资源，进而推动整个生态发展。因此，经济贡献是评估技能人才在生态中的影响力的重要标准。

技能人才的能力价值是另一个关键因素，用于测量其在特定领域的技术和专业能力，包括知识、技能、创新能力和解决问题的能力。技能人才的能力价值直接影响其在领域的影响力和竞争力，也与技能人才的发展潜力密切相关。因此，能力价值被视为评估技能人才势能生态的关键维度之一。

总的来说，人才存量、经济贡献和能力价值等指标是评估势能生态的二级指标。这些指标有助于识别领域中的关键人才、评估其对领域的影响和贡献，以及确定其能力和潜力。这种多维度的评估有助于更全面地理解技能人才的价值和作用，为领域的可持续发展提供支持。为进一步评价技能人才势能生态，选取"人才存量""经济贡献""能力价值"3项二级指标。

表4-3 势能生态各项评价指标

一级指标	二级指标	三级指标	数据来源
势能生态	人才存量	人才存量（人）	各省份统计年鉴和经济年鉴（2010~2022年）、各省份国民经济和社会发展统计公报（2010~2022年）、各省份统计局官方网站；国家统计局官方网站、各省份人社部门官方网站
		人才占比（%）（人才数量占制造业就业人数）	
	经济贡献	GDP（万元）	
		总产值占比（%）（产值占制造业总产值）	
	能力价值	平均工资收入（元）	《中国劳动力统计年鉴》（2010~2022年）、《中国人口与就业统计年鉴》（2010~2022年）
		平均职业技能水平[（初级职业资格证书人数×1+中级职业资格证书人数×2+高级职业资格证书人数×3）/获取职业资格证书总人数]	

对应的三级指标，"人才存量"包含"人才存量""人才占比"；"经济贡献"包含"GDP""总产值占比"；"能力价值"包含"平均工资收入""平均职业技能水平"。

（三）动能生态

人才的动能生态主要指人才在生态位置上的振动和上升潜力，代表着其发展潜能。

人才存量增速是衡量特定领域技能人才数量变化速度。技能人才的动能生态可以反映为他们在特定生态中的数量增长情况。如果某领域的人才存量迅速增长，将为该领域的增长提供了动能，表明该领域具有吸引和培养人才的能力。

人才跃迁潜力是评价技能人才生态的重要维度，包括领域内人才跃迁潜力和跨领域人才跃迁潜力。领域内人才跃迁潜力指的是技能人才在某领域不断提高自己的能力，以适应新的工作要求，因此技能人才必须不断提升技能，以应对快速发展的行业和技术要求。跨领域人才跃迁潜力强调技能人才在不同领域的适应能力，数字时代通常要求技能人才具备多样化的技能和知识，能够在多个领域中灵活应对工作挑战。

产值增速是另一个关键的指标，用于衡量技能人才对产业增长和价值创造作出的贡献。技能人才的动能生态可以反映产业增长速度。如果技能人才有利于产值快速增加，表明他们对该领域的经济发展有着显著的影响。

产业活性指标涉及特定领域或生态的发展活力。技能人才动能生态可以用某领域的活跃程度来测量。如果技能人才的活跃度促进了某领域的多样性和竞争力提升，那么表明他们在该领域发挥了重要的作用。

综上所述，人才存量增速、人才跃迁潜力、产值增速和产业活性等指标是评估技能人才动能生态的关键因素。这些指标有助于识别技能人才在特定领域的动能和潜力，及其对领域的影响和贡献。这种多维度的评估有助于更全面地理解技能人才动能生态。

为进一步评价技能人才动能生态，选取人才存量增速、人才跃迁潜力、产值增速、产业活性二级指标进行评价。对应的三级指标："人才存量增速"包含"人才增量""人才增速"；"人才跃迁潜力"包含"领域内人才跃迁潜力"和"跨领域人才跃迁潜力"，"领域内人才跃迁潜力"为技能人才相对集中的领域之间进行跃迁交流的自由协调程度，基于数据的可得性，选取了信息技术服务业、金融业、制造业、文化体育和娱乐业、建筑业五大类技能人才相对集中的行业，对 5 种行业两两计算其耦合协调度，最终取均值得到"领域内人才跃迁潜力"。"跨领域人才跃迁潜力"为技能人才在与某行业相关的上下游行业之间进行跃迁交流的自由协调程度，基于数据的可得性，选取了商品服务业、批发零售业、租赁和商务业、交通运输仓储和邮政业四大类行业，将五大类技能人才相对集中的行业与四大类上下游行业两两对应计算耦合协调度，并最终取均值，由于篇幅限制，此处不再详述计算过程。

"产值增速"包含"产值增量""产值增速"；"产业活性"则包含"领域内耦合协调度"和"跨领域耦合协调度"。"领域内耦合协调度"为技能人才相对集中的领域之间协调发展程度，基于数据的可得性，选取了信息技术服务业、金融业、制造业、文化体育和娱乐业、建筑业五大类技能人才相对集中的行业，对 5 种行业两两计算其耦合协调度，最终取均值。"跨领域耦合协调度"为技能人才在与某行业相关的上下游行业之间的协调发展程度，基于数据的可得性，选取了商品服务业、批发零售业、租赁和商务业、交通运输仓储和邮政业四大类行业，将五大类技能人才相对集中的行业与四大类上下游行业两两对应计算耦合协调度，并最终取均值，由于计算量庞大和篇幅限制，此处不再展开。

表 4-4 动能生态各项评价指标

一级指标	二级指标	三级指标	数据来源
动能生态	人才存量增速	人才增量（人）	《中国劳动力统计年鉴》（2010~2022年）、《中国人口与就业统计年鉴》（2010~2022年）、各省份统计局官方网站、各省份人社部门官方网站
		人才增速（%）	
	人才跃迁潜力	领域内人才跃迁潜力	信息技术服务业、金融业、制造业、文化体育和娱乐业、建筑业五大类行业的就业人数，数据来源于《中国城市统计年鉴》（2010~2022年）
		跨领域人才跃迁潜力	商品服务业、批发零售业、租赁和商务业、交通运输仓储和邮政业四大类行业的就业人数，数据来源于《中国城市统计年鉴》（2010~2022年）

续表

一级指标	二级指标	三级指标	数据来源
动能生态	产值增速	产值增量（万元）	《中国劳动力统计年鉴》（2010～2022年）、《中国人口与就业统计年鉴》（2010～2022年）、各省份统计局官方网站、各省份人社部门官方网站
		产值增速（%）	
	产业活性	领域内耦合协调度	信息技术服务业、金融业、制造业、文化体育和娱乐业、建筑业五大类行业的产值，数据来源于《中国城市统计年鉴》（2010～2022年）
		跨领域耦合协调度	商品服务业、批发零售业、租赁和商务业、交通运输仓储和邮政业四大类行业的产值，数据来源于《中国城市统计年鉴》（2010～2022年）

需要说明的是产业活性的测度，采用耦合协调模型的测度方法，测度与其他行业协调发展程度。耦合协调度模型在研究多个系统之间的耦合协调关系方面有广泛的应用。它被运用于探讨区域经济、生态环境与旅游产业、人口与经济发展，以及生态服务与经济发展等系统之间的耦合协调关系，计算公式为：

$$D = (C \times T)^{1/2}$$
$$C = 2 \times [(U_1 \times U_2) / (U_1 + U_2)^2]^{1/2}$$
$$T = A \times U_1 + B \times U_2$$

其中，D 为耦合协调度，取值范围为 [0，1]，值越大说明两个产业之间的发展越协调，两个产业之间的活性越好；值越小则说明两个产业之间发展越不协调，两个产业之间的活性较差。C 为耦合度，取值范围为 [0，1]，值越大说明两个产业之间的耦合状态越好，值越小说明两个产业之间的耦合状态越差，趋向于无序发展。T 为两个产业之间的综合协调指数，U_1 和 U_2 分别代表两个产业的从业人数，A 和 B 则为两个产业间比重（此处以两产业GDP之比计算，同理于就业人数）。

（四）创新生态

技能人才创新生态是指为培养具备科技创新能力的技能人才而建立的有机系统。这种生态系统涵盖科研投入、创新环境、技术创新、数字化效能等多个方面，旨在构建培养科技创新人才的全面、持续和协调的环境。

研发投入是评估技能人才创新生态的关键指标之一。高水平的研发投入反映了某领域对科技创新的支持程度，不仅包括资金，还包括时间和资源。高水平的研发投入通常能鼓励技能人才积极参与创新活动，并促进新技术和解决方案的产生。

技能专利是另一个重要的评估指标，用于测量技能人才对创新的贡献。技能人才创新生态可以用技能人才持有的专利数量和质量来评估。专利的数量和质量通常反映了技能人才在某领域的创新实力。技能人才的创新专利可用于解决问题、改进流程及推动经济发展。

综上所述，研发投入、技能专利等指标是评估技能人才创新生态的关键要素。这些指标有助于测量技能人才对科技创新的贡献及其在数字时代的适应能力。通过综合考虑这些指标，可以更好地了解和评估技能人才创新生态，为领域的创新和可持续发展提供支持。为进一步评价技能人才创新生态，选取"研发投入""技能专利"二级指标进行评价。

对应的三级指标："研发投入"包含"R&D投入额""R&D占GDP比重"；"技能专利"包含"技能专利授权量""技术市场成交额"。

表 4-5　创新生态各项评价指标

一级指标	二级指标	三级指标	数据来源
创新生态	研发投入	R&D投入额（万元）	各省份统计年鉴和经济年鉴（2010~2022年）
		R&D占GDP比重（%）	
	技能专利	技能专利授权量（件）	各省份统计年鉴和经济年鉴（2010~2022年）
		技术市场成交额（万元）	国家统计局官方网站（https://data.stats.gov.cn/）

（五）服务与支持生态

技能人才服务与支持生态是指为技能人才提供全面支持和服务的有机系统，包括就业创业培训、就业服务、职业发展、政府政策等多个方面，旨在为技能人才提供良好的工作环境、发展机会。

孵化基地是技能人才服务与支持生态的关键组成部分。这些基地通常提供培训和创业支持、资源共享和合作机会，有助于技能人才的职业发展。评估孵化基地的数量、质量和可访问性可以反映出某地区或行业对技能人才的支持程度。

政策支持在技能人才服务与支持生态中扮演着至关重要的角色。政策支持涉及税收激励、创新基金、就业计划等政策措施，旨在吸引和留住技能人才，提供职业发展机会。政策支持的强度和有效性可以影响技能人才的决策。

通过综合考虑孵化基地和政策支持等指标，可以更好地了解技能人才服务与支持生态。这些指标有助于评估某地区或行业为技能人才提供的支持程度。为进一步评价技能人才服务与支持生态，选取了"孵化基地"与"政策支持"2项作为二级指标。

表4-6　服务与支持生态各项评价指标

一级指标	二级指标	三级指标	数据来源
服务与支持生态	孵化基地	创新创业基地、众创空间数量——省、市（县）级（个）	各省份统计局官方网站、各省份人社部门官方网站
		服务技能人才数量（人）	
	政策支持	技能人才激励政策数量（件）	各省份统计局官方网站、各省份人社部门官方网站
		科学技术财政支出（万元）	《中国城市统计年鉴》(2010~2022年)

对应的三级指标为："孵化基地"包含"创新创业基地、众创空间数量——省、市（县）级""服务技能人才数量"；"政策支持"包含"技能人才激励政策数量""科学技术财政支出"。数据来源于各省份统计局、人社局官网和《中国城市统计年鉴》(2010~2022年)。

第三节　技能人才生态评价指标体系

综合前文对技能人才的"培育生态""势能生态""动能生态""创新生态""服务与支持生态"评价指标的分析与总结，构建技能人才生态评价指标体系。

表 4-7　技能人才生态评价指标体系

一级指标	二级指标	三级指标	数据来源
培育生态 A1	技工院校 B1	技工院校数量（个）C1	《中国劳动力统计年鉴》 （2010~2022 年）
		教职工数量（人）C2	
		就业学生数量（人）C3	
		获取职业资格证书数量（人）C4	
	就业训练中心 B2	技能培训机构数量（个）C5	
		教职工数量（人）C6	
		参与技能培训人数（人）C7	
		获取职业资格证书数量（人）C8	
	民办职业技能 培训机构 B3	技能培训机构数量（个）C9	
		教职工数量（人）C10	
		参与技能培训人数（人）C11	
		获取职业资格证书数量（人）C12	
势能生态 A2	人才存量 B4	人才存量（人）C13	各省份统计年鉴和经济年鉴（2010~2022 年）、各省份国民经济和社会发展统计公报（2010~2022 年）、各省份统计局官方网站、国家统计局官方网站、各省份人社部门官方网站
		人才占比（%）C14	
	经济贡献 B5	GDP（万元）C15	
		总产值占比（%）C16	
	能力价值 B6	平均工资收入（元）C17	《中国劳动力统计年鉴》（2010~2022 年）、《中国人口与就业统计年鉴》（2010~2022 年）
		平均职业技能水平 C18	

续表

一级指标	二级指标	三级指标	数据来源
动能生态 A3	人才存量增速 B7	人才增量（人）C19	《中国劳动力统计年鉴》（2010~2022 年）、《中国人口与就业统计年鉴》（2010~2022 年）、各省份统计局官方网站、各省份人社部门官方网站
		人才增速（%）C20	
	人才跃迁潜力 B8	领域内人才跃迁潜力 C21	信息技术服务业、金融业、制造业、文化体育和娱乐业、建筑业五大类行业的就业人数，商品服务业、批发零售业、租赁和商务业、交通运输仓储和邮政业四大类行业的就业人数，数据来源于《中国城市统计年鉴》(2010~2022 年)
		跨领域人才跃迁潜力 C22	
	产值增速 B9	产值增量（万元）C23	《中国劳动力统计年鉴》（2010~2022 年）、《中国人口与就业统计年鉴》（2010~2022 年）、各省份统计局官方网站、各省份人社部门官方网站
		产值增速（%）C24	
	产业活性 B10	领域内耦合协调度 C25	信息技术服务业、金融业、制造业、文化体育和娱乐业、建筑业五大类行业的产值，数据来源于《中国城市统计年鉴》（2010~2022 年）
		跨领域耦合协调度 C26	商品服务业、批发零售业、租赁和商务业、交通运输仓储和邮政业四大类行业的产值，数据来源于《中国城市统计年鉴》（2010~2022 年）
创新生态 A4	研发投入 B11	R&D 投入额（万元）C27	各省份统计年鉴和经济年鉴（2010~2022 年）
		R&D 占 GDP 比重（%）C28	
	技能专利 B12	技能专利授权量（件）C29	各省份统计年鉴和经济年鉴（2010~2022 年）
		技术市场成交额（万元）C30	国家统计局官方网站（https://data.stats.gov.cn/）

一级指标	二级指标	三级指标	数据来源
服务与支持生态A5	孵化基地B13	创新创业基地、众创空间数量——省、市(县)级(个)C31	各省份统计局官方网站、各省份人社部门官方网站
		服务技能人才数量(人)C32	
	政策支持B14	技能人才激励政策数量(件)C33	各省份统计局官方网站、各省份人社部门官方网站
		科学技术财政支出(万元)C34	各省份统计局官方网站、各省份人社部门官方网站

技能人才生态评价指标体系共包含5项一级指标（A1～A5）、14项二级指标（B1～B14）、34项三级指标（C1～C34）。

第四节　本章小结

本部分探讨了国外技能人才生态的典型案例以及技能人才生态的评价指标选取，并构建了技能人才生态评价指标体系。

国外的典型案例方面，展示了主要国家构建技能人才生态的多种方式，包括德国的双元制教育、美国的高等教育多元化、日本的企业文化和实际技能培训，以及韩国的支持政策和产业合作。德国的双元制教育体系结合了学校培训和在职培训，确保了高质量培养技能人才。学徒制度下，年轻人可以在实际工作中学到技能，同时应用理论知识。政府、教育机构和企业之间紧密合作，确保了培养的实用性，并与市场需求契合。美国的高等教育体系具有多元化特征，提供了广泛的选择，以满足不同行业对技能人才的需求。美国鼓励创新创业，为技能人才提供了较多的机会。技能人才的培训和认可体系在美国因州而异，但多数地区重视技能证书和资格认证。日本强调实际技能的培训和认可，技工院校和技术学院在培养技能人才方面发挥了重要作用。此外，日本的企业文化重视员工培训，鼓励员工不断提高自己的技能。日本实行的技能认可和证书制度，有助于技能人才的流动。韩国在技能人才

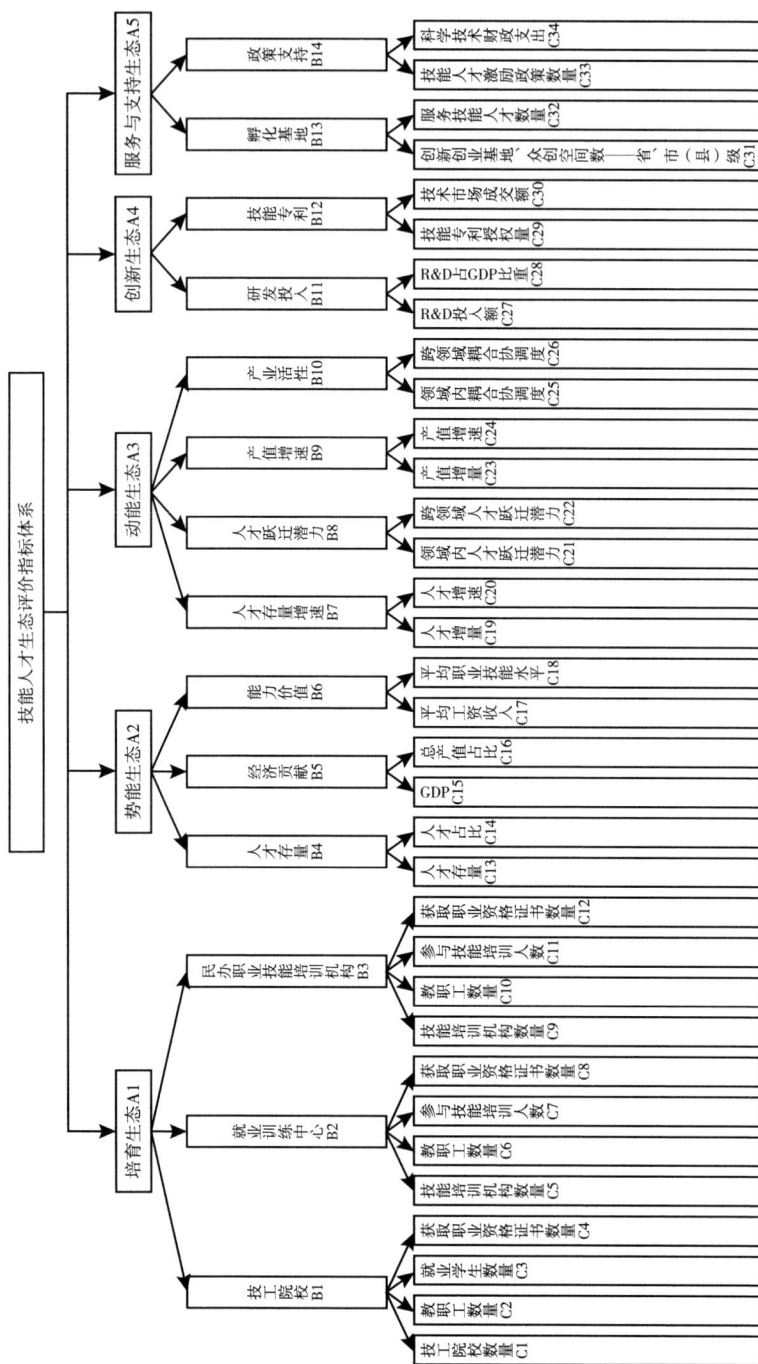

图 4-3 技能人才生态评价指标体系

生态构建方面也取得了显著的成就。韩国通过制定相关政策，促进技能人才的培养和就业。韩国的技工院校提供了广泛的培训内容，覆盖多个领域。此外，韩国的产业界积极参与技能人才培训，与教育机构合作，确保培养内容与市场需求相匹配。

在技能人才生态评价方面，从培育生态、势能生态、动能生态、创新生态、服务与支持生态5个方面展开分析。培育生态方面，涉及技工院校的数量和质量、学徒制度和实际技能培训的普及程度、学生的毕业率和就业率；势能生态方面，涉及技能认可体系的完善程度、技能证书的被认可度、技能人才的技能水平和实际经验；动能生态方面，涉及技能人才的就业机会和薪资水平、产业活性和技能人才的市场需求、技能人才的流动性和职业发展机会；创新生态方面，涉及技能人才在新兴技术和领域的参与程度、技能人才的创新和创业活动、技能人才的专利和研发成果；服务与支持生态方面，涉及政策支持力度、创新孵化基地和技能人才支持机构的数量和质量、技能人才的社会保障和职业支持。这些指标是技能人才生态评价的基础，可以帮助决策者了解生态的不同方面，并制定相应的政策和规划。通过选择合适的指标，评价可以更全面和准确，有助于促进技能人才生态健康发展。

构建技能人才生态评价指标体系需要政府、教育机构、产业界和研究机构的合作。只有通过协同努力，才能确保评价的全面和可信，为技能人才的培养提供有力支持。深入研究国外的典型案例，可以帮助决策者更好地了解技能人才生态的各个方面，并为其决策提供依据。技能人才生态健康发展对于经济增长而言至关重要，因此对其展开研究具有重要的实践意义。

第五章 技能人才生态的
评价与仿真模拟

关于技能人才生态评价的方法诸多，本书技能人才生态评价主要基于指标数据，并非主观打分。为进一步科学合理地评价和衡量技能人才生态，选取 AHP-熵值法对技能人才生态进行评价，首先，确定各指标的权重；其次，通过 Hopfield 神经网络分析方法对 5 项人才生态进行评价，尝试分析技能人才生态发展状态；最后，运用 BP 神经网络模型对技能人才生态进行模拟和预测，便于直接观察和分析技能人才生态发展趋势和特点。

第一节 评价方法及数据来源

学界对于技能人才生态评价的方法较多，具体方法的选择取决于评价的具体目标、数据可得性以及研究偏好。许多方法都强调指标数据的重要性，以确保评价的科学性和可比性，而非主观性的打分，这也在本书中得到体现，特别是在技能人才生态评价的指标选择和分析上。

首先，本书采用 AHP-熵值法（层次分析法与熵权法的结合）。这种方法旨在避免传统 AHP 方法中的主观性评估和权重确定问题。AHP 是一种常用的多准则决策方法，通过层次结构和专家打分来确定各指标的权重。[1] 但 AHP 存在一定的主观性，权重的确定受到专家个人看法的影响。为了弥补这一不足，引入熵值法。这一方法基于数据本身的信息熵来确定权重，提高了权重的客观性和科学性。这种综合方法有助于更精确地确定技能人才生态评价的各项指标权重，确保评价的客观性和准确性。

其次，本书采用 Hopfield 神经网络分析方法。这是一种常用于解决模式识别和最优化问题的神经网络方法。Hopfield 神经网络通过模拟神经元之间的相互作用，捕捉指标之间的关系和影响，从而更全面地评价技能人才生态。这种方法不仅考虑了各项指标之间的复杂关联，还考虑了它们对技能人才生态的整体影响。[2] 通过 Hopfield 神经网络分析方法，能够更准确地确定技能人才生态，针对技能人才生态发展状态进行更细致和客观的分析。

综合上述，本书的研究方法强调了数据的重要性，采用 AHP-熵值法和 Hopfield 神经网络分析方法，试图以更科学合理的方式评价和衡量技能人才生态。这有助于提高评价的可信度和可比性。这种综合方法的有效性和科学性也为其他类似研究提供了有价值的参考。

最后，客观评价有助于更好地理解和推动技能人才生态的可持续发展，为政策制定提供更有力的数据支持。

一　熵值法

熵值法是一种用于评估指标离散程度的数学方法。该方法常用于多指标综合评价中，以确定各指标对应于最终评价结果的权重分配。在熵值法中，熵是一个度量系统无序程度的概念。当某个指标的取值分布较为集中或均匀

---

[1]　R. Al-Aomar, "A Combined Ahp-Entropy Method for Deriving Subjective and Objective Criteria Weights," *International Journal of Industrial Engineering-Theory Applications and Practice*, 2010, 17（1）：12–24.

[2]　G. Han, G. Z. Feng, C. L. Tang, C. Y. Pan, W. M. Zhou, J. T. Zhu, "Evaluation of the Ventilation Mode in an Iso Class 6 Electronic Cleanroom by the Ahp-Entropy Weight Method," *Energy*, 2023, 28（4）：101–114.

时，熵值较低，表示该指标的离散程度较小。相反，当指标的取值分布较为分散或不均匀时，熵值较高，表示该指标的离散程度较大。

使用熵值法来判断指标的离散程度可以按以下步骤进行。

归一化处理：对于指标数据，可能有不同的量纲和取值范围。为了能够进行比较和计算，需要对指标数据进行归一化处理，将其转化为无量纲的相对指标。

$$正向指标： \quad X_{ij} = \frac{X_{ij} - \min\{X_j\}}{\max\{X_j\} - \min\{X_j\}}$$

$$负向指标： \quad X_{ij} = \frac{\max\{X_j\} - X_{ij}}{\max\{X_j\} - \min\{X_j\}}$$

计算指标的权重：根据指标数据的归一化结果，计算每个指标的权重。权重表示了该指标在综合评价中的相对重要性。

$$指标权重： \quad Y_{ij} = \frac{X_{ij}}{\sum_{i=1}^{m} X_{ij}}$$

计算指标的熵值：利用归一化后的指标数据，计算每个指标的熵值。熵值的计算可以采用信息熵或其他熵的形式。

$$指标信息熵： \quad e_j = -k \sum_{i=1}^{m} (Y_{ij} \times \ln Y_{ij})$$

$$信息熵冗余度： \quad d_j = 1 - e_j$$

$$指标权重： \quad W_i = \frac{d_j}{\sum_{j=1}^{n} d_j}$$

计算指标的综合熵值：根据指标的熵值和相应的权重，计算指标的综合熵值。综合熵值可以用于确定各指标对综合评价结果的影响程度。通过熵值法可以较为客观地评估指标的离散程度，并为综合评价提供权重分配的依据。

二　层次分析法

本书主要运用层次分析法确定指标体系中各指标的权重。层次分析法（AHP）是一种定性分析与定量分析相结合的多目标决策分析方法。传统的层次分析法可以处理决策评价问题，但由于主观评价的不确定性与模糊性，很难反映比较矩阵数据。[①] 由此，在传统的层次分析法中引入模糊数据从而将主观、不确定性的信息更好地反映在数据评价过程中。比如，已有研究涉及医院组织绩效评价、客户质量管理需求评价、软件质量评价、政府研发项目选择评价等。该方法的运算流程如下。

①确定指标的相对重要程度。传统的层次分析法需要建立一个指标两两比较矩阵，从而反映评价者对于指标相对重要程度的偏好。具体应用时，两两比较矩阵需要通过一致性检验。

②建立三角模糊数据。三角函数是最容易解释的凸函数，可以将比较矩阵的单一数值拓展到一个模糊区间，公式如下：

$$\widetilde{u_{ij}} = (L_{ij}, M_{ij}, U_{ij}) \qquad L_{ij} \leqslant M_{ij} \leqslant U_{ij}$$

$$L_{ij} = \min(E_{ijk})$$

$$M_{ij} = \sqrt[n]{\prod_{k=1}^{n} E_{ijk}}$$

$$U_{ij} = \max(E_{ijk})$$

其中，E_{ijk} 为第 k 个专家对于指标 i 与指标 j 的重要程度比较评价。

③建立模糊两两比较矩阵。引入置信区间 a，建立三角形两两比较矩阵。当 $\alpha = 0$ 时，不确定程度最高；当 $\alpha = 1$ 时，不确定性程度最低。

$$\widetilde{a}_{ij} = \big[(M_{ij} - U_{ij}) \times \alpha + L_{ij}, U_{ij} - (U_{ij} - M_{ij}) \times \alpha \big]$$
$$\alpha \in [0,1]$$

① 　H. Jung, "A Fuzzy Ahp-Gp Approach for Integrated Production-Planning Considering Manufacturing Partners," *Expert Systems with Applications*, 2011, 8（5）: 33–40.

④去模糊化（Defuzzification）。引入乐观系数对模糊凸函数作线性化处理，从而得到最终的指标重要性比较矩阵。

$$\alpha_{ij}^{\alpha\mu} = [\mu \times L_{ij}^{\alpha}(1 - \mu) \times \mu_{ij}^{\alpha}] \qquad 0 \leqslant \mu \leqslant 1$$

其中，μ 为乐观系数，反映评价者的风险容忍程度，值越大，评价者越乐观。

⑤计算特征根与特征矩阵。根据去模糊化之后的特征矩阵，计算特征根与特征矩阵，对特征向量进行标准化以得到指标权重。

$$[(\alpha_{ij}^{\alpha})^{\mu} - \lambda_{max}] \times W = 0$$

三　模糊综合评价

确定各指标后，利用模糊综合评价对各项指标进行评级，从而提出相应的对策建议。技能人才生态评价是一个涉及多指标多条件多标准的复杂问题，往往评价结果不是确切的数值，而是用语言表达的模糊概念。模糊综合评价法是依据模糊数学的隶属度最大原则和模糊变换理论把定性评价转化为定量评价，运用模糊数学对受到多种因素制约的事物或对象做出总体评价的方法。[①]

复杂的系统涉及的因素多，并且各因素之间有层次之分，为此，采用多层次模糊综合评价方法能比较好地解决系统安全评价问题，具体步骤如下。

建立评价子目标集 U：

$$U = (U_1, U_2, U_3, \cdots, U_s)$$

依据上述层次分析法计算的结果建立子目标权重分配集合 A：

$$A = (A_1, A_2, A_3, \cdots, A_s)$$

---

① I. Sultana, I. Ahmed, A. Azeem, "An Integrated Approach for Multiple Criteria Supplier Selection Combining Fuzzy Delphi, Fuzzy Ahp & Fuzzy Topsis," *Journal of Intelligent & Fuzzy Systems*, 2015, 29 (4): 73-87.

并且需要满足条件 $0 < A_i < 1$，$\sum\limits_{i=1}^{s} A_i = 1$（$i = 1，2，3，\cdots，S$）。

各子目标 U_i 受各指标 u_{i1}，u_{i2}，u_{i3}，$\cdots$，u_{ik} 的影响，则 U_i 的指标集合为：

$$U_i = (u_{i1}, u_{i2}, u_{i3}, \cdots, u_{ik}) \ (i = 1,2,3,\cdots,S)$$

依据层次分析法的结算结果，确定各指标权重 U_i 的权重分配集合 w_i：

$$w_i = (w_{i1}, w_{i2}, w_{i3}, \cdots, w_{ik}) \ (i = 1,2,3,\cdots,S)$$

依据技能人才生态的各级指标情况，汇集成为评价集合 V：

$$V = (V_1, V_2, V_3, V_4, \cdots, V_m)$$

邀请相关领域专家对各指标进行评价，并得到评价矩阵 R_i。

四 离散 Hopfield 神经网络

Hopfield 网络作为一种全连接型神经网络，为人工神经网络研究开辟了新的途径。它利用与阶层型神经网络不同的结构特征和学习方法，模拟生物神经网络的记忆机理，这一网络级学习算法最早是由美国物理学家 Hopfield 于 1982 年提出，称为 Hopfield 神经网络。[1] Hopfield 最早提出的网络是二值神经网络，神经元的输出只取 1 和 - 1，也称离散 Hopfield 神经网络（Discrete Hopfield Neural Network，DHNN）。[2] 在离散 Hopfield 网络中，所采用的神经元是二值神经元，因此，所输出的离散值 1 和 -1 分别表示神经元处于激活和抑制状态。

DHNN 是一种单层、输出为二值的反馈网络。由三个神经元组成的离散 Hopfield 神经网络结构如图 5-1 所示。

第 0 层仅仅作为网络的输入，不是实际神经元，无计算功能；第 1 层是

① K. Y. Lee，A. Sode-Yome，J. H. Park，"Adaptive Hopfield Neural Networks for Economic Load Dispatch," *LEEE Transactions on Power Systems*，1998，13（2）：19-25.

② M. Kobayashi，"Diagonal Rotor Hopfield Neural Networks," *Neurocomputing*，2020，4（15）：40-47.

神经元，执行对输入信息与权系数的乘积求累加和，并经非线性函数 f 处理后产生输出信息。f 是一个简单的阈值函数，如果神经元的输出信息大于阈值 θ，那么，神经元的输出取值为 1；小于阈值 θ，则神经元的输出取值为 -1。

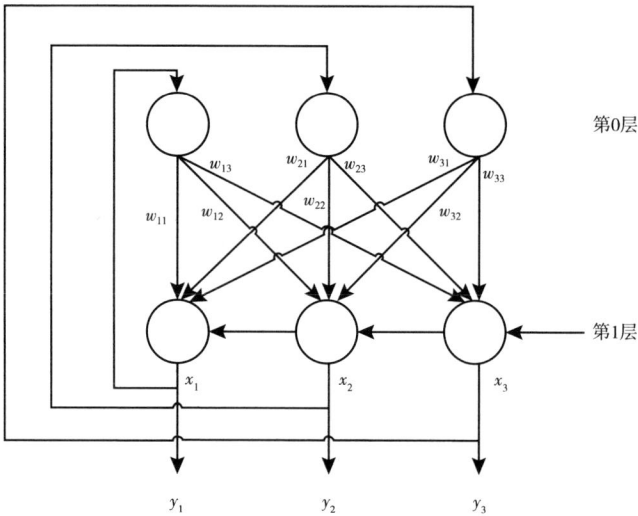

图 5-1　离散 Hopfield 神经网络结构

对于二值神经元，计算公式如下：

$$u_j = \sum_i w_{ij} y_i + x_i$$

式中，x_i 为外部输入，则有：

$$\begin{cases} y_i = 1, u_j \geqslant \theta_j \\ y_i = -1, u_j < \theta_j \end{cases}$$

DHNN 的网络状态是输出神经元信息的集合，对于一个输出层是 n 个神经元的网络，其 t 时的状态为一个 n 维向量：

$$Y(t) = [y_1(t), y_2(t), y_3(t), \cdots, y_n(t)]$$

$y_i(t)$（$i=1, 2, \cdots, n$）可以取值为 1 或 -1，故 n 维向量 $Y(t)$ 有 2^n 种状态，即网络有 2^n 种状态。考虑 DHNN 的一般节点状态，用 $y_j(t)$ 表示第 j 个神经元，即节点 j 在时刻 t 的状态，则节点的下一个时刻（$t+1$）的状态可以如下表示：

$$y_j(t+1) = f[u_j(t)] = \begin{cases} 1, u_j(t) \geq 0 \\ -1, u_j(t) < 0 \end{cases}$$

如果 w_{ij} 在 $i=j$ 时等于 0，说明一个神经元的输出并不会反馈到其输入端，这时，DHNN 可称为无自反馈的网络。

$$u_j(t) = \sum_{i=1}^{n} w_{ij} y_i(t) + x_j - \theta_j$$

如果 w_{ij} 在 $i=j$ 时不等于 0，说明一个神经元的输出会反馈到其输入端，这时，DHNN 可称为有自反馈的网络。

如何准确分等级评价技能人才生态是一个错综复杂的问题。影响技能人才生态的因素众多，且互相交叉、互相渗透和互相影响，无法用确定的数学模型进行描述。目前，技能人才评价生态评价方法很多，但普遍存在流程烦琐、时间滞后等不足，且人为主观因素对评价结果有很大的影响。如何快速、准确地对技能人才生态进行客观、公正的评价，是亟待解决的问题。

离散 Hopfield 神经网络恰好适用于此种复杂评价。本部分将详细介绍离散 Hopfield 神经网络权系数矩阵的设计方法。设计权系数矩阵的目的是：①保证系统在异步工作时的稳定性，即它的权值是对称的；②保证所有要求记忆的稳定平衡点都能收敛到自己；③使伪稳定点的数量尽可能少；④使稳定点的吸引力尽可能大。常用的设计方法有外积法和正交化法。

五 评价思路和数据来源

为确定技能人才生态评价指标体系中各指标权重，考虑到人才生态具有动态性，将采用主、客观相结合的方法进行计算评价：主观赋权法（AHP）在根据决策者意图确定权重方面比客观赋权法（熵值法）更具优势，但客观性相对较弱、主观性相对较强；而采用客观赋权法有着客观优势，但不能反映出参与决策者对不同指标的重视程度，并且会出现一定程度的权重与实际指标相反的情况。考虑到主客观赋权方法的优缺点，力求将主观随机性控制在一定范围内，实现主客观赋权中的中正。因此，在对指标进行权重分配时，应考虑指标数据之间的内在统计规律和权威值。选择合理的决策指标赋权方法，即采用主观赋权法（AHP）和客观赋权法（熵权法）相结合的组合赋权方法，以弥补单一赋权的不足。将两种赋权方法相结合的加权方法称为组合赋权法。主客观组合权重是指标的综合权数。

表 5-1　评价计算方法思路

确定各指标权重	→	AHP-熵值法
评价各指标等级	→	模糊综合评价
指标体系稳定性	→	离散 Hopfield 神经网络

为进一步计算技能人才生态评价指标体系中各指标的权重，以及各技能人才生态的评价等级，采取主观与客观相结合的方法确定数据来源。客观数据：对三级指标进行了数据来源说明，主要反映出技能人才生态发展现状。主观数据：对各层级指标进行两两打分，邀请专家进行打分，构建判断矩阵。

第二节　技能人才生态"AHP-熵值法"评价模型分析

一　模型检验

层次模型已在前文构建完成，需进一步对模型进行检验分析。依据模糊层次分析法的计算步骤，选取置信系数 0.6（中等模糊程度）、乐观系数 0.6（风险偏好中性），综合专家的评判数据，得到最终判断矩阵，计算权重并进行一致性检验。最大特征值 $A_{max}=3.168$，特征向量 [0.425，0.173，0.147，0.162，0.093]。依次计算对比矩阵，结果显示全部通过一致性检验。

二 各项指标权重结果

表 5-2 为技能人才生态评价指标权重结果。一级指标的 5 项技能人才生态中，培育生态（A1）权重最大（0.425），排第 2 位的是势能生态（A2），权重为 0.173，服务与支持生态（A5）权重为 0.162，排第 3 位，动能生态（A3）权重为 0.147，排第 4 位，创新生态（A4）的权重最小为 0.093。一级指标排序结果为，培育生态 A1>势能生态 A2>服务与支持生态 A5>动能生态 A3>创新生态 A4。

表 5-2 技能人才生态评价指标权重结果

一级指标	ω_A	二级指标	单排序权重	三级指标	合成权重	TOP10
培育生态 A1	0.425	技工院校 B1	0.404	技工院校数量（个）C1	0.0368	①
				教职工数量（人）C2	0.0319	⑥
				就业学生数量（人）C3	0.0291	
				获取职业资格证书数量（人）C4	0.0293	
		就业训练中心 B2	0.314	技能培训机构数量（个）C5	0.0322	④
				教职工数量（人）C6	0.0295	
				参与技能培训人数（人）C7	0.0305	⑩
				获取职业资格证书数量（人）C8	0.0296	
		民办职业技能培训机构 B3	0.282	技能培训机构数量（个）C9	0.0342	②
				教职工数量（人）C10	0.0316	⑦
				参与技能培训人数（人）C11	0.0320	⑤
				获取职业资格证书数量（人）C12	0.0291	

续表

一级指标	ω_A	二级指标	单排序权重	三级指标	合成权重	TOP10
势能生态 A2	0.173	人才存量 B4	0.292	人才存量（人）C13	0.0296	
				人才占比（%）C14	0.0274	
		经济贡献 B5	0.486	GDP（万元）C15	0.0312	⑧
				总产值占比（%）（产值占制造业总产值）C16	0.0304	
		能力价值 B6	0.222	平均工资收入（元）C17	0.0291	
				平均职业技能水平 C18	0.0302	
动能生态 A3	0.147	人才存量增速 B7	0.312	人才增量（人）C19	0.0281	
				人才增速（%）C20	0.0285	
		人才跃迁潜力 B8	0.204	领域内人才跃迁潜力 C21	0.0121	
				跨领域人才跃迁潜力 C22	0.0086	
		产值增速 B9	0.453	产值增量（万元）C23	0.0327	③
				产值增速（%）C24	0.0306	⑨
		产业活性 B10	0.235	领域内耦合协调度 C25	0.0265	
				跨领域耦合协调度 C26	0.0242	
创新生态 A4	0.093	研发投入 B11	0.362	R&D 投入额（万元）C27	0.0261	
				R&D 占 GDP 比重（%）C28	0.0268	
		技能专利 B12	0.221	技能专利授权量（件）C29	0.0255	
				技术市场成交额（万元）C30	0.0246	
服务与支持生态 A5	0.162	孵化基地 B13	0.417	创新创业基地、众创空间数量——省、市（县）级（个）C31	0.0298	
				服务技能人才数量（人）C32	0.0297	
		政策支持 B14	0.583	技能人才激励政策数量（件）C33	0.0283	
				科学技术财政支出（万元）C34	0.0265	

进一步分析二级指标结果。技能人才培育生态（A1）中，技工院校（B1）的权重为 0.404，排第 1 位，排第 2 位的是就业训练中心（B2），权重为 0.314，民办职业技能培训机构（B3）排第 3 位，权重为 0.282。

势能生态（A2）中，经济贡献（B5）的权重为 0.486，排第 1 位，排第 2 位的是人才存量（B4），权重为 0.292，能力价值（B6）排第 3 位，权重为 0.222。

服务与支持生态（A5）中，政策支持（B14）的权重为 0.583，排第 1 位，排第 2 位的是孵化基地（B13），权重为 0.417。

动能生态（A3）中，产值增速（B9）的权重为 0.453，排第 1 位，排第 2 位的是人才存量增速（B7），权重为 0.312，产业活性（B10）排第 3 位，权重为 0.235。

创新生态（A4）中，排第 1 位的是研发投入（B11），权重为 0.362，技能专利（B12）排第 2 位，权重为 0.221。

三级指标结果方面，由于指标众多，主要介绍权重排前 10 位的指标（TOP10）。

技工院校方面，技工院校数量的权重排第 1 位，教职工数量的权重排第 6 位。

就业训练中心方面，技能培训机构数量的权重排第 4 位，参与技能培训人数的权重排第 10 位。

民办职业技能培训机构方面，技能培训机构数量的权重排第 2 位，教职工数量的权重排第 7 位，参与技能培训人数的权重排第 5 位。

经济贡献方面，GDP 的权重排第 8 位。

产值增速方面，产值增量的权重排第 3 位，产值增速的权重排第 9 位。

技能人才生态中，培育生态发展相对较好，在技工院校发展和技能人才的教育、培训方面有一定优势，具有较充足的人才储备。技工院校发展和技能人才的教育、培训在技能人才生态中发挥了关键作用。研究表明，培养和发展技能人才需要扎实的教育和培训基础。技工院校等教育机构为年轻人提供了学习技能的机会，为进入职场做好准备。这些机构还能够提供更多的技能储备，以满足劳动力市场对于不同技能人才的需求。技工院校和其他教育机构在培养技能人才方面具有显著优势。其提供的专业知识和实践技能培训，有助于年轻人更好地适应岗位要求。因此，在技能人才生态评价中，人才培育生态发展相对较好，意味着在教育和培训方面已经取得了一定的成效。

技能人才势能生态中，技能人才的经济贡献指标因素具有相对优势，反映了现实中制造业在经济中的支柱地位。人才存量的指标权重相对较小，说明技能人才存量以及从业者数量有待进一步提升。技能人才的经济贡献是评价势能生态的关键。研究表明，技能人才的经济贡献对于制造业和其他经济领域而言至关重要，特别是高端装备制造业等支柱产业。这也反映了技工对于产业发展的关键性作用。然而，技能人才存量指标权重相对较小，可能意味着高端装备制造业的人才数量有待进一步提升。这可能需要制订更多的人才引进和培养计划，以确保人才储备更加充足。此外，高端装备制造业的从业者数量也需要进一步增加，以满足行业发展的需求。

技能人才动能生态中，产值增速的表现较为突出，略显不足的是产业活性等指标，说明上下游产业的联系、跨行业合作等方面有待加强，同时应推动技能人才的跨行业交流。产值增速是评价动能生态的重要指标。技能人才在创造经济价值方面作用较大。这可能与他们的实际技能和工作表现有关。技工在各个行业中都发挥着重要作用，他们的贡献有助于推动产业发展。然而，产业活性指标的权重较小，可能意味着产业间的联系和跨行业合作还有待加强。技能人才的跨行业交流也需要进一步强化。这有助于更好地整合资源，实现产业的跨界合作，为技能人才提供更多的发展机会。

技能人才服务与支持生态中，政策支持力度相对较大，而技能人才创新创业的孵化基地建设有待深入。政策支持在技能人才服务与支持生态中占有较大的权重。这表明政府在技能人才培育和发展方面采取了积极的政策举措。政策支持对于技能人才的创新创业至关重要。政府需要提供政策支持，以鼓励技能人才发展。然而，技能人才创新创业的孵化基地建设有待加快。这可能涉及进一步完善创新创业生态系统，提供更多的资源，以支持技能人才创业。

技能人才创新生态中，研发投入增加明显，而技能专利方面的发展相对滞后，说明技术创新、技能进步等方面有待深入。研发投入在技能人才创新生态中扮演着关键角色。技能人才需要不断适应技术发展趋势。技能专利方面的发展相对滞后，可能意味着在技术创新和技能进步方面还有待进一步探索。技术创新和专利对于提升技能人才的创新能力而言至关重要。

总的来说，技能人才生态评价的权重反映了技能人才培育、势能、动能、创新以及服务与支持生态的不同发展情况。这为决策者制定政策和战略提供了重要的参考，可以推动进一步改善技能人才生态系统，以适应经济发展的要求。持续关注技能人才的培养和发展，提高技能人才的创新能力，有助于推动社会经济可持续发展。

第三节　技能人才生态的等级评价分析

本研究构建的技能人才生态评价体系，是涉及多指标多条件多标准的复杂问题，包含多个数值，往往难以直观分析各指标。模糊综合评价法是依据模糊数学的隶属度最大原则和模糊变换理论把定性评价转化为定量评价，运用模糊数学对受到多种因素制约的事物或对象做出总体评价的方法。它可以很好地处理多结果评价，在一定程度上弥补了主观性强、评价结论具有模糊性等不足，使评价更具科学性与针对性。

一　评价等级标准集与指标权重集的建立

目前，我国对于技能人才生态评价还没有统一的标准，因此很难用准确的数值来作为评判等级标准的依据。本研究将其分为 5 个等级，建立评价的等级标准集 V，则：

$$V = \{v_1, v_2, v_3, v_4, v_5\} = \{A(优), B+(良), B-(一般), C+(较差), C(差)\}$$

进一步，为便于后文对技能人才生态指标的分等级评价，依据 11 位专家的打分结果以及各指标权重建立等级标准。依据上文的技能人才生态评价指标权重结果，建立评价指标的权重集，具体如下：

$$Z = (0.425, 0.173, 0.147, 0.162, 0.093)$$
$$Y_1 = (0.404, 0.314, 0.282)$$
$$Y_2 = (0.292, 0.486, 0.222)$$
$$Y_3 = (0.312, 0.453, 0.235)$$
$$Y_4 = (0.417, 0.583)$$
$$Y_5 = (0.362, 0.221, 0.417)$$

二　基于 Hopfield 神经网络分析的等级评价

依据上文矩阵数据，对技能人才生态各指标进行等级评价，构建离散 Hopfield 技能人才生态评价模型。本研究旨在对技能人才生态各级指标进行等级分类，并将相应的评价指标建模为离散型 Hopfield 神经网络的平衡点。Hopfield 神经网络的学习过程表现为典型分类等级评价指标趋向于网络平衡点的过程。在学习完成后，Hopfield 神经网络所存储的平衡点即对应于各个分类等级的评价指标。当待分类的人才生态评价指标输入时，Hopfield 神经网络利用其联想记忆能力，逐渐接近于某个存储的平衡点，直至状态不再改变，此平衡点对应的就是所求的分类等级，分析评价过程如表 5-3 所示。

表 5-3　Hopfield 神经网络分析评价过程

过程									
设定合理的等级评价指标	→	对等级评价指标进行编码	→	对待分类的等级评价指标进行编码	→	创建 Hopfield 神经网络	→	仿真模拟结果，同时验证模型稳定性

三　等级评价编码

由于离散型 Hopfield 神经网络神经元的状态只有 1 和 -1 两种情况，将评价指标映射为神经元的状态时，需要对其进行编码。编码规则为：当大于或等于某个等级的指标值时，对应的神经元状态设为"1"，否则设为

"-1"。理想的 5 个等级评价指标编码如图 5-2 所示，其中"○"表示神经元状态为"1"，即大于或等于对应等级的理想评价指标值，反之则用"●"表示。

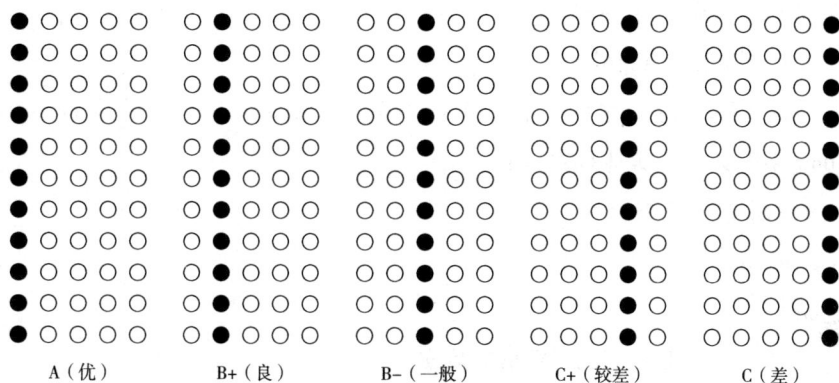

图 5-2　等级评价编码示意

资料来源：依据 Matlab 软件绘制。

依据上述标准，将 11 位专家对技能人才生态的打分结果作为初始数据进行输入。同时，将人才生态评价指标的平均值作为各个等级的理想评价指标，即作为 Hopfield 神经网络的平衡点。

四　模型创建与仿真分析

将本研究设定的"A（优）、B+（良）、B-（一般）、C+（较差）、C（差）"5 个等级评价指标进行编码后，即可利用 MATLAB 自带的神经网络工具箱函数创建离散型 Hopfield 神经网络。

网络创建完毕后，将待评级的培育生态 A1、势能生态 A2、动能生态 A3、创新生态 A4、服务与支持生态 A5 五项技能人才生态评价指标的编码作为 Hopfield 神经网络的平衡点输入，经过训练学习，得到仿真结果。进一步，将仿真结果与真实的等级进行比较，可以对该模型进行合理的评价。

五 MATLAB 实现过程

本研究将利用 MATLAB 神经网络工具箱提供的函数，设计步骤以便逐步在 MATLAB 环境下完成。

（一）清空环境变量

在操作程序运行之前，清除工作空间 workspace 中的变量及 command window 中的命令。具体程序为：

%%清空环境变量

clear all

clc

（二）导入5项理想的评级指标数据

导入 5 项理想的技能人才生态等级评价指标编码。11 位专家对应的 5 项理想等级评价指标打分结果的编码为 5 个 11×5 矩阵，每个矩阵中的元素只包含 "1" 和 "－1" 两种取值。数据保存在 class. mat 文件中，依次为 *class_* 1（培育生态 A1）、*class_* 2（势能生态 A2）、*class_* 3（动能生态 A3）、*class_* 4（创新生态 A4）、*class_* 5（服务与支持生态 A5）。由于篇幅所限，此处只列出等级 1 的编码情况。

$$
\begin{aligned}
class\_\ 1\ =\ &[\ 1\quad -1\quad -1\quad -1\quad -1\ ;\ 1\quad -1\quad -1\quad -1\quad -1\ ;\\
&\ 1\quad -1\quad -1\quad -1\quad -1\ ;\ 1\quad -1\quad -1\quad -1\quad -1\ ;\\
&\ 1\quad -1\quad -1\quad -1\quad -1\ ;\ 1\quad -1\quad -1\quad -1\quad -1\ ;\\
&\ 1\quad -1\quad -1\quad -1\quad -1\ ;\ 1\quad -1\quad -1\quad -1\quad -1\ ;\\
&\ 1\quad -1\quad -1\quad -1\quad -1\ ;\ 1\quad -1\quad -1\quad -1\quad -1\ ;\\
&\ 1\quad -1\quad -1\quad -1\quad -1\ ]
\end{aligned}
$$

具体程序为：

%%导入5项理想的等级评价指标编码

load class. mat

（三）导入5项待评级的技能人才生态指标

待分类的 5 项待评级的技能人才生态指标的编码保存在 sim. mat 文件中，

5 个编码矩阵分别为 sim_1（培育生态 A1）、sim_2（势能生态 A2）、sim_3（动能生态 A3）、sim_4（创新生态 A4）、sim_5（服务与支持生态 A5）。由于篇幅限制，此处仅列出一位专家对技能人才生态的等级评价指标编码：

$$sim\_1 = \begin{bmatrix} 1 & -1 & -1 & -1 & -1 & ; & 1 & -1 & -1 & -1 & -1 & ; \\ -1 & 1 & -1 & -1 & -1 & ; & 1 & -1 & -1 & -1 & -1 & ; \\ 1 & -1 & -1 & -1 & -1 & ; & 1 & -1 & -1 & -1 & -1 & ; \\ 1 & -1 & -1 & -1 & -1 & ; & 1 & -1 & -1 & -1 & -1 & ; \\ 1 & -1 & -1 & -1 & -1 & ; & 1 & -1 & -1 & -1 & -1 & ; \\ 1 & -1 & -1 & -1 & -1 & & & & & & & \end{bmatrix}$$

具体程序为：

%%导入待分类的 5 项理想的等级评价指标编码

load sim. mat

（四）创建网络和目标向量（均衡点）

将理想的 5 项等级评价指标的编码作为 Hopfield 神经网络的平衡点，具体程序如下：

%目标向量

T = [class_1 class_2 class_3 class_4 class_5]

利用 MATLAB 自带的神经网络工具箱函数 newhop，可以方便地创建离散型 Hopfield 神经网络，具体程序如下：

%%创建网络

net = newhop（T）

（五）仿真测试

将待评级的 5 项人才生态评价指标编码输入创建的离散型 Hopfield 神经网络，利用 MATLAB 自带的神经网络工具箱函数 sim 进行仿真，具体程序如下：

%%网络仿真 A = { [sim_1 sim_2 sim_3 sim_4 sim_5] }

Y = sim（net，{30 11}，{}，A）

Y_1 = Y {11} > （：1：12）

$Y_2 = Y \{11\} \ (: 13: 18)$

$Y_3 = Y \{11\} \ (: 19: 24)$

$Y_4 = Y \{11\} \ (: 21: 24)$

$Y_5 = Y \{11\} \ (: 25: 30)$

（六）结果分析

为了直观地将人才生态评价仿真结果，以图形的形式呈现出来，具体程序如下：

```
%%结果显示
result = {T; A {1}; Y {20} };
Figure
for p = 1: 3
for k = 1: 5
subplot (3, 5, (p-1) *5+k)
temp = result {p} (: (k-1) *5+1: k * 5);
[m, n] = size (temp);
for i = 1: m
for j = 1: n
if temp (i, j) >0
plot (j, m-i,'ko','MarkerFaceColor','k');
else
plot (j, m-i,'ko');
end
hold on
end
end
axis ( [0 6 0 12] )
axis off
if p = = 1
```

title（［*'class'num2str*（*k*）］）

else if p = = 2

title（［*'presim'num2str*（*k*）］）

else

title（［*'sim'num2str*（*k*）］）

end

end

end

六　结果分析

仿真结果如图 5-3 所示。其中，第一行表示 5 项理想的技能人才生态等级评价指标编码；第二行表示 5 项待评级的技能人才生态评价指标编码；第三行表示设计的 Hopfield 神经网络的分类结果。

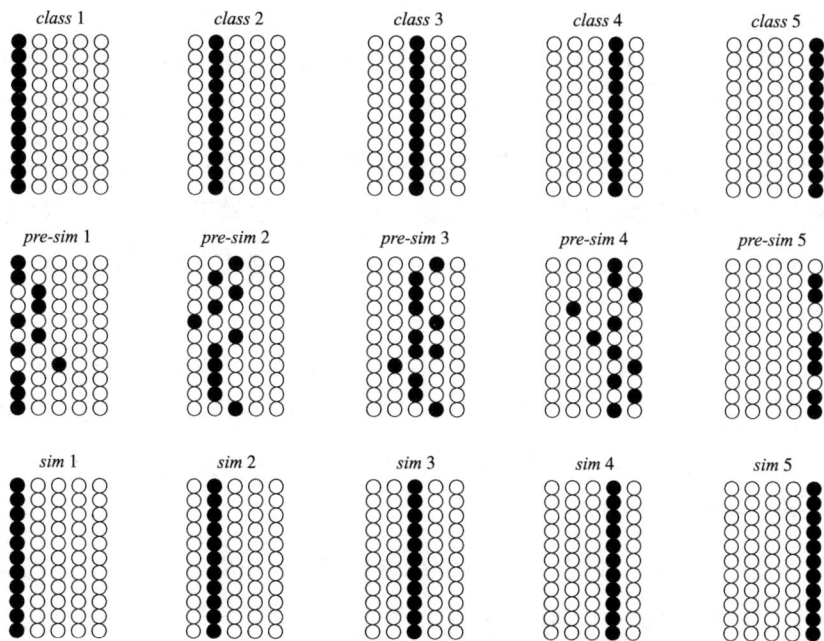

图 5-3　技能人才生态的分等级评价结果

资料来源：依据 Matlab 软件绘制。

可以清晰地看出，设计的 Hopfield 神经网络可以有效地进行分类和评价，同时与前文权重分析结果相呼应，可在一定程度反映出技能人才生态程度和现状。依据 Hopfield 神经网络的分析结果，技能人才生态的等级评价结果为：培育生态（A1）的等级评价为 A（优），势能生态（A2）的等级评价为 B+（良），动能生态（A3）的等级评价为 B-（一般），创新生态（A4）的等级评价为 C（差），服务与支持生态（A5）的等级评价为 B-（一般）。

第四节　技能人才生态的模拟与仿真预测分析

本节将基于 BP 神经网络模型对技能人才的培育生态、动能生态、势能生态、创新生态、服务与支持生态依次进行模拟与预测分析，便于更直观的分析技能人才生态的发展趋势。

一　模型选择分析

本部分基于 BP 神经网络模型对技能人才进行分析，综合考虑如下五个方面。

一是处理复杂性。技能人才生态系统是一个复杂的系统，涵盖了多个领域和因素，且这些因素之间可能存在非线性关系。传统的数学模型难以准确地捕捉到这种复杂性。BP 神经网络是一种非线性建模工具，可以更好地处理复杂的技能人才生态系统，将其视为一个黑箱，能够更好地呈现系统内在的非线性关系。

二是预测未来趋势。预测分析工作的主要目的之一是预测发展趋势。技工市场不断变化，有许多不确定因素，如新技术的出现和市场需求的波动等。通过使用 BP 神经网络等工具，可以更好地理解变化趋势，从而更好地应对不断变化的市场需求。

三是系统建模。技能人才生态系统的建模是一项复杂的任务，其中有很多未知参数和变量。BP 神经网络的使用可以帮助更好地理解这个系统。通过训练网络来分析技能人才生态系统的输入和输出数据，可建立精确的模型，更好地理解和分析系统的内在机制。

四是改进决策支持。预测分析工作可以为政府、教育机构和企业的决策提供更好支持。通过预测技工市场的需求和供应走势，可以更好地为制定政策、规划资源分配和开展培训计划提供支撑。这有助于提高技能人才的培训质量，促进技能人才生态健康发展。

五是消除不确定性。技工市场存在不少不确定因素，如市场波动、技术变革和经济形势变化等。相关分析可以帮助我们更好地理解这些不确定性，以更好地应对潜在的风险。

总之，进行分析的意义在于深化对技能人才生态系统的理解，准确预测未来发展趋势，更好地应对不断变化的市场需求，提高决策的科学性和有效性，以促进技能人才生态的健康、可持续发展。通过使用 BP 神经网络等工具，可以更好地处理技能人才生态系统的复杂性和非线性问题，为决策者提供更好的支持。

二 仿真预测流程和实现过程

（一）仿真预测流程

基于 BP 神经网络的非线性函数拟合算法流程可以分为 BP 神经网络构建、BP 神经网络训练和 BP 神经网络预测三步。[①]

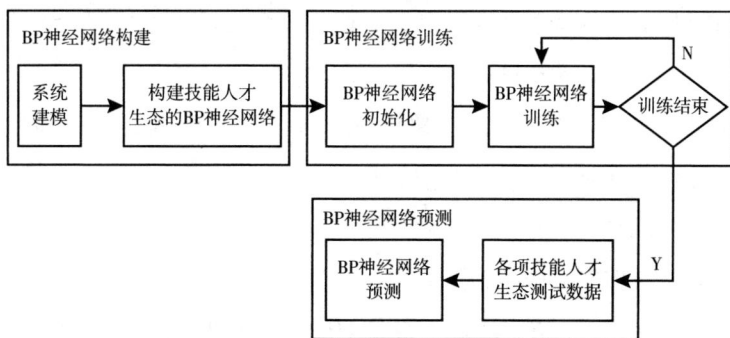

图 5-4 技能人才生态 BP 神经网络预测流程

资料来源：笔者依据资料绘制。

---

① Q. Liu, S. X. Liu, G. Y. Wang, S. Y. Xia, "Social Relationship Prediction across Networks Using Tri-Training BP Neural Networks" *Neurocomputing* 401, 2020: 377-391.

1. BP 神经网络构建

根据非线性函数的特性来构建 BP 神经网络，包括确定网络的输入层、隐藏层和输出层的节点数及它们之间的连接。网络结构的设计需要考虑非线性函数的复杂性，以便更好地捕捉其非线性关系。

2. BP 神经网络训练

使用非线性函数的输入和输出数据来训练神经网络。将大量的数据输入网络，通过调整网络内部的权重和偏差来拟合非线性函数。训练的目标是使神经网络能够准确地预测输出的非线性函数。训练过程通常需要多轮迭代，以不断提高网络的性能。[①]

3. BP 神经网络预测

训练好的 BP 神经网络可以用于预测非线性函数的输出。将新的数据输入网络，使用网络生成的函数来预测输出结果。这些预测结果可以用于分析非线性函数的性质和趋势，以便更好地理解非线性关系。[②]

此外，为了验证神经网络的性能，通常会从非线性函数中随机选择一部分数据作为训练数据，同时保留一部分数据用于测试网络的拟合性能。这有助于确保神经网络基于新输入的数据准确预测非线性函数的输出。BP 神经网络的非线性函数拟合算法流程包括网络构建、网络训练和网络预测三个关键步骤，以便更好地理解和预测非线性函数的行为。

（二）MATLAB 实现过程

本部分以"技能人才生态"总指标为例，进行 BP 神经网络预测过程的介绍，具体代码如下：

clear；*clc*；

%处理后的数据，构建训练模型

data = [0　　　　0.0252　　　0.0550　　　0.1104　　　0.1480

---

① C. Zhang, "Constructing Financial Information Security Model Based on Pca and Optimized Bp Neural Network," *IETE Journal of Research*, 2021.

② L. Zhang, F. L. Wang, T. Sun, B. Xu, "A Constrained Optimization Method Based on Bp Neural Network," *Neural Computing & Applications* 29, No. 2, 2018: 413–421.

$$
\begin{array}{ccccc}
0.0252 & 0.0550 & 0.1104 & 0.1480 & 0.2111 \\
0.0550 & 0.1104 & 0.1480 & 0.2111 & 0.3369 \\
0.1104 & 0.1480 & 0.2111 & 0.3369 & 0.5482 \\
0.1480 & 0.2111 & 0.3369 & 0.5482 & 0.6612 \\
0.2111 & 0.3369 & 0.5482 & 0.6612 & 0.7127 \\
0.3369 & 0.5482 & 0.6612 & 0.7127 & 0.7598 \\
0.5482 & 0.6612 & 0.7127 & 0.7598 & 0.7720 \\
0.6612 & 0.7127 & 0.7598 & 0.7720 & 0.8274 \\
0.7127 & 0.7598 & 0.7720 & 0.8274 & 1.0000
\end{array}\,]
$$

$minValue = 320.9$；

$maxValue = 8338$；

$[\,rowLen，colLen\,] = size\,(\,data\,)$；

$train\_num = rowLen$；　　　　　% 训练样本数量

$hidden\_unit\_num = 9$；　　　　% 隐含层

$in\_dim = colLen-1$；　　　　　% 输入层

$out\_dim = 1$；　　　　　　　% 输出层

$p = data\,(\,:，1：in\_dim\,)'$；　　% 输入数据矩阵

$t = data\,(\,:，colLen\,)'$；　　　% 目标数据矩阵

% 归一化

$[\,SamIn，PSp\,] = mapminmax\,(\,p，-1，1\,)$；

$[\,tn，PSt\,] = mapminmax\,(\,t，-1，1\,)$；

$SamOut = tn$；　　　　　　　% 输出样本

$MaxEpochs = 50000$；　　　　% 最大训练次数

$lr = 0.05$；　　　　　　　　% 学习率

$E0 = 1e-3$；　　　　　　　　% 目标误差

$rng\,('default')$；　　　　　% 初始化权值、阈值

$W1 = rand\,(\,hidden\_unit\_num，in\_dim\,)$；

% 初始化输入层与隐含层之间的权值

$B1 = rand \ (hidden\_ unit\_ num，1)；$

% 初始化输入层与隐含层之间的阈值

$W2 = rand \ (out\_ dim，hidden\_ unit\_ num)；$

% 初始化输出层与隐含层之间的权值

$B2 = rand \ (out\_ dim，1)；$

% 初始化输出层与隐含层之间的阈值

$ErrHistory = zeros \ (MaxEpochs，1)；$

%%%%%% 训练

$for i = 1：MaxEpochs$

$HiddenOut = logsig \ [W1 \times SamIn + repmat \ (B1，1，train\_ num)]；$

% 隐含层网络输出

$NetworkOut = W2 \times HiddenOut + repmat \ (B2，1，train\_ num)；$

% 输出层网络输出

$Error = SamOut - NetworkOut；$　　　　% 实际输出与网络输出之差

$SSE = sumsqr \ (Error)；$　　　　　　% 能量函数（误差平方和）

$ErrHistory \ (i) = SSE；$　　　　　% 记录每次学习的误差

$if \ SSE < E0$　　　　　　　% 如果达到误差阈值就退出

　　$break；$

end

% 以下六行是 BP 网络最核心的程序

% 权值（阈值）依据能量函数负梯度下降原理所作的每一步动态调整

$Delta2 = Error；$

$Delta1 = W2' \times Delta2 \times HiddenOut \times (1 - HiddenOut)；$

$dW2 = Delta2 \times HiddenOut'；$

$dB2 = Delta2 \times ones \ (train\_ num，1)；$

$dW1 = Delta1 \times SamIn'；$

$dB1 = Delta1 \times ones \ (train\_ num，1)；$

```
　　% 对输出层与隐含层之间的权值和阈值进行修正

W2 = W2+lr×dW2；

B2 = B2+lr×dB2；

　　% 对输入层与隐含层之间的权值和阈值进行修正

W1 = W1+lr×dW1；

B1 = B1+lr×dB1；

end

% 隐含层输出最终结果

HiddenOut = logsig ［W1×SamIn+repmat（B1，1，train_ num）］；

% 输出层输出最终结果

NetworkOut = W2×HiddenOut+repmat（B2，1，train_ num）；

% 反归一化

tFit = mapminmax（'reverse'，NetworkOut，PSt）；

x = 1：10；　　% 序列

subplot（2，1，1）；

plot（x，t，'r-o'，x，tFit，'b-- * '）；

xlabel（'序列'）；

ylabel（'数值'）；

% 利用训练好的网络进行预测

% 滚动预测后续5年，每次预测1年

ForcastSamNum = 1；

preP = zeros（1，5）；

pNew = data（end，2：end）'；　　% 最后一行是输入，竖着排

fori = 1：5

　　pnew = pNew；

　　% 归一化，表示学习数据的最大值或最小值

　　pnewn = mapminmax（'apply'，pnew，PSp）；

HiddenOut = logsig ［W1×pnewn+repmat（B1，1，ForcastSamNum）］；
```

```
% 隐含层输出预测结果
anewn = W2×HiddenOut+repmat（B2，1，ForcastSamNum）；
% 输出层输出预测结果
% 反归一化
anew = mapminmax（'reverse'，anewn，PSt）；
preP（i）= anew；        % 保存预测值
pNew = [pNew（2：end）；anew]；      % 新预测的值作为下一次的输入
end
% 两条线画一起
hold on
plot（11：15，preP，'b--s'）；
legend（'真实值'，'拟合值'，'预测值'，'Location'，'northwest'）；
hold off
subplot（2，1，2）；
plot（x，tFit-t，'--o'）；
hold on
plot（x，abs（tFit-t）./t，'--*'）；
hold off
legend（'绝对误差'，'相对误差'）；
xlabel（'序列'）；
ylabel（'绝对误差'）；
```

到此代码部分结束，必要的解释和标注已在代码中标示。由于篇幅有限，不再一一展示各项技能人才生态的代码过程。

三　仿真模拟结果与分析

（一）技能人才生态

依据技能人才生态的数值模拟结果和误差预测结果，技能人才生态的发展呈现出稳步提升趋势。预测值、真实值和拟合值的总体拟合情况较好。依据数值结果，0～5期是技能人才快速提升阶段，5～10期是平缓提升阶段，并且在10期后有明显提升。

通过对技能人才生态的数值模拟结果和误差预测数据的综合分析，可以明确观察到技能人才生态呈现出稳步提升的状态。可以通过比较预测值、真实值和拟合值之间的关系来解释这一趋势的意义。总体而言，这三个值之间的拟合情况较好，说明数值模拟和预测模型在反映技能人才生态的发展趋势上具有较高的准确性。

依据数值结果，可以将技能人才生态分为不同发展阶段，这些阶段在0～10期内得以展现。首先，0～5期为技能人才快速提升阶段，表明在早期技能人才的数量和质量都显著提高。这可能是得益于技工院校和培训中心的快速发展，以及政策的大力支持。人才的培育生态经历了一个高速成长的过程。

其次，5～10期是平缓提升阶段，表明技能人才生态的增长速度有所减缓，但仍然保持在相对稳定的水平上。这可能是由于一些局限性因素的出现，或者生态系统已经达到了某种平衡状态。然而，技能人才的培育和发展趋势仍然是向上的，表明技能人才仍然受到高度的关注和支持。

最后，在10期后，可以观察到技能人才生态发展水平明显提升。这可能是由于一些新的发展因素或政策的出现，或者技工院校和培训机构的改进。这可能代表了技能人才生态进入新的发展阶段，发展速度重新加快。

（二）培育生态

依据技能人才培育生态的数值模拟结果和误差预测结果，技能人才培育生态呈现出稳步提升状态。预测值、真实值和拟合值的总体拟合情况较好。依据数值结果，0～5期是技能人才快速提升阶段，5～10期是平缓提升阶段，预测值则是在10期后仍呈现出平缓增长趋势。

首先，0～5期是技能人才快速提升阶段，意味着在初期技能人才的数量和质量都显著提高。这可能是得益于技工院校和培训中心的发展，以及政策的推动。

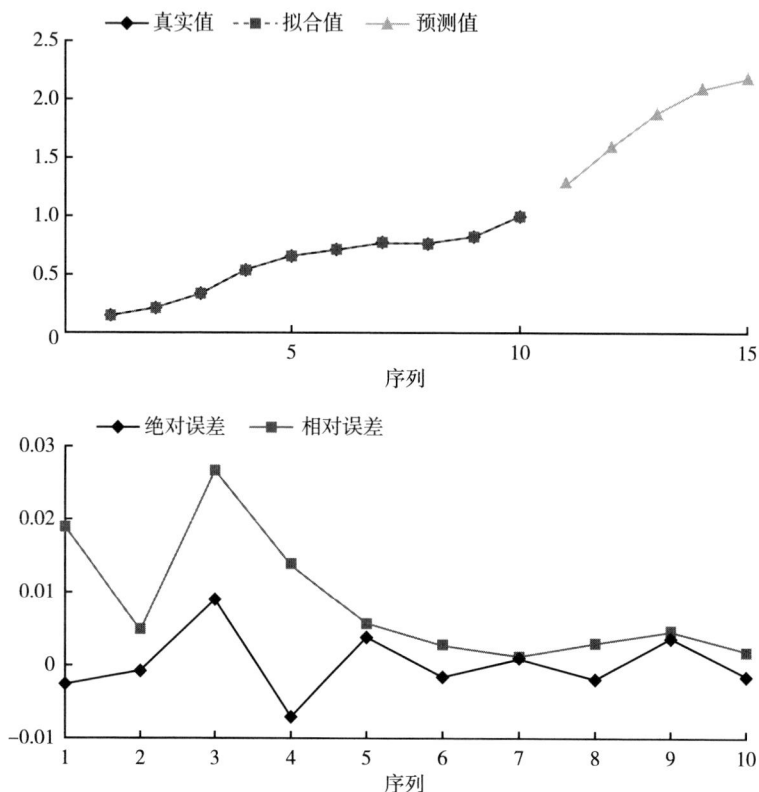

图 5-5　技能人才生态模拟预测结果

资料来源：依据 Matlab 软件绘制。

其次，5~10 期则是平缓提升阶段，表明技能人才培育生态增长速度有所减缓，但仍然保持在相对稳定的水平上。这可能是由于一些限制因素的出现，或者已经达到了某种平衡状态。然而，技能人才培育生态的总体趋势仍然是向上的，说明技能人才的培育和发展仍然受到高度关注和支持。

最后，根据预测值，可以看到在 10 期后，技能人才培育生态仍然呈现出平缓增长的趋势。这预示着技能人才的培育生态将在未来保持相对稳定的状态，而不太可能出现急剧的波动。这对于制定规划和战略来说是有价值的信息，可以帮助政府、教育机构和产业界更好地了解技能人才培育生态的发展趋势。

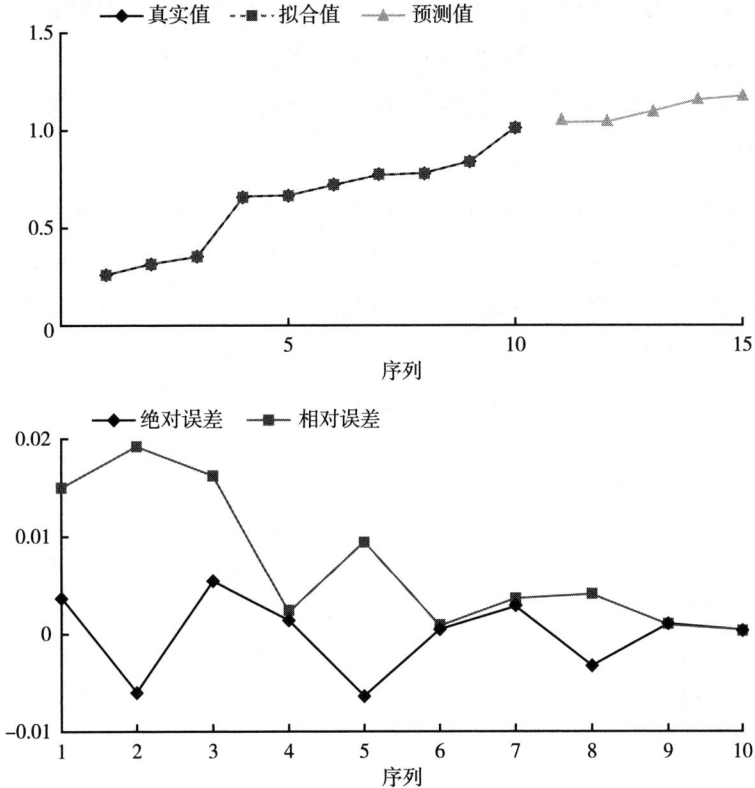

图 5-6　培育生态模拟预测结果

资料来源：依据 Matlab 软件绘制。

（三）动能生态

　　依据技能人才动能生态的数值模拟结果和误差预测结果，技能人才动能生态呈现出波动提升状态。预测值、真实值和拟合值的总体拟合也呈现波动趋势。依据数值结果，0～5 期是技能人才波动且快速提升阶段，5～10 期是平缓提升阶段。预测值是在 10 期后呈现出先降后增的态势。

　　首先，0～5 期是技能人才波动且快速提升的阶段。这表明在早期技能人才动能生态经历了波动增长的过程。这可能是由技能需求和供应的波动，以及不同领域技能人才发展速度差异所引起的。

　　其次，5～10 期是相对平缓的提升阶段。在这个阶段，技能人才动能生态的增长速度有所减缓，但仍然保持在相对平稳的水平上。这可能是由于生态系统已经适应了前期的波动，技能供应和需求趋于平衡。

最后，在 10 期后，可以观察到技能人才动能生态出现了先降后增的趋势。这可能是由于一些新的发展因素、政策或市场变化，技能人才动能生态再次出现波动并随后迅速提升。综上所述，通过数值模拟和预测分析，可以更好地理解技能人才动能生态的发展趋势。这不仅有助于政府和教育机构更好地规划资源和调整政策，以适应不断波动的市场需求，也有助于确保技能人才的培养和发展能够适应不断变化的环境。这种定量分析方法为技能人才动能生态的未来规划提供了有力的支持和决策参考。

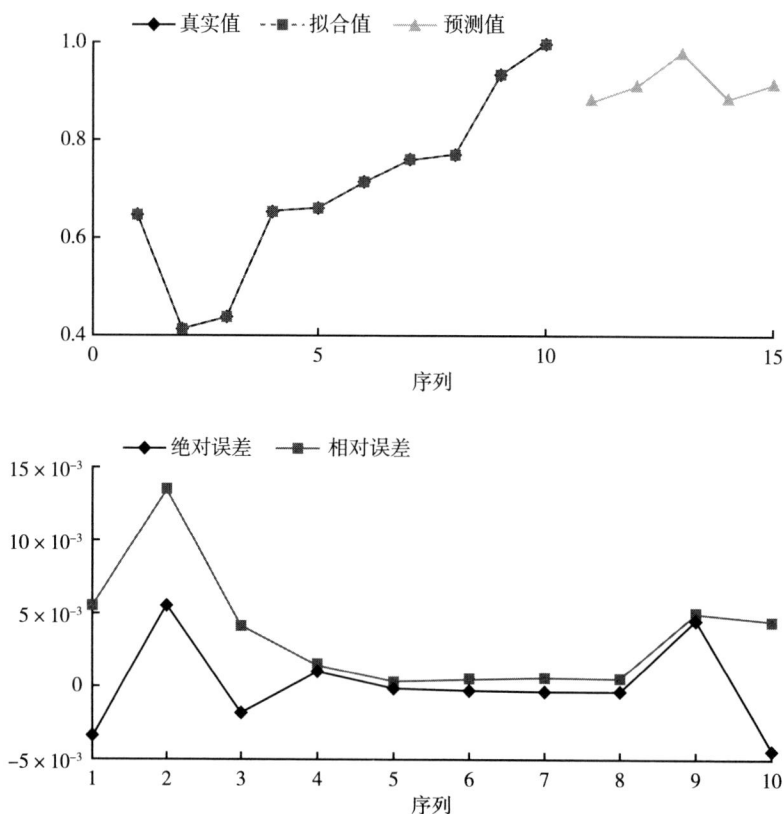

图 5-7　动能生态模拟预测结果

资料来源：依据 Matlab 软件绘制。

（四）势能生态

依据技能人才势能生态的数值模拟结果和误差预测结果，技能人才势能生态在波动中提升。预测值、真实值和拟合值的总体拟合也反映出波动趋势。依据数值结果，0～5 期是技能人才快速提升阶段，5～10 期是平缓提升阶段。预测值则是在 10 期后呈现出增长态势。

首先，0～5 期是技能人才快速提升阶段。在初期技能人才势能生态快速提升。这可能是由于技能人才培育需求迅速增长，以及相关产业的创新发展。

其次，5～10 期是平缓提升阶段。在这个阶段，技能人才势能生态的增长速度减缓，但仍然保持在相对平稳的水平上。这表明势能生态进入了相对平稳的发展期，市场和产业适应了新的技能人才要求。

最后，在 10 期后，可以观察到技能人才势能生态出现了增长趋势。这表明技能人才势能生态在长期内保持稳步上升，这可能是多种因素的推动，包括政策支持、科技创新和市场需求的变化。

综上所述，通过数值模拟和预测分析，可以更好地理解技能人才势能生态的发展趋势。这不仅有助于政府和产业部门更好地规划资源和调整政策以适应市场需求，也有助于确保技能人才的势能生态能够适应不断变化的市场环境。

（五）创新生态

依据技能人才创新生态的数值模拟结果和误差预测结果，技能人才创新生态在波动中提升。预测值、真实值和拟合值的总体拟合也呈现波动趋势。依据数值结果，0～5 期是技能人才波动且快速提升阶段，5～10 期同样是在波动中提升阶段。预测值则是在 10 期后呈现出平缓态势，增长趋势不明显。

首先，0～5 期是技能人才创新生态波动且快速提升阶段。在早期技能人才创新生态明显波动且快速提升。这种波动可能是由于市场和产业需求的不断变化，以及创新机会的涌现。

其次，5～10 期同样是波动且提升阶段。在这个阶段技能人才创新生态

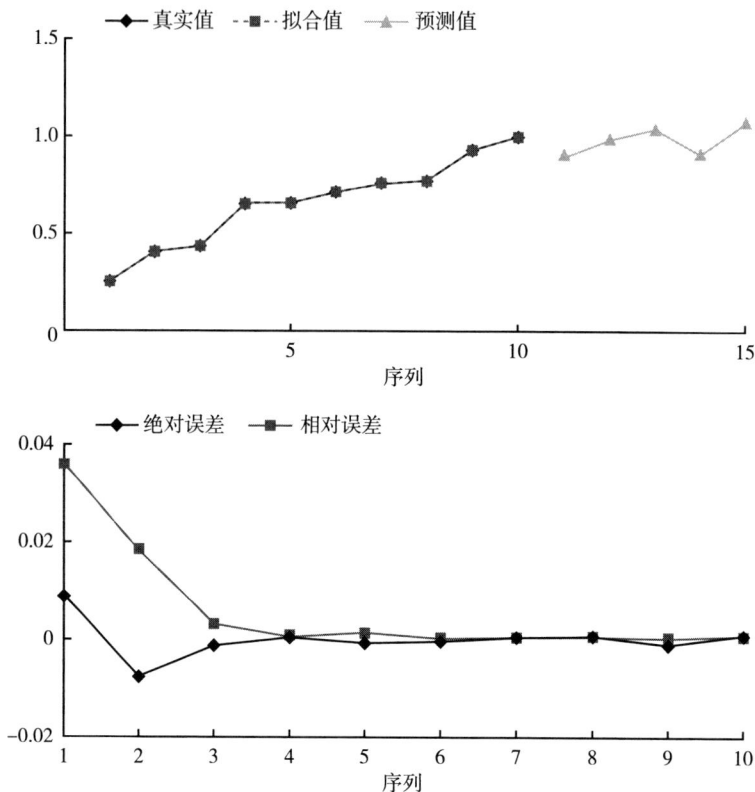

图 5-8   势能生态模拟预测结果

资料来源：依据 Matlab 软件绘制。

的增长速度相对平稳，但仍然有所波动。这表明技能人才创新生态处于相对不稳定期，需要适应市场的波动。

最后，在 10 期后，可以观察到预测值呈现出平缓态势，增长趋势不再明显。这表明技能人才创新生态的增长在长期内变得相对平稳，可能受到市场饱和与创新机会减少的影响。

综上所述，通过数值模拟和预测分析，可以更深刻地了解技能人才创新生态发展趋势。这不仅有助于政府和产业部门更好地调整政策和配置资源，以应对市场波动，还有助于技能人才的创新能力持续提升，促进经济可持续发展。

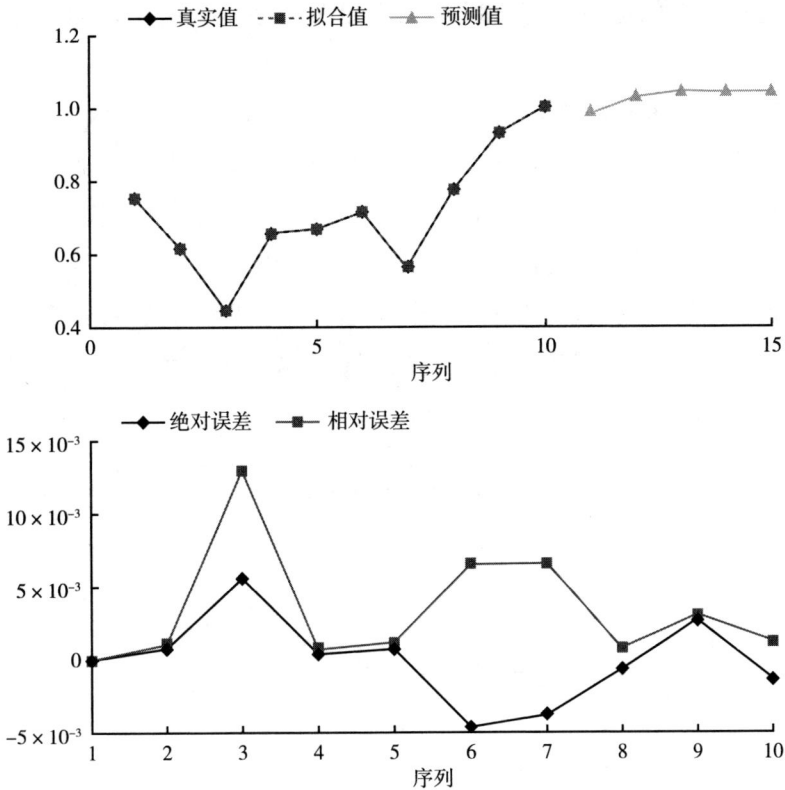

图 5-9　创新生态模拟预测结果

资料来源：依据 Matlab 软件绘制。

（六）服务与支持生态

依据技能人才服务与支持生态的数值模拟结果和误差预测结果，技能人才服务与支持生态在波动中提升。预测值、真实值和拟合值的总体拟合也呈现波动趋势。依据数值结果，0~5 期是技能人才波动且快速提升阶段，5~10 期同样是波动且提升阶段。预测值则是在 10 期后呈现出平缓增长态势。

首先，在 0~5 期，技能人才服务与支持生态在波动中快速提升。这反映了众创空间等创新生态的蓬勃发展态势。众创空间作为创新创业的重要场所，为技能人才提供了培训支持，促进了创新创业。同时，支持政策的不断优化也在这一阶段产生了显著的效应，使更多的人才创新创业。

其次，5~10期同样是在波动中提升阶段，表明技能人才服务与支持生态保持了增长势头，但增长速度相对平缓。这一阶段可能与众创空间和人才支持政策的持续推进有关。众创空间逐渐形成了一定的发展规模，而支持政策可持续鼓励技能人才创新创业。

最后，在10期后，可以观察到预测值呈现出平缓增长态势。这是由于达到一定饱和度后，服务与支持生态增长速度减缓。此时，人才支持政策和众创空间需要进一步优化，以应对新的挑战。

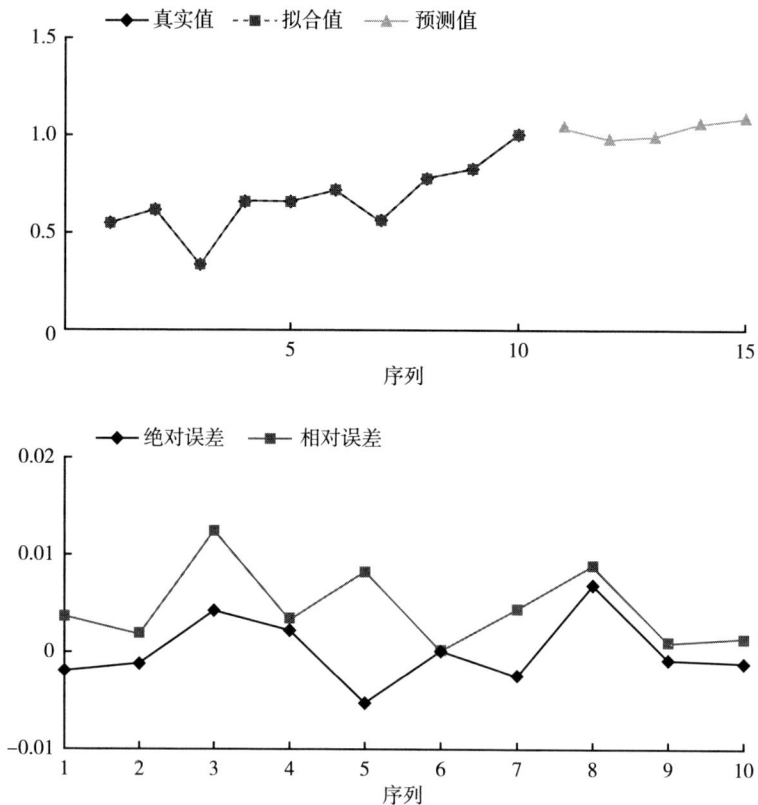

图 5-10 服务与支持生态模拟预测结果

资料来源：依据 Matlab 软件绘制。

第五节　本章小结

从技能人才生态角度出发，通过构建综合的评价指标体系，采用熵值法计算各指标的权重，对数字时代的技能人才生态进行全面评估。以下是主要观点和结论。

技能人才生态评价指标体系方面，构建的技能人才生态评价指标体系包括培育生态、势能生态、动能生态、服务与支持生态、创新生态。这个体系有助于深入了解技能人才的不同方面。

评价结果方面，基于熵值法的权重分析得出了技能人才生态的综合评价结果。不同的生态表现不同：培育生态发展相对较好，势能生态中技能人才的经济贡献优势明显，动能生态中产值增速的表现较为突出，服务与支持生态中政策支持力度较大，创新生态中数字化转型趋势明显。

Hopfield 神经网络评价方面，采用 Hopfield 网络对技能人才生态进行评价，得出了生态等级评价结果。培育生态为"优"，势能生态为"良"，动能生态为"一般"，服务与支持生态为"一般"，创新生态为"差"。这一评价结果在一定程度上反映了技能人才生态现状。

技能人才生态的模拟与预测方面，利用数值模拟和误差预测分析，探讨了不同生态的发展趋势。总体而言，各类技能人才生态呈现出稳步提升态势，处于不同的发展阶段，包括快速提升、平缓提升及再次提升等。这有助于政府、教育机构和产业界更好地了解未来技能人才发展趋势，制定更精准的政策和规划。

第六章　数字时代分行业技能人才生态的
变化趋势与经济贡献

上文完成了对技能人才生态的评价和评级结果分析，本章关注数字时代技能人才生态的应用效果，重点探索和分析数字时代技能人才生态的经济贡献，主要包括如下 3 个方面：一是数字化转型对技能人才生态的影响，尝试探索数字化转型对技能人才的培育生态、势能生态、动能生态、创新生态等的影响；二是数字时代技能人才生态对制造业的经济贡献，探索技能人才生态对制造业的影响；三是数字时代技能人才生态对关联行业的经济贡献，分析技能人才生态对上下游相关行业的影响。

第一节　数字时代分行业技能人才生态的变化趋势

为进一步探索数字化转型对技能人才生态的影响。本节将借助面板数据的脉冲响应模型（PVAR 模型），实证探索数字化转型对各项技能人才生态的影响趋势和效果。现有研究中，分析技能人才数量、存量、增速变化对制造业影响的文献相对较多，而分析技能人才生态对产业或行业的经济贡献的文献相对较少。本节所构建的技能人才生态评价指标体系有利于探索数字时代技能人才生态对产业或行业的经济贡献。技能人才主要分布的行业如表 6-1 所示。

表 6-1　技能人才主要分布行业

序号	行业	具体描述
1	信息技术和软件	通常需要大量的技能人才,包括软件开发人员、数据科学家、网络工程师和安全专家。这些人才通常分布在科技公司、软件开发企业和互联网公司
2	金融和金融技术	对金融工程和数据分析等技能人才有较大需求。金融科技公司也需要技术和金融专业人才
3	制造	需要工程师、技术员、自动化工程师和生产人员等技能人才。制造业涵盖从汽车制造到航空航天制造等不同领域
4	零售和电子商务	需要电子商务专家、市场营销人员、数据分析师和客户服务人员
5	教育	需要教师、教育技术专家、学术研究人员和教育管理专业人才
6	媒体和娱乐	需要创意人才、编程人员、数字营销专家和影视制作人员
7	建筑和房地产	需要建筑师、土木工程师、房地产经纪人和施工人员等

　　考虑到数据的可得性,本节将从信息技术服务业、金融业、制造业、文化体育和娱乐业、建筑业共 5 个主要行业展开异质性分析。

　　表 6-2 为模型的主要变量、各变量的测度方法和数据来源,被解释变量为培育生态、势能生态、动能生态、创新生态、服务与支持生态。核心解释变量为数字化转型,由"信息化发展""互联网发展""数字交易发展"三项指标合成。控制变量为各项产业增加值等。

表 6-2　模型变量、测度及数据来源

分类	变量	测度指标	数据来源
被解释变量	培育生态 势能生态 动能生态 创新生态 服务与支持生态	详见第五章的指标体系构建	2010～2022 年各省份统计年鉴、各省份的国民经济和社会发展统计公报、统计局官方数据等
核心解释变量	数字化转型	由"信息化发展""互联网发展""数字交易发展"三项指标合成	

续表

分类	变量	测度指标	数据来源
控制变量	固定资产投资总额	全社会固定资产投资（万元）	
	第一产业产值	第一产业增加值（万元）	
	外商投资企业投资	外商投资企业投资总额（万元）	
	信息技术服务业	信息技术服务业增加值（万元）	
	金融业	金融业增加值（万元）	
	制造业	制造业增加值（万元）	
	文化体育和娱乐业	文化体育和娱乐业增加值（万元）	
	建筑业	建筑业增加值（万元）	

一 变量和数据来源

为保持数据的一致性，前文构建的技能人才生态评价指标体系为省级层面数据，为此"数字化转型"的测度也将采用省级层面数据。

借鉴国内学者针对中国数字经济的测算方法，计算省级经济数字化转型程度。[①] 选取 2010~2022 年全国 31 个省、自治区和直辖市的数据，其中各省份的数字化转型由"信息化发展""互联网发展""数字交易发展"三项指标合成而得，数据来源为各省份的统计年鉴、统计部门官网等，具体计算步骤如下。

要构建省级数字化转型综合指数，就需对"信息化发展""互联网发展""数字交易发展"三项原始数据进行标准化处理。采用熵值法，确定评价体系中各指标的权重；采用多目标线性加权函数法，对指标进行加权处理，得到各省份综合指数与各准则层指数。

同时，针对技能人才生态的测算同样采用省级数据（指标和测算方法详见第五章），进而得到培育生态、势能生态、动能生态、创新生态等指标值。

---

① 刘军、杨渊鋆、张三峰：《中国数字经济测度与驱动因素研究》，《上海经济研究》2020 年第 6 期，第 81~96 页；许宪春、张美慧：《中国数字经济规模测算研究——基于国际比较的视角》，《中国工业经济》2020 年第 5 期，第 23~41 页；张勋、万广华、张佳佳等：《数字经济、普惠金融与包容性增长》，《经济研究》2019 年第 8 期，第 71~86 页。

二　模型构建及检验

（一）模型构建

脉冲响应模型（PVAR 模型）是一种时间序列分析方法，通常用于描述和预测经济数据的变化趋势。PVAR 模型具有以下优势。一是能够处理多变量数据。PVAR 模型允许同时考虑多个变量之间的关系。这使得它在分析具有复杂相互关系的数据时非常有用，例如宏观经济模型中各种指标之间的相互作用。二是捕捉动态效应。PVAR 模型基于滞后阶数，可用于捕捉时间序列数据的短期和长期动态效应。这使得它能够分析数据中的短期冲击和长期趋势，从而提供更全面的信息。三是非结构化数据处理。PVAR 不需要对数据做出强假设，如线性关系或正态分布。因此，它可以用于分析各种类型的数据，包括非平稳、非线性或异方差性的数据。四是结构变化检测。PVAR模型可以用于检测时间序列数据中的结构性变化，例如政策改变、金融危机等。这有助于理解这些变化如何影响经济和金融变量之间的关系。五是预测能力。PVAR 模型可以用于进行短期和中期的预测，帮助决策者更好地理解未来趋势和波动，以作出恰当的决策。

基于上述考虑，加上数字化转型对技能人才生态的影响具有一定程度的滞后性，为了便于观察数字化转型对技能人才生态的影响的变化趋势，本节通过构建脉冲响应模型对数据进行分析。构建的模型公式如下。

$$Y_{it} = \theta_0 + \sum_{j=1}^{n} \theta_j Y_{i,t-j} + \mu_i + \nu_t + \varepsilon_{it}$$

式中，Y_{it} 为 1×3 阶列向量，包含培育生态、势能生态、动能生态、创新生态、服务与支持生态 5 个内生变量。θ_0 则为截距项，j 为滞后阶数（充分模拟外部环境因素的滞后影响），θ_j 为滞后 j 阶的参数矩阵。μ_i 为个体固定效应，ν_t 为个体时点效应，ε_{it} 为随机扰动项。

（二）模型检验

为防止出现伪回归，进行 PVAR 模型回归之前，需对数据进行单位根检验，保证所有变量都能够通过平稳性检验。采用 LLC 检验方法和 PP 检验方法对模型中的变量进行平稳性检验，检验结果表明培育生态、势能生态、动能生态、创新生态等变量均拒绝原假设，即均通过了平稳性检验，可以进一步建立 PVAR 模型进行实证研究。检验结果如表 6-3 所示。

表 6-3　单位根检验

变量	LLC 检验		PP 检验		结果
	LLC 检验值	P 值	PP 检验值	P 值	
培育生态	−35.225	0.000***	998.224	0.000***	平稳
势能生态	−23.155	0.000***	1022.657	0.000***	平稳
动能生态	−49.748	0.000***	1985.110	0.000***	平稳
创新生态	−36.902	0.000***	1695.558	0.000***	平稳
服务与支持生态	−23.152	0.000***	1125.708	0.000***	平稳

注："***"表示相关系数在 1% 水平上显著。

再进一步参数估计之前，需确定模型的最优滞后阶数，保证参数估计的准确性。在滞后阶数的选取上，PVAR 模型包含 5 个变量，若选择滞后阶数较大的模型，可能会导致在参数估计过程中损失较多的自由度，估计结果不够精确。

表 6-4　最优滞后阶数

LAG	培育生态			势能生态			服务与支持生态		
滞后阶数	AIC	BIC	HQIC	AIC	BIC	HQIC	AIC	BIC	HQIC
1	13.344	14.490	13.808	−1.221*	−0.076*	−0.757*	1.211*	2.355*	1.675*
2	2.709	4.083	3.267	−0.827	0.548	−0.269	1.479	2.854	2.037
3	1.129*	2.813*	1.813*	−0.558	1.126	0.126	2.196	3.875	2.886
4	2.382	4.506	3.24	—	—	—	1.829	3.946	2.679

LAG	动能生态			创新生态					
滞后阶数	AIC	BIC	HQIC	AIC	BIC	HQIC			
1	0.305*	1.451*	0.770*	0.518*	1.663*	0.982*			
2	0.949	2.324	1.508	0.864	2.238	1.422			
3	2.756	4.439	3.440	1.562	3.245	2.245			

注："*"表示对应的阶数即在该准则下的最优滞后阶数。

依据表 6-5 结果，其中培育生态和服务与支持生态的最优滞后阶数为 LAG（4），势能生态、动能生态、创新生态三项技能人才生态的最优滞后阶数均为 LAG（3），故后续的 PVAR 模型大概也将采用最优滞后阶数进行估计和分析。

表 6-5　描述性统计

变量	观测变量	均值	标准差	最小值	最大值
year	372	2016.5	2.295	2010	2022
数字化转型	372	-1.524	1.020	-2.617	5.737
创新生态	372	5.570	1.035	2.416	7.969
动能生态	372	8.831	1.058	5.601	10.697
势能生态	372	6.556	0.366	5.420	7.322
培育生态	372	2.348	0.952	-0.783	3.587
服务与支持生态	372	5.466	0.866	3.051	7.569

注：表中数值为取自然对数后的结果。

依据描述性统计分析结果，本研究数据为 2010~2022 年 31 个省区市的面板数据，观测变量为 372。数字化转型指标的均值为-1.524，最大值为 5.737，最小值为-2.617，标准差为 1.020。培育生态指标的均值为 2.348，最大值为 3.587，最小值为-0.783，标准差为 0.952。势能生态指标的均值为 6.556，最大值为 7.322，最小值为 5.420，标准差为 0.366。动能生态指标的均值为 8.831，最大值为 10.697，最小值为 5.601，标准差为 1.058。创新生态指标的均值为 5.570，最大值为 7.969，最小值为 2.416，标准差为 1.035。服务与支持生态指标的均值为 5.466，最大值为 7.569，最小值为 3.051，标准差为 0.866。其中，势能生态变化最为稳定，动能生态变化最大。

三　数字时代技能人才生态的变化

（一）数字化转型对培育生态的脉冲响应结果

依据图 6-1 数字化转型对培育生态的脉冲影响结果，"IRF of 数字化转型 to 培育生态"表示数字化转型对培育生态的影响。观察影响结果，数字化转型对培育生态的影响趋势线并不在合理的置信区间内，数字化转型对培育生态的影响并不显著，说明技能人才培育生态通常需要一定时间来适应新的需求，数字化转型可能需要更多的时间才能真正改变整个生态。

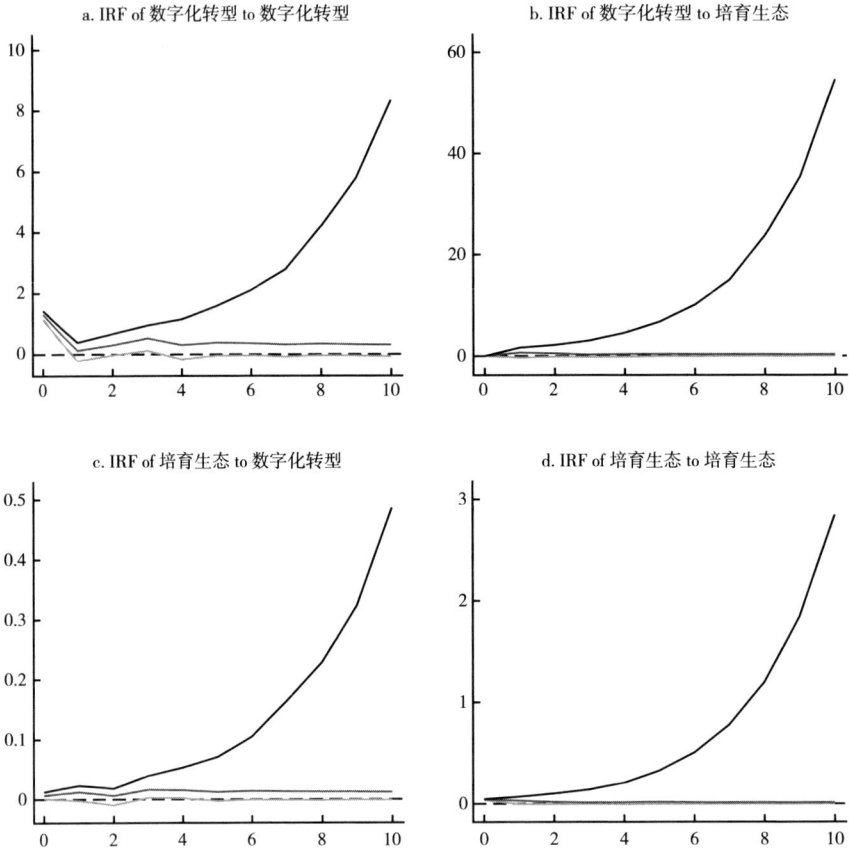

图 6-1 数字化转型对培育生态的脉冲影响结果

注：Errors are 5% on each side generated by Monte-Carlo with 200 reps。图中上下两条曲线为置信区间，中间的曲线表示给予一个单位的正向冲击时相应对象的单位变化情况，下同。

资料来源：运用 Stata16.0 计算得到。

另外，数字化转型的影响可能更多地体现为教育体系的深层次变革，如教学方法、课程内容的更新，以及教育工具的改进，这是一个漫长的过程。

同时，教育体系的变化受到多种因素的影响，包括政策、资源、师资培训等，数字化转型只是其中的一个因素，其他因素也会影响教育体系的演变。

数字化转型对教育体系的深层次变革产生了广泛而深远的影响，其中教学方法、课程内容和教育工具等方面都有显著的更新和改进。一个典型的案例是芬兰，该国一直致力于通过数字化手段提升教育水平。芬兰注重学生参与和自主学习，数字化转型为其提供了更大的创新可能性。通过引入在线学习平台、数字教材和个性化学习工具，学生能够以更灵活的方式进行学习，根据自身需求调整学习进度。此外，美国的某些学校也在数字化转型中探索新的教学模式。例如，采用智能化教学系统，根据学生的学习风格和水平提供定制化的教学内容，以促进个性化学习。这种方法通过数据分析和人工智能技术，为学生提供更有针对性的教育支持。然而，教育体系的数字化转型并非一蹴而就，面临多方挑战。政策的制定和资源的投入是其中至关重要的一环。新加坡的教育数字化取得成功的一个原因是政府长期以来对教育科技的大力支持。政府投入资金，开展培训，推动学校采用数字技术，促进整个教育体系的变革。此外，师资队伍的培训也是数字化转型中的重要环节。英国通过在全国范围内实施师资培训计划，提高教师运用数字技术的能力，进一步推动教育体系改革。综合而言，数字化转型对教育体系的影响不只是技术工具的引入，更是对教育理念、教学方式和资源配置的全面重塑。在实际中，需要综合考虑政策、资源和师资培训等方面，确保数字化转型能够真正促进教育体系的可持续发展。

（二）数字化转型对势能生态的脉冲响应结果

依据图6-2数字化转型对势能生态的脉冲影响结果，"IRF of 数字化转型 to 势能生态"表示数字化转型对势能生态的影响。观察影响结果，当给予一个单位的数字化转型正向刺激，技能人才势能生态有显著的正向反馈，此种反馈在0~1期最大，随后减小，这说明了数字化转型对势能生态具有正向影响。

一方面，数字化转型通常伴随着新技术和工作方法的引入，这可能导致对新技能和知识的需求增加，而对现有技能的需求减少。这会影响到技能人

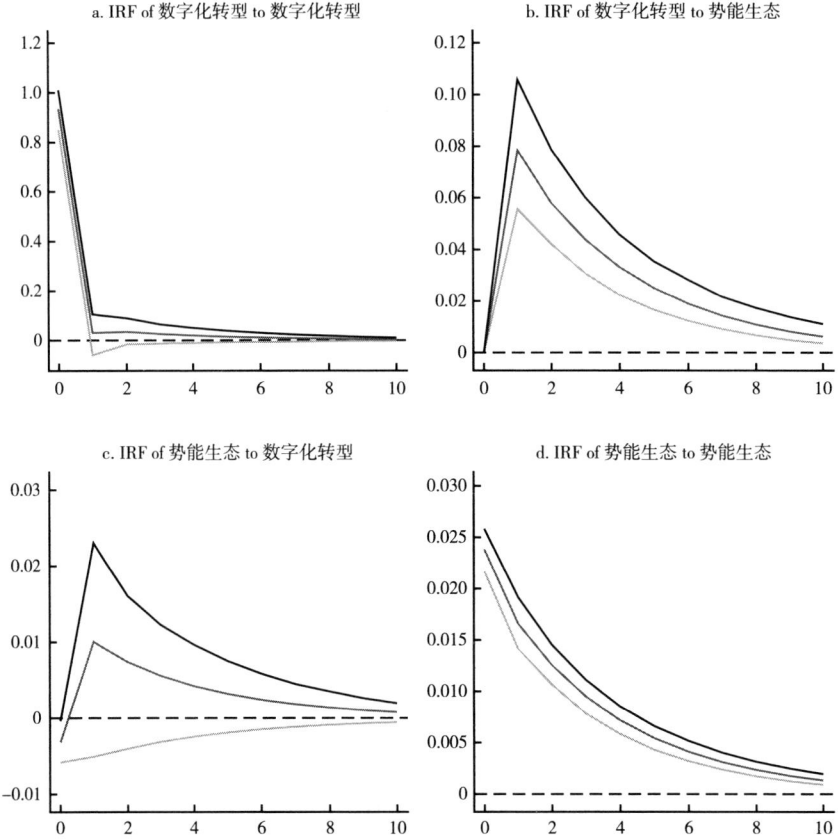

a. IRF of 数字化转型 to 数字化转型

b. IRF of 数字化转型 to 势能生态

c. IRF of 势能生态 to 数字化转型

d. IRF of 势能生态 to 势能生态

图 6-2　数字化转型对势能生态的脉冲影响结果

注：Errors are 5% on each side generated by Monte-Carlo with 200 reps.

资料来源：运用 Stata16.0 计算得到。

才存量，一些技能会变得不再那么重要，而另一些技能会变得更具价值。另一方面，数字化转型可以改变经济活动的本质，创造新的商机和市场。这也可以导致技能人才的经济贡献方式被重新定义。人才需要具备数字化技能，以更好地适应新经济模式，创造更大的经济价值。

（三）数字化转型对动能生态的脉冲响应结果

依据图 6-3 数字化转型对动能生态的脉冲影响结果，"IRF of 数字化转型 to 动能生态"表示数字化转型对动能生态的影响。观察影响结果，当给予一个单位的数字化转型正向刺激，技能人才动能生态有显著的正向反馈，此种反馈在 0~1 期最大，随后减小，这说明了数字化转型对动能生态具有正向影响。

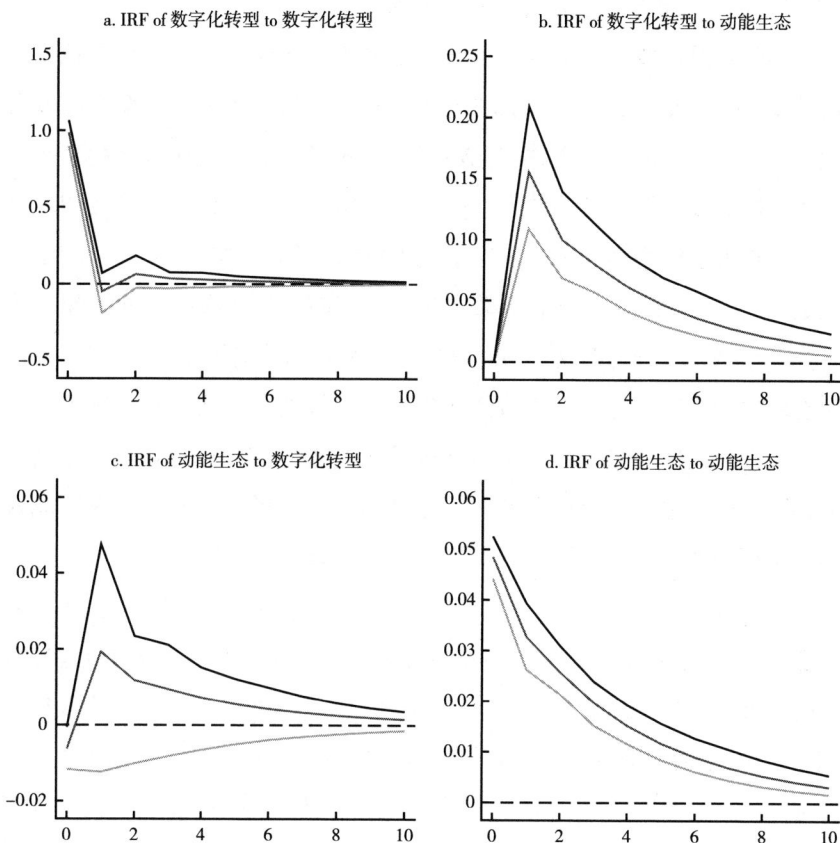

a. IRF of 数字化转型 to 数字化转型

b. IRF of 数字化转型 to 动能生态

c. IRF of 动能生态 to 数字化转型

d. IRF of 动能生态 to 动能生态

图 6-3 数字化转型对动能生态的脉冲影响结果

注：Errors are 5% on each side generated by Monte-Carlo with 200 reps。
资料来源：运用 Stata16.0 计算得到。

数字化转型通常需要更多的数字技术、数据科学和创新技能领域的人才，对技能人才的需求迅速增加，尤其是那些具备相关技能的人才。这可以促进技能人才的增加，尤其是数字化相关领域。在数字化转型过程中，通常会引入智能制造、自动化和数字化工艺，以提高产业效率和产值。因此，需要更多的技能人才来维护数字化设备和系统。同时，数字化转型可以推动新兴产业发展，也可能对传统产业产生冲击，导致产业活跃度发生变化，新兴产业迅速崭露头角，而一些传统产业将面临挑战。技能人才需要在新兴产业中寻找机会，进而影响产业活跃度。

数字化转型对技能人才的需求产生了显著的影响，尤其是数字技术、数据科学和创新技能领域。以新加坡为例，该国在推动数字化转型方面取得了巨大成功。新加坡在制造业数字化转型中引入了智能制造和数字化工艺，引发对数字技术和数据科学领域人才的极大需求。新加坡政府制订技能培训计划，设立相关学科的奖学金，培养了一大批数字领域的专业人才，满足了制造业数字化转型的需求。同时，数字化转型在新兴产业崛起方面也起到了关键的推动作用。以硅谷为例，该地区一直是科技和创新中心，数字化技术的快速发展推动了云计算、人工智能和生物技术等新兴产业兴起。这使得硅谷成为全球创新人才的聚集地，这些新兴领域的人才需求迅速增长。因此，数字化转型不仅促进了传统产业升级，也催生了新的经济增长点，对技能人才的需求也更加多元化。然而，数字化转型对传统产业可能会带来一定程度的冲击。例如，传统制造业在引入自动化和数字化工艺后，需要拥有更多的数字技能工人。一些传统产业需要进行结构性调整，寻找新的商业模式以适应数字时代的要求。在这一过程中，技能人才需要具备转型能力，以适应产业结构的调整。因此，数字化转型不仅影响了技能人才的数量需求，还对其技能结构和行业选择提出了更高的要求。在这个快速变化的数字时代，不断学习和掌握新技术成为技能人才保持竞争力的关键。

（四）数字化转型对创新生态的脉冲响应结果

依据图 6-4 数字化转型对创新生态的脉冲影响结果，"IRF of 数字化转型 to 创新生态"表示数字化转型对创新生态的影响。观察影响结果，当给予一个单位的数字化转型正向刺激，技能人才创新生态有显著的正向反馈，此种反馈在 0~1 期最大，随后逐渐减小，这说明数字化转型对创新生态具有正向影响。

数字化转型带来了技术的快速演进，这就需要创新产品和解决方案，以适应快速变化的环境，技能人才需要紧跟这些变化，以保持竞争力。这可能需要继续学习和发展新的技能，以适应新的数字化工具和平台要求。并且数字化转型下通常采用敏捷开发方法，鼓励快速迭代和试错。技能人才需要适应这种快节奏的工作方式，以更快地将创新成果推向市场。

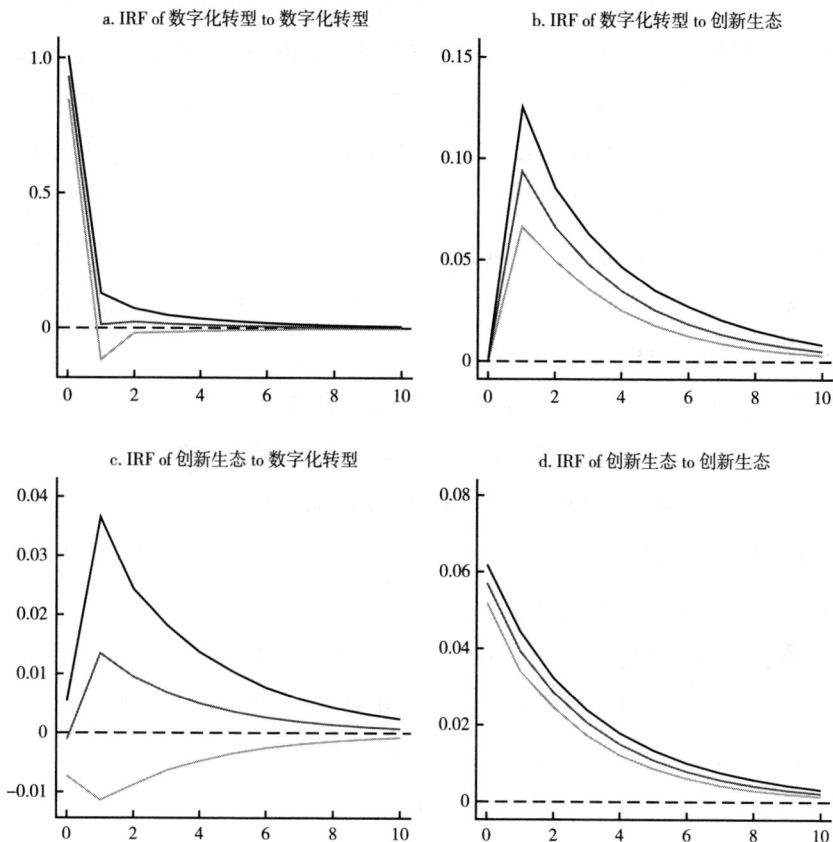

a. IRF of 数字化转型 to 数字化转型　　b. IRF of 数字化转型 to 创新生态

c. IRF of 创新生态 to 数字化转型　　d. IRF of 创新生态 to 创新生态

图 6-4　数字化转型对创新生态的脉冲影响结果

注：Errors are 5% on each side generated by Monte-Carlo with 200 reps。

资料来源：运用 Stata16.0 计算得到。

数字化转型所带来的技术快速演进和市场环境的变化，为技能人才提供了更多的机会。以美国科技公司 Amazon 为例，其在数字化转型中采用了敏捷开发方法，通过快速迭代和试错来推动创新。Amazon Web Services（AWS）作为其云计算服务的一部分，通过持续的创新提供各种云解决方案。在这个过程中，Amazon 强调员工的学习和发展，通过 AWS Training and Certification 提供丰富的资源，帮助员工学习云计算、人工智能和大数据等新技术。这种注重培训的文化使得 Amazon 的技能人才能够紧跟技术演进，提高在数字时代的竞争力。同样，在中国，阿里巴巴集团也在数字化转型中起到了积极的作用。阿里云作为云计算和数据智能服务平台，不断推出新产品和服务，助力企业数字化升级。阿里巴巴致力于打造数字经济基础设施，通过推动云计算、大数据、人工智能等技术的应用，推动行业创新。阿里巴巴通过培训和内部创新项目不断提升员工数字技能。公司提倡员工跨部门学习和协作，促进不同业务线之间的交流。这种文化有助于培养具备跨领域能力的技能人才，适应数字化转型下的多元化需求。总体而言，这些案例凸显了数字化转型对技能人才在学习、创新和适应能力等方面提出的新要求。通过积极参与培训、跨领域学习及项目，技能人才能够更好地适应数字化环境的较快工作节奏。这也为他们在数字时代的职业发展提供了更多的机遇。

（五）数字化转型对服务与支持生态的脉冲响应结果

依据图 6-5 数字化转型对服务与支持生态的脉冲影响结果，"IRF of 数字化转型 to 服务与支持生态"表示数字化转型对服务与支持生态的影响。观察影响结果，当给予一个单位的数字化转型正向刺激，技能人才服务与支持生态有显著的正向反馈，此种反馈在 0~1 期最大，随后逐渐减小，这个过程说明了数字化转型对服务与支持生态具有正向影响。

数字化转型对服务与支持生态的刺激，有利于激励数字化创业，鼓励初创企业和创业者积极投身数字领域。孵化空间和产业园区为这些初创企业提供了资源和基础设施，以便其开展创新性工作。同时政策对技能人才服务与支持生态予以支持，鼓励数字化转型，包括财政激励、税收优惠和资助项目，以支持技能人才在数字领域开展工作。

数字化转型对服务与支持生态的刺激，推动了数字经济的蓬勃发展。以硅谷为例，数字化转型催生了无数初创企业，众多的科技公司涌现，如谷歌、Facebook 等。在硅谷，孵化器和创业加速器扮演着培育初创企业的重要角色。Y Combinator 是最知名的孵化器之一，为初创企业提供启动资金、导

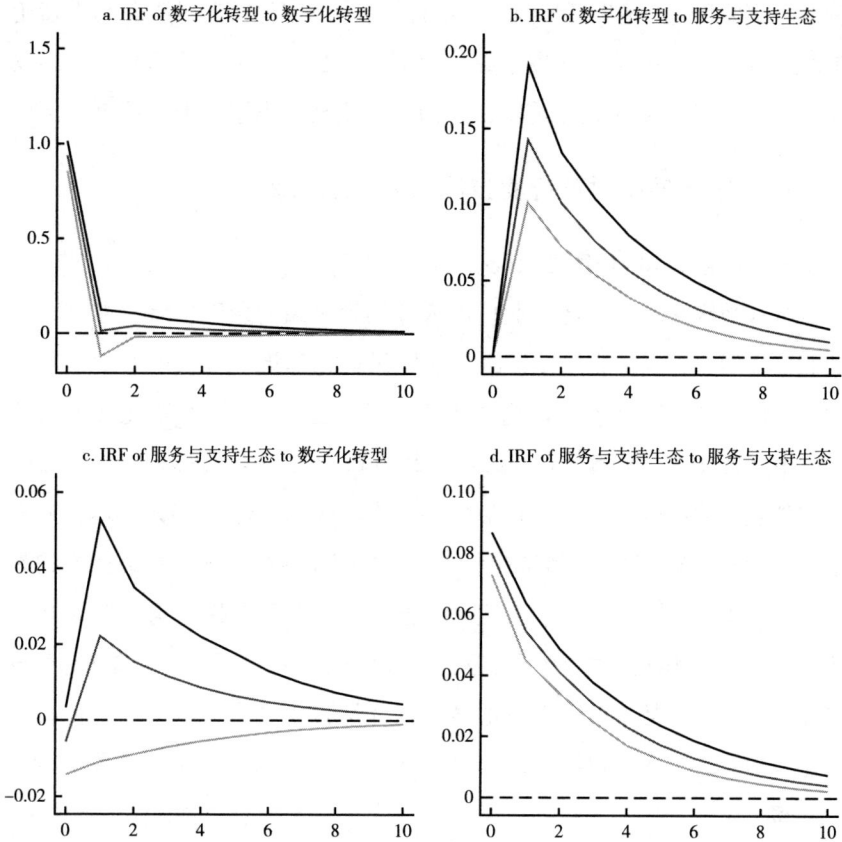

图6-5 数字化转型对服务与支持生态的脉冲影响结果

注：Errors are 5% on each side generated by Monte-Carlo with 200 reps。
资料来源：运用Stata16.0计算得到。

师指导和资源支持。这种服务与支持生态的刺激，使得创业者能够更容易地将创新转化为数字化产品和服务。同时，政府对数字化转型的支持也鼓励了技能人才参与数字化创业。例如，新加坡政府实施数字经济发展战略，采取了一系列措施，包括：设立 SGInnovate，致力于推动科技创新和数字化领域的发展；通过提供资金支持、开展创业培训和行业合作，积极助力技能人才在数字领域创业。此外，新加坡还采取了税收和财政激励措施，以吸引更多技能人才进行数字化创业。这些政策的实施为技能人才提供了支持，使其更愿意在数字领域进行创新和创业。综合而言，数字化转型对服务与支持生态的刺激，外加支持政策，促进了数字化创业。数字化创业的蓬勃发展不仅为技能人才提供了更多的职业选择，也为经济发展做出了积极的贡献。

四　数字化转型对各行业技能人才生态的影响

（一）培育生态的异质性表现

依据从数字化转型对各行业技能人才培育生态的影响来看，在信息技术服务业、金融业、制造业、文化体育和娱乐业、建筑业五大行业中，数字化转型对技能人才培育生态的影响均显著为正。在数值上，数字化转型对信息技术服务业技能人才培育生态的影响系数为 0.073，数字化转型对金融业技能人才培育生态的影响系数为 0.104，数字化转型对制造业技能人才培育生态的影响系数为 0.108，数字化转型对文化体育和娱乐业技能人才培育生态的影响系数为 0.143，数字化转型对建筑业技能人才培育生态的影响系数为 0.136。影响结果的大小排序为文化体育和娱乐业>建筑业>制造业>金融业>信息技术服务业，可见，在数字化转型下的技能人才培育生态中，对文化体育和娱乐业的影响最大，其次是建筑业，再次是金融业，最后则是信息技术服务业。

表 6-6　数字化转型对各行业技能人才培育生态的影响

技能人才培育生态	回归系数 （Coef.）	标准误 （Std. Err.）	T 值 （t）	P 值 （P>t）	置信区间 （95%Conf. Interval）	
信息技术服务业						
数字化转型	0.073	0.022	-3.320	0.001	0.030	0.116
信息技术服务业	-0.125	0.022	-5.720	0.000	-0.168	-0.082
外商投资企业进口总额	0.098	0.016	6.100	0.000	0.066	0.130
地方财政一般公共服务支出	1.172	0.044	26.620	0.000	1.085	1.258
金融业						
数字化转型	0.104	0.031	-3.400	0.001	0.044	0.164
金融业	-0.180	0.076	-2.360	0.019	-0.330	-0.030
外商投资企业进口总额	0.120	0.018	6.680	0.000	0.084	0.155
地方财政一般公共服务支出	1.130	0.074	15.270	0.000	0.984	1.275

续表

技能人才培育生态	回归系数 （Coef.）	标准误 （Std. Err.）	T 值 （t）	P 值 （P>t）	置信区间 （95％Conf. Interval）	
制造业						
数字化转型	0.108	0.022	-4.970	0.000	0.065	0.151
制造业	0.644	0.047	13.800	0.000	0.552	0.736
外商投资企业进口总额	-0.031	0.012	-2.560	0.011	-0.054	-0.007
地方财政一般公共服务支出	0.325	0.063	5.160	0.000	0.201	0.449
文化体育和娱乐业						
数字化转型	0.143	0.030	-4.800	0.000	0.084	0.202
文化体育和娱乐业	0.137	0.069	1.990	0.047	0.002	0.273
外商投资企业进口总额	0.069	0.014	4.920	0.000	0.042	0.097
地方财政一般公共服务支出	0.873	0.084	10.350	0.000	0.707	1.039
建筑业						
数字化转型	0.136	0.028	-4.840	0.000	0.080	0.191
建筑业	0.336	0.077	4.380	0.000	0.185	0.487
外商投资企业进口总额	0.064	0.012	5.300	0.000	0.040	0.088
地方财政一般公共服务支出	0.667	0.092	7.240	0.000	0.486	0.849

资料来源：依据 Stata16.0 软件数据结果。

首先，数字化转型对五大行业的技能人才培育生态都具有显著正向影响。这意味着数字化转型在各个行业中都有助于技能人才培养和发展，这与数字化转型为行业带来的技术变革和创新有关。

通过系数大小可以看出，各行业在受到数字化转型的影响方面存在差异。文化体育和娱乐业的系数最高，说明数字化转型对这一领域的技能人才培育生态影响最为显著。这可能是因为文化体育和娱乐业依赖于数字技术、内容创新和数字媒体等，对技能人才需求较大。建筑业、金融业、制造业以及信息技术服务业的系数反映了其受到数字化转型影响的相对强度。

文化体育和娱乐业依赖于数字技术和互联网，需要不断创新以满足消费者需求。数字化转型在文化体育和娱乐业中常常表现为内容创新、数字化媒体、虚拟现实的发展等，因此对具备创新能力的技能人才需求较大。

建筑业中的数字化转型可能表现为建筑信息模型（BIM）技术、智能建筑、建筑自动化等。建筑业越来越重视数字技术的应用，这可以解释其次序。

金融业中的数字化转型侧重于数据分析、风险管理和金融科技。数字化转型对金融业有积极影响但不大，可能是由于金融业更注重金融专业知识和风险管理，而不是技术创新。

信息技术服务业本身就是数字化的推动者，因此相对于其他行业，数字化转型对其技能人才培育生态的影响可能较小。信息技术服务业的专业人才通常具备数字技术方面的专业知识，对数字化转型的依赖度较低。

另外，考虑到市场竞争和需求变化，文化体育和娱乐业和建筑业通常受到的影响更大。这使它们更依赖于能快速适应技术和市场变化的技能人才。金融业对金融专业人才的需求仍然较大，这可能降低了数字化转型下其对技能人才的相对需求。信息技术服务业的专业人才已经在数字技术领域具备较强的技能，数字化转型对其影响略小。

（二）势能生态的异质性表现

从数字化转型对各行业技能人才势能生态的影响来看，在信息技术服务业、制造业、文化体育和娱乐业、建筑业四大行业中，数字化转型对技能人才势能生态的影响均显著为正，数字化转型对金融业技能人才势能生态的影响较小。

在数值上，数字化转型对信息技术服务业技能人才势能生态的影响系数为 0.018，数字化转型对制造业技能人才势能生态的影响系数为 0.037，数字化转型对文化体育和娱乐业技能人才势能生态的影响系数为 0.018，数字化转型对建筑业技能人才势能生态的影响系数为 0.028。影响结果的大小排序为制造业>建筑业>文化体育和娱乐业≒信息技术服务业，可见，数字化转型对技能人才势能生态下的制造业的影响最大，其后则是建筑业和文化体育和娱乐业等。

表6-7　数字化转型对各行业技能人才势能生态的影响

技能人才势能生态	回归系数 （Coef.）	标准误 （Std. Err.）	T 值 （t）	P 值 （P>t）	置信区间 （95%Conf. Interval）	
信息技术服务业						
数字化转型	0.018	0.007	2.470	0.014	0.004	0.033
信息技术服务业	0.025	0.007	3.410	0.001	0.011	0.040
外商投资企业进口总额	0.033	0.005	6.040	0.000	0.022	0.043
地方财政一般公共服务支出	0.337	0.015	22.690	0.000	0.308	0.366
金融业						
数字化转型	0.005	0.006	0.860	0.390	-0.007	0.018
金融业	0.191	0.016	12.000	0.000	0.160	0.222
外商投资企业进口总额	0.014	0.004	3.830	0.000	0.007	0.022
地方财政一般公共服务支出	0.224	0.015	14.490	0.000	0.193	0.254
制造业						
数字化转型	0.037	0.005	6.800	0.000	0.026	0.047
制造业	0.177	0.012	15.300	0.000	0.155	0.200
外商投资企业进口总额	0.017	0.003	5.690	0.000	0.011	0.023
地方财政一般公共服务支出	0.168	0.016	10.780	0.000	0.138	0.199
文化体育和娱乐业						
数字化转型	0.018	0.007	2.550	0.011	0.004	0.032
文化体育和娱乐业	0.123	0.016	7.570	0.000	0.091	0.155
外商投资企业进口总额	0.034	0.003	10.160	0.000	0.027	0.040
地方财政一般公共服务支出	0.237	0.020	11.910	0.000	0.198	0.276
建筑业						
数字化转型	0.028	0.007	4.150	0.000	0.015	0.041
建筑业	0.148	0.018	8.010	0.000	0.111	0.184
外商投资企业进口总额	0.039	0.003	13.540	0.000	0.034	0.045
地方财政一般公共服务支出	0.207	0.022	9.340	0.000	0.163	0.251

资料来源：依据 Stata16.0 软件数据结果。

数字化转型对金融业的影响较小。一方面，说明成熟度差异，金融业在数字化领域取得了相当的进展，因此数字化转型对金融业的影响相对较小。这一行业在信息技术和数据分析方面的发展已经相当成熟，不需要大规模的技能人才势能生态改变。另一方面，金融业侧重于金融专业知识，对金融专业人才和风险管理人才的需求仍然较大，与数字化转型不直接相关。因此，数字化转型可能对金融业的技能人才势能生态的影响相对不显著。

对制造业的影响最大，一定程度说明制造业正经历数字化转型的浪潮，包括工业 4.0 和物联网等相关应用。数字化转型在制造业中涉及自动化、智能制造、大数据分析等领域，需要具备高度技术专业知识的技能人才。另外供应链优化方面，数字化转型可以帮助制造业优化生产过程和库存管理，因此对技能人才势能生态的影响较大。这些改变可能需要工程师、数据分析师和物联网专家等。

对建筑业、文化体育和娱乐业、信息技术服务业的影响相对较小。建筑业的数字化转型方面，建筑业逐渐采用建筑信息模型（BIM）和智能建筑技术，从而对技能人才的需求增加。在建筑业中数字化转型可以提高项目效率和质量，对技能人才势能生态的影响是正面的。文化体育和娱乐业的数字化转型方面，文化体育和娱乐业依赖于数字技术、虚拟现实、游戏开发等，对技能人才的需求增加，因此数字化转型对文化体育和娱乐业的技能人才势能生态也有显著影响。信息技术服务业受影响最小。信息技术服务业本身就是数字化的推动者，该行业的从业人员已具备数字技术方面的专业知识，因此数字化转型对其影响相对较小。此行业积极参与数字化转型，不太需要大规模改变技能人才势能生态。

（三）动能生态的异质性表现

从数字化转型对各行业技能人才动能生态的影响来看，在信息技术服务业、制造业、文化体育和娱乐业、建筑业四大行业中，数字化转型对技能人才动能生态的影响均不显著，并且数字化转型对金融业的技能人才动能生态的影响显著为负。

表 6-8　数字化转型对各行业技能人才动能生态的影响

技能人才动能生态	回归系数 （Coef.）	标准误 （Std. Err.）	T 值 （t）	P 值 （P>t）	置信区间 （95%Conf. Interval）	
信息技术服务业						
数字化转型	−0.003	0.022	−0.160	0.872	−0.046	0.039
信息技术服务业	−0.019	0.022	−0.890	0.374	−0.062	0.023
外商投资企业进口总额	0.130	0.016	8.190	0.000	0.099	0.161
地方财政一般公共服务支出	1.092	0.043	25.120	0.000	1.007	1.178
金融业						
数字化转型	−0.045	0.023	−1.990	0.048	−0.090	0.000
金融业	0.248	0.057	4.380	0.000	0.137	0.359
外商投资企业进口总额	0.098	0.013	7.400	0.000	0.072	0.124
地方财政一般公共服务支出	0.881	0.055	16.070	0.000	0.773	0.989
制造业						
数字化转型	0.010	0.007	1.410	0.159	−0.004	0.024
制造业	0.698	0.015	45.490	0.000	0.667	0.728
外商投资企业进口总额	0.017	0.004	4.190	0.000	0.009	0.024
地方财政一般公共服务支出	0.316	0.021	15.270	0.000	0.275	0.356
文化体育和娱乐业						
数字化转型	−0.033	0.022	−1.460	0.144	−0.076	0.011
文化体育和娱乐业	0.195	0.051	3.790	0.000	0.093	0.296
外商投资企业进口总额	0.119	0.011	11.330	0.000	0.099	0.140
地方财政一般公共服务支出	0.865	0.063	13.770	0.000	0.741	0.989
建筑业						
数字化转型	−0.022	0.019	−1.130	0.258	−0.060	0.016
建筑业	0.465	0.053	8.830	0.000	0.361	0.569
外商投资企业进口总额	0.112	0.008	13.540	0.000	0.096	0.129
地方财政一般公共服务支出	0.585	0.063	9.240	0.000	0.460	0.709

资料来源：依据 Stata16.0 软件数据结果。

对信息技术服务业、文化体育和娱乐业、建筑业等的影响不显著。信息技术服务业方面，虽然信息技术服务业是数字化转型的关键驱动行业，但在技能人才动能生态上，可能存在其他因素起着更重要的作用，包括市场需求、全球竞争、供应和需求的平衡等。制造业方面，制造业可能已经在一定程度上实现了数字化转型，但该行业的动能生态受到生产流程、制造标准等因素的影响。数字化转型可能对生产效率产生一定影响，但并没有显著改变技能人才的动能生态。文化体育和娱乐业方面，文化体育和娱乐业可能受到数字化转型的影响，但技能人才的动能生态受到内容创新、市场需求和竞争的影响更大。因此，数字化转型的影响可能不如其他因素显著。建筑业方面，建筑业的数字化转型主要涉及建筑信息模型（BIM）和工程管理方面的应用。这些技术有助于提高项目管理效率，但对技能人才的动能生态的影响相对较小。金融业方面，数字化转型对金融业的技能人才动能生态影响为负，反映了该行业的特殊情况。这一行业面临数字化转型的挑战，如自动化交易、金融科技（FinTech）等，导致对一些传统技能的需求减少，因此对技能人才的动能生态产生了负面影响。

总之，上述结果表明数字化转型对不同行业的技能人才动能生态的影响是复杂的，并且可能受到多种因素的影响。虽然数字化转型对一些行业产生了积极影响，但对其他行业的影响可能较小，甚至为负。这种差异通常与行业特点、技能需求和市场竞争等因素有关，从而导致不同行业的技能人才动能生态所受影响不同。这些结果可以帮助政府和企业更好地理解数字化转型对技能人才的影响，并采取相应的措施。

（四）创新生态的异质性表现

从数字化转型对各行业技能人才创新生态的影响来看，在信息技术服务业、制造业、建筑业三大行业中，数字化转型对技能人才创新生态的影响均显著为正，数字化转型对金融业的技能人才创新生态的影响显著为负，而对文化体育和娱乐业的影响不显著。

在数值上，数字化转型对信息技术服务业技能人才创新生态的影响系数为 0.044，数字化转型对金融业技能人才创新生态的影响系数为 -0.030，数字化转型对制造业技能人才创新生态的影响系数为 0.115，数字化转型对建筑业技能人才创新生态的影响系数为 0.106。

在正向影响上，制造业>建筑业>信息技术服务业，在数字化转型下的技能人才创新生态中，对制造业的影响最大，其次是建筑业，最后是信息技术服务业。

表 6-9 数字化转型对各行业技能人才创新生态的影响

技能人才创新生态	回归系数 （Coef.）	标准误 （Std. Err.）	T 值 （t）	P 值 （P>t）	置信区间 （95%Conf. Interval）	
信息技术服务业						
数字化转型	0.044	0.023	1.880	0.061	-0.002	0.090
信息技术服务业	0.193	0.023	8.380	0.000	0.148	0.239
外商投资企业进口总额	0.097	0.017	5.710	0.000	0.063	0.130
地方财政一般公共服务支出	0.728	0.047	15.640	0.000	0.636	0.820
金融业						
数字化转型	-0.030	0.016	-1.840	0.067	-0.061	0.002
金融业	0.984	0.040	24.530	0.000	0.905	1.063
外商投资企业进口总额	0.049	0.009	5.260	0.000	0.031	0.068
地方财政一般公共服务支出	0.180	0.039	4.620	0.000	0.103	0.256
制造业						
数字化转型	0.115	0.026	4.440	0.000	0.064	0.167
制造业	0.378	0.056	6.800	0.000	0.269	0.488
外商投资企业进口总额	0.161	0.014	11.240	0.000	0.133	0.189
地方财政一般公共服务支出	0.461	0.075	6.150	0.000	0.314	0.609
文化体育和娱乐业						
数字化转型	0.035	0.023	1.500	0.135	-0.011	0.081
文化体育和娱乐业	0.632	0.054	11.730	0.000	0.526	0.738
外商投资企业进口总额	0.151	0.011	13.660	0.000	0.129	0.173
地方财政一般公共服务支出	0.252	0.066	3.820	0.000	0.122	0.382
建筑业						
数字化转型	0.106	0.028	3.760	0.000	0.051	0.162
建筑业	-0.111	0.077	-1.440	0.151	-0.263	0.041
外商投资企业进口总额	0.237	0.012	19.540	0.000	0.213	0.261
地方财政一般公共服务支出	0.973	0.093	10.490	0.000	0.791	1.156

资料来源：依据 Stata16.0 软件数据结果。

对信息技术服务业、制造业、建筑业的影响为正向。信息技术服务业方面，这一行业一直处于技术创新前沿，数字化转型对技能人才的创新生态有积极影响。信息技术服务业侧重于数字技术、软件开发、网络安全等，因此数字化转型有助于创新人才的培育和发展。制造业方面，数字化制造技术（如工业 4.0）得到广泛应用，涉及自动化生产、智能制造、物联网等领域的创新。因此，数字化转型有助于培养具备创新能力的技能人才。建筑业方面，建筑信息模型（BIM）和智能建筑技术等的创新，有助于提高设计和项目管理的效率，这对创新人才的培养有积极影响。金融业方面，数字化转型对金融业的技能人才创新生态的负面影响可能反映了该行业的特殊情况。金融业在金融科技（FinTech）领域竞争的激烈，导致对一些传统金融服务技能的需求减少，从而对创新生态产生负面影响。文化体育和娱乐业方面，文化体育和娱乐业可能受到其他因素的影响，如内容创新、市场需求和竞争，从而对创新生态产生更显著的影响。数字化转型虽然重要，但在这一行业并不是决定性因素。

（五）服务与支持生态的异质性表现

从数字化转型对各行业技能人才服务与支持生态的影响来看，在制造业、文化体育和娱乐业、建筑业三大行业中，数字化转型对技能人才服务与支持生态的影响均显著为正，数字化转型对金融业的技能人才服务与支持生态的影响为负。

在数值上，数字化转型对制造业技能人才服务与支持生态的影响系数为 0.070，数字化转型对文化体育和娱乐业技能人才服务与支持生态的影响系数为 0.029，数字化转型对建筑业技能人才服务与支持生态的影响系数为 0.065。

在正向影响上，制造业>建筑业>文化体育和娱乐业，数字化转型对技能人才服务与支持生态下的制造业的影响最大，其次是建筑业，最后则是文化体育和娱乐业。

表 6-10　数字化转型对各行业技能人才服务与支持生态的影响

技能人才服务与支持生态	回归系数 （Coef.）	标准误 （Std. Err.）	T值 （t）	P值 （P>t）	置信区间 （95％Conf. Interval）	
信息技术服务业						
数字化转型	-0.030	0.018	1.610	0.108	-0.007	0.066
信息技术服务业	0.098	0.018	5.370	0.000	0.062	0.134
外商投资企业进口总额	0.059	0.013	4.410	0.000	0.033	0.086
地方财政一般公共服务支出	0.755	0.037	20.500	0.000	0.683	0.828
金融业						
数字化转型	-0.015	0.013	-1.140	0.256	-0.041	0.011
金融业	0.586	0.033	17.680	0.000	0.521	0.651
外商投资企业进口总额	0.017	0.008	2.250	0.025	0.002	0.033
地方财政一般公共服务支出	0.411	0.032	12.790	0.000	0.347	0.474
制造业						
数字化转型	0.070	0.018	3.890	0.000	0.035	0.106
制造业	0.195	0.039	5.020	0.000	0.118	0.271
外商投资企业进口总额	0.089	0.010	8.990	0.000	0.070	0.109
地方财政一般公共服务支出	0.611	0.052	11.710	0.000	0.508	0.714
文化体育和娱乐业						
数字化转型	0.029	0.017	1.690	0.092	-0.005	0.064
文化体育和娱乐业	0.320	0.040	7.940	0.000	0.240	0.399
外商投资企业进口总额	0.085	0.008	10.290	0.000	0.069	0.101
地方财政一般公共服务支出	0.508	0.049	10.320	0.000	0.411	0.605
建筑业						
数字化转型	0.065	0.019	3.440	0.001	0.028	0.103
建筑业	-0.046	0.052	-0.890	0.377	-0.148	0.056
外商投资企业进口总额	0.128	0.008	15.700	0.000	0.112	0.144
地方财政一般公共服务支出	0.863	0.062	13.860	0.000	0.740	0.985

资料来源：依据 Stata16.0 软件数据结果。

从对制造业的影响来看，一是数字化转型涉及的生产流程自动化、智能制造和供应链管理优化等会对技能人才的服务与支持生态产生积极影响，需要培养技能人才以适应新的数字工具和流程要求。二是技术需求。数字化制造技术的应用通常需要依托于工程师、技术支持人员和数据分析师等，这些技能人才需要得到有效的支持，以适应行业的数字化转型。

从对建筑业的正向影响来看，数字化转型在建筑业中表现为建筑信息模型（BIM）和智能建筑技术的应用，可以提高设计、项目管理效率。这些改变需要技能人才采用新技术，对技能人才的服务与支持生态有积极影响。另外是项目支持方面，数字化转型可以改善建筑项目的体验，包括设计和协作工具的使用，这就要求技能人才掌握这些工具并为项目提供支持。

从对文化体育和娱乐业的正向影响来看，一方面是文化体育和娱乐业中数字技术的应用通常涉及数字技术、虚拟现实、游戏开发等，数字化转型对这些领域的发展会产生积极影响，需要培育具备相关技能的人才。另一方面是内容制作和创新，数字化转型可以提供更多的创作工具和渠道，以支持文化体育和娱乐业的内容创新。这也需要技能人才的服务与支持，以促进内容创新。

然而数字化转型对金融业和信息技术服务业影响的不显著，说明这些行业的特殊性。金融业更注重金融专业知识和风险管理，而不是技术支持和服务。信息技术服务业本身是数字化转型的推动行业，从业人员通常具备数字技术的专业知识和技能，数字化转型对其服务与支持生态的影响较小。

第二节　数字时代技能人才生态的经济贡献

本节将进一步探索数字时代技能人才生态的经济贡献，旨在分析技能人才生态对相应产业（行业）的经济贡献，具有一定的价值和意义。

一　变量和数据来源

对省级层面的行业数据进行分析，具体选取的行业有信息技术服务业、金融业、制造业、文化体育和娱乐业、建筑业，模型的主要变量如表 6-11 所示。

表 6-11　模型变量、测度及数据来源

变量	变量	测度指标	数据来源
被解释 变量	信息技术服务业	信息技术服务业增加值（万元）	2010~2022 年各省份统计年鉴、各省份的国民经济和社会发展统计公报、统计局官方数据等
	金融业	金融业增加值（万元）	
	制造业	制造业增加值（万元）	
	文化体育和娱乐业	文化体育和娱乐业增加值（万元）	
	建筑业	建筑业增加值（万元）	
核心 解释变量	培育生态	详见第五章的指标体系构建	
	势能生态		
	动能生态		
	创新生态		
	服务与支持生态		
控制变量	固定资产投资总额	全社会固定资产投资（万元）	
	第一产业产值	第一产业增加值（万元）	
	外商投资企业投资	外商投资企业投资总额（万元）	

被解释变量为信息技术服务业、金融业、制造业、文化体育和娱乐业、建筑业 5 个技能人才主要分布的行业，对应的测度指标用产业增加值来衡量。核心解释变量为 5 项技能人才生态，具体计算详见第五章的指标体系构建和测度。控制变量为固定资产投资总额、第一产业产值、外商投资企业投资。

二　模型构建与检验

为进一步探索数字时代技能人才生态的经济贡献，将数字化转型影响代入估计模型，依托脉冲响应模型对各变量的影响进行分析。

为了保持计量模型数据的平稳性，需要对模型的各变量进行单位根检验，防止因出现伪回归现象而影响估计结果。对模型中的被解释变量和核心解释变量进行 ADF 检验，发现各行业对应的人才生态变量均通过显著性检验，即证明了数据的平稳性。

表 6-12　模型中主要变量的单位根检验

行业	培育生态	势能生态	动能生态	创新生态	服务与支持生态
信息技术服务业	36.12***	82.80***	69.61***	78.94***	43.31**
金融业	27.63***	61.37***	51.17***	59.95***	21.29**
制造业	18.33***	49.98***	39.97***	40.74***	14.58**
文化体育和娱乐业	20.27***	48.88***	50.36***	43.22***	36.14**
建筑业	28.96***	63.03***	51.25***	66.14***	29.98**

注："**""***"分别表示相关系数在 5%、1% 水平上显著。
资料来源：运用 Stata16.0 计算得到。

三　数字时代各行业技能人才生态的经济贡献

本部分将构建的模型进行 OLS 回归处理，进而展开对信息技术服务业、金融业、制造业、文化体育和娱乐业、建筑业的分析。

（一）信息技术服务业

1. 基准回归结果

依据表 6-13 技能人才生态对信息技术服务业的影响，数字化转型的回归结果为 0.020 且 P 值为 0.075，通过显著性检验，说明了数字化转型的作用。

进一步观察各项技能人才生态对信息技术服务业的贡献，具有明显贡献的是势能生态、创新生态等。此结果能够说明，信息技术服务业技能人才具有较高的流动性，可以及时适应市场需求的变化，更有可能迅速适应新技术。市场匹配度高的地区将更容易吸引和留住技能人才，促进当地行业的发展。在势能生态方面，技能人才的专业认证和荣誉是信息技术服务业提升竞争力的关键。势能生态的发展有利于提升技能人才的价值和影响力，从而提高整个行业的发展水平。这有助于吸引客户和项目，从而增加产值。在创新生态方面，促进科技创新和提高数字化效能的技能人才将推动信息技术服务业的创新，提高生产效率和产品质量。创新生态的发展鼓励技能人才积极参与研发和数字化转型，从而增加行业的产值。

表 6-13　技能人才生态对信息技术服务业的影响

信息技术服务业	回归系数 （Coef.）	标准误 （Std. Err.）	T 值 （t）	P 值 （P>t）	置信区间 （95%Conf. Interval）	
数字化转型	0.020	0.061	0.320	0.075	0.141	0.102
培育生态	-0.111	0.284	-0.390	0.696	-0.672	0.449
势能生态	4.444	1.465	3.030	0.003	1.556	7.333
动能生态	-1.599	0.540	-2.960	0.003	-2.664	-0.534
创新生态	1.148	0.229	5.010	0.000	0.696	1.600
服务与支持生态	-0.408	0.314	-1.300	0.195	-1.027	0.211
外商投资企业进口总额	0.373	0.045	8.370	0.000	0.285	0.460
地方财政一般公共服务支出	0.371	0.340	1.090	0.277	-0.299	1.041

资料来源：运用 Stata16.0 计算得到。

　　动能生态对信息技术服务业的影响为负，信息技术服务业是技术快速变化的领域，如云计算、人工智能、网络安全和软件开发等。如果动能生态未能提供足够的培训和资源，以帮助从业者紧跟快速变化的技术，其就可能会失去竞争力。信息技术服务业需要高度关注数字安全和个人隐私，以保护敏感数据和信息。如果动能生态未能提供足够的数字安全培训，从业者可能无法充分了解和应对安全威胁，从而对信息技术服务业产生负面影响。在实际中，动能生态对信息技术服务业的影响可能为负面。信息技术服务业的技术不断演进，专业人员需要不断学习以掌握新的技术，保持自身竞争力。比如，云计算的发展速度极快，如果从业者无法及时学习和掌握新的云技术，就无法提供最新的解决方案。此外，信息技术服务业从业者应具备较强的数字安全意识和技能。一些先进的信息技术服务企业建立了数字安全体系，确保员工具备应对新兴技术和数字威胁的能力。这表明动能生态如果能够提供有针对性、前瞻性的培训和资源，就可以在信息技术服务业中发挥积极作用，帮助从业者更好地适应行业变化。

　　培育生态和服务与支持生态的贡献不显著，可能仍需要一定的时间。培养和发展技能人才通常需要较长时间，特别是在技术高度密集型产业。因此，这些生态的实际贡献可能需要一段时间才能反映为信息技术服务业的产值变化。培育生态和服务与支持生态系统的各个组成部分的协同水平需提高，否则会影响整体效能。政府和产业界在这方面可能面临资源配置低效和支持不够的问题。资金和资源投入不足可能导致这些生态系统的效能受到限制，从而限制了其对产值的实际影响。要解决这些问题，就需要采取更有力的措施，包括加大对培育生态和服务与支持生态的投入、加强各个组成部分之间的协同，以确保这些生态系统能够更好地支持技能人才的培养和发展。在各方共同努力下，促使这些生态系统真正发挥其对信息技术服务业产值提升的促进作用。

2. PVAR 模型回归结果

进一步，依据脉冲响应模型（PVAR 模型）估计数字时代技能人才生态对信息技术服务业的经济贡献。

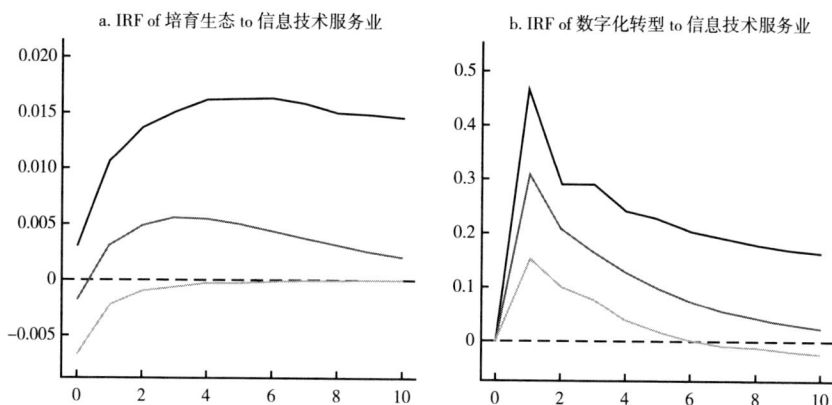

图 6-6　培育生态对信息技术服务业的经济贡献趋势

资料来源：运用 Stata16.0 计算得到。

从培育生态对信息技术服务业的经济贡献来看，在 0～0.5 期培育生态对信息技术服务业的经济贡献并不显著，但在 0.5 期之后，培育生态对信息技术服务业的经济贡献具有明显的正向反馈，这种正增长趋势在 3 期左右达到最大，之后缓慢减小，在 10 期仍持续为正向反馈。PVAR 模型的结果揭示了培育生态对信息技术服务业的经济贡献呈现明显的特点。在初始时期

（0~0.5 期），培育生态的经济贡献并不明显，可能是因为需要时间来建立技术基础和提升市场接受度。然而，在 0.5 期之后，出现了正向反馈，经济贡献逐渐增加，并在 3 期左右达到峰值。这正向趋势可以归因于技术成熟度、市场扩展和人才培育等因素。随着时间的推移，持续的正向反馈可能受益于可持续性、市场饱和度、生态系统的成熟等因素。因此，这一趋势强调了培育生态对信息技术服务业的重要性，尤其是技术创新、市场份额和生态系统建设等，对经济贡献的增加具有关键作用。

从势能生态对信息技术服务业的经济贡献来看，PVAR 模型曲线结果不在置信区间内，势能生态对信息技术服务业的经济贡献并不显著。PVAR 模型的结果表明，技能人才势能生态对信息技术服务业的经济贡献在初始阶段并不明显，且该趋势线未在模型的置信区间内。这一现象可以解释为势能生态有较长的投入和适应期，初期的不确定性使市场存在适应时间。此外，信息技术服务业的快速发展和技术进步也可能导致势能生态的经济贡献滞后。这一结果强调了势能生态发展是一个复杂且长期的过程，需要政府和企业的支持，以适应不断变化的市场和技术环境，最终实现可持续的经济贡献。数据质量和政策也在这一过程中起到关键作用，对于确保势能生态的发展至关重要。

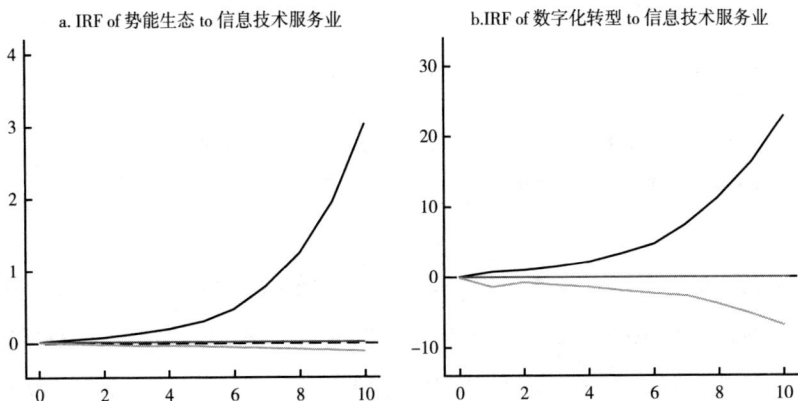

图 6-7　势能生态对信息技术服务业的经济贡献趋势

资料来源：运用 Stata16.0 计算得到。

从动能生态对信息技术服务业的经济贡献来看，PVAR 模型曲线不在置信区间内，动能生态对信息技术服务业的经济贡献并不显著。根据PVAR 模型的结果，技能人才动能生态对信息技术服务业的经济贡献趋势线并不在统计模型的置信区间内，表明在统计意义上动能生态对该行业的经济贡献并不明显。这可以解释为初期的贡献不显著，因为动能生态建设需要时间来吸引、培养人才，使其成长为适应行业需求的技能人才，并需要政策和资金的支持。不确定性和技能人才转化时间、政策导向、行业需求和技术变化等因素可能影响动能生态的经济贡献。动能生态有发展潜力，未来可能会在不同发展阶段作出更显著的经济贡献。因此，为了促进动能生态的发展及其经济贡献最大化，政府和企业需要深入了解这些影响因素，并采取相应的措施。

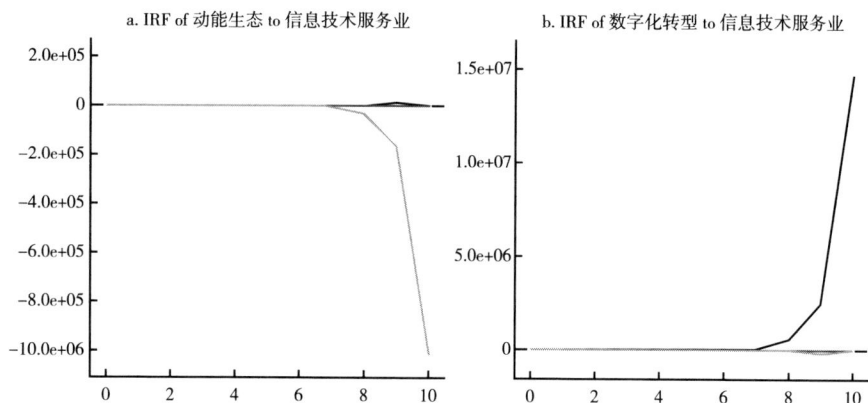

图 6-8　动能生态对信息技术服务业的经济贡献趋势

资料来源：运用 Stata16.0 计算得到。

从创新生态对信息技术服务业的经济贡献来看，PVAR 模型曲线不在置信区间内，创新生态对信息技术服务业的经济贡献并不明显。根据 PVAR 模型的结果，创新生态对信息技术服务业的经济贡献可能并不明显，趋势线未处在统计置信区间内。

这一现象可能源自多个因素的综合影响。首先，创新生态的建设需要时间和资源，初期的投入并不直接表现为经济贡献。其次，新技术有市场的适应和接受期，而这一过程通常需要时间。资源分配和投资策略也可能对创新生态的发展产生影响。信息技术服务业通常面临快速变化的技术和市场环境，这可能影响创新生态的经济贡献。此外，数据质量和模型设置也可能对结果的可信度产生影响。尽管当前结果不明显，但创新生态仍有发展潜力，随着时间的推移，可以作出更显著的经济贡献。因此，政府和企业需要深入了解这些因素，并采取相应措施，以促进创新生态发展及其经济贡献最大化。

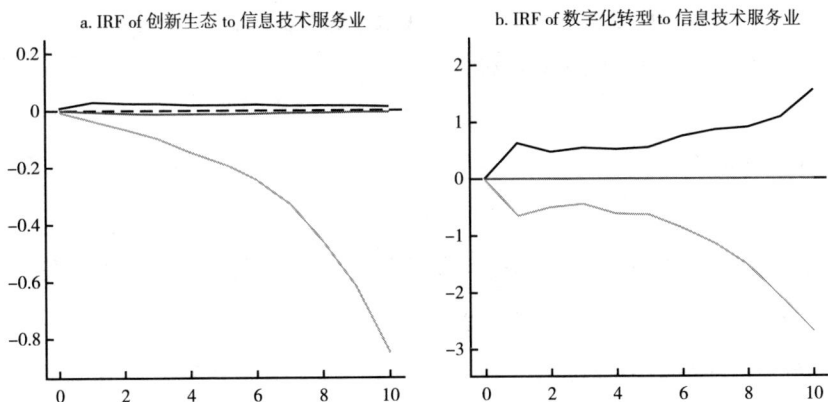

a. IRF of 创新生态 to 信息技术服务业　　　　　b. IRF of 数字化转型 to 信息技术服务业

图 6-9　创新生态对信息技术服务业的经济贡献趋势

资料来源：运用 Stata16.0 计算得到。

从服务与支持生态对信息技术服务业的经济贡献来看，PVAR 模型曲线不在置信区间内，服务与支持生态对信息技术服务业的经济贡献并不明显。根据PVAR 模型的结果，服务与支持生态对信息技术服务业的经济贡献不明显，趋势线未处在统计置信区间内。这可能受到初始阶段的贡献不明显、市场不确定性、资源分配和政策导向、数据质量、市场需求和技术环境等因素的综合影响。尽管当前结果不明显，但这并不代表服务与支持生态没有发展潜力，它可能需要更多时间以充分发挥作用。因此，政府和企业需要深入了解这些影响因素，并采取相应措施，以促进服务与支持生态的发展及其经济贡献最大化。

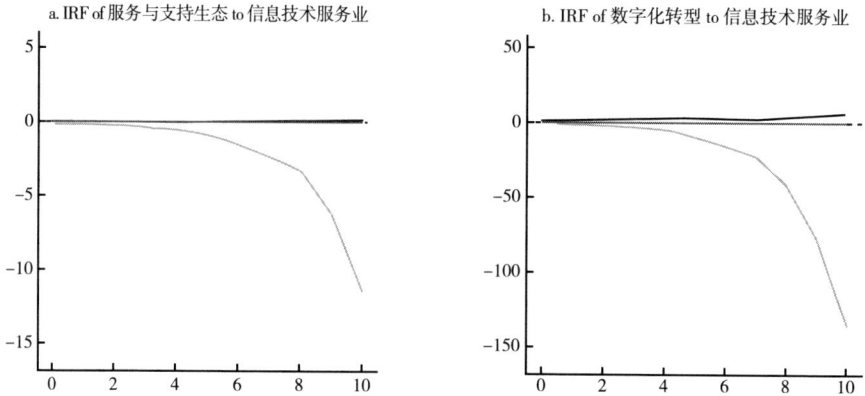

a. IRF of 服务与支持生态 to 信息技术服务业

b. IRF of 数字化转型 to 信息技术服务业

图 6-10　服务与支持生态对信息技术服务业的经济贡献趋势

资料来源：运用 Stata16.0 计算得到。

（二）金融业

1. 基准回归结果

依据表 6-14 技能人才生态对金融业的影响，数字化转型的回归结果为 0.017 且 P 值为 0.015，通过显著性检验，显示数字化转型的作用。

进一步观察各项技能人才生态对金融业的经济贡献。具有明显贡献的是势能生态、创新生态、服务与支持生态。此结果能够说明，在势能生态方面，金融业要求高度专业化和专业认证，以确保高质量的服务和金融产品。势能生态通过提供高水平的培训和认证机会，为金融从业者提供了提高专业素养的机会，从而对产值有正向影响。在创新生态方面，金融业正在经历数字化转型。创新生态为金融从业者提供了掌握新技术、数据分析和智能合约等现代工具的机会。这有助于提高效率、降低成本，并催生新的金融产品和服务，从而增加产值。在服务与支持生态方面，金融业需要不断提高员工的职业素养，以适应不断变化的市场。服务与支持生态下提供的技能人才培训和发展机会，可以提高技能人才的技能，从而增加产值。

表 6-14 技能人才生态对金融业的影响

金融业	回归系数 (Coef.)	标准误 (Std. Err.)	T 值 (t)	P 值 (P>t)	置信区间 (95% Conf. Interval)	
数字化转型	0.017	0.012	1.420	0.015	0.036	0.040
培育生态	0.012	0.042	0.290	0.775	−0.070	0.094
势能生态	1.664	0.245	6.780	0.000	1.180	2.147
动能生态	−0.403	0.092	−4.380	0.000	−0.584	−0.221
创新生态	0.492	0.038	12.900	0.000	0.417	0.568
服务与支持生态	0.192	0.057	3.340	0.001	0.079	0.305
外商投资企业进口总额	0.021	0.008	2.770	0.006	0.006	0.036
地方财政一般公共服务支出	−0.068	0.048	−1.420	0.156	−0.162	0.026

资料来源：运用 Stata16.0 计算得到。

　　动能生态对金融业的影响为负，一定程度说明金融业是充满变化的领域，包括金融科技（FinTech）、数字支付和加密货币。动能生态若未能提供足够的培训资源，以帮助金融从业者适应市场的快速变化，将导致其竞争力下降。同时，金融业需要高度关注数字安全和风险管理，以保护资产和敏感信息。如果动能生态未能提供足够的数字安全与风险管理相关培训，金融机构将更易受到网络威胁，从而产生负面影响。实际中，动能生态对金融业的负面影响在一定程度上反映了金融业的特点。这种负面影响主要表现为动能生态未能为金融从业者提供足够的培训资源，以适应行业变化趋势。金融领域的专业人士在技术和市场方面缺乏及时的培训支持，难以适应行业的快速发展从而竞争力下降。为解决这一问题，金融业需要积极推动动能生态建设，确保从业者能够及时获取行业发展的最新信息，提供定期培训以满足技术和市场的发展要求。同时，应加强数字安全和风险管理方面的培训，提高金融专业人士的应变能力。通过这些措施，金融业将更好地适应数字化转型趋势，推动行业可持续发展。

　　培育生态的贡献不显著。培育生态通常需要长期的投资，涉及教育和培训计划、研究和发展项目等。这些投资的回报往往需要一段时间才能显现。在短期内，产值可能不会明显增加。金融业通常会需要更短期的回报，而长期投资可能对于当下的利润增长贡献较小。另外，金融业处于快速变化的环境中，技术和市场发展趋势可能很快改变。因此，培育生态下的教育和培训计划需要不断更新，以适应新的技术和市场要求。在金融领域，新的金融工具、技术可能在短时间内集中涌现，这就要求从业者快速适应，对培育生态提出了更高的要求，需要及时调整培训内容和计划，确保从业者及时掌握最新的知识和技能。为解决这一问题，金融业可以制定更加灵活的培训计划，引入创新性培训方法，以更好地适应技术和市场的快速变化。同时，政府和行业组织可以采取更有吸引力的激励措施，鼓励金融机构更加积极地参与培育生态建设，确保培训体系的及时性和有效性。通过采取这些举措，金融业将更好地应对变化，并更顺利地迎接数字时代的挑战。

2. PVAR 模型回归结果

进一步，依据脉冲响应模型（PVAR 模型）估计数字时代技能人才生态对金融业的经济贡献。

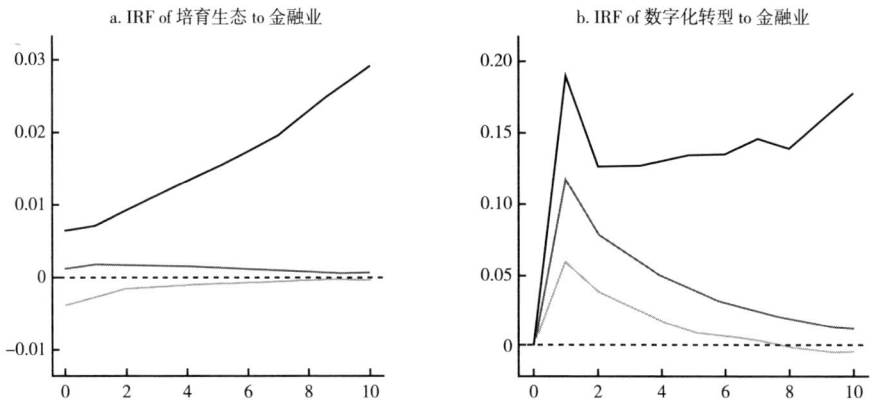

图 6-11　培育生态对金融业的经济贡献趋势

资料来源：运用 Stata16.0 计算得到。

依据技能人才培育生态对金融业的经济贡献，PVAR 模型曲线不在置信区间内，培育生态对金融业的经济贡献不明显。根据 PVAR 模型的结果，技能人才培育生态对金融业的经济贡献不明显，趋势线未处在统计置信区间内。这一现象可能是金融业的高度专业化、市场不确定性、长期培育周期、严格的法规和监管、数据质量、政策和战略导向等多重因素共同影响的结果。金融领域的复杂性和专业性，使其需要高水平的技能人才，为此需要投入更多的时间和资源。尽管当前培育生态的经济贡献不明显，但仍然有发展潜力，随着时间的推移，会作出更显著的经济贡献。

依据技能人才势能生态对金融业的经济贡献，PVAR 模型曲线不在置信区间内，势能生态对金融业的经济贡献不显著。PVAR 模型的结果显示，技能人才势能生态对金融业的经济贡献不明显，趋势线未处在统计置信区间内。这一现象可能归因于金融业的特殊性，包括高度专业化、复杂的市场结构等，这些特点可能使金融业的技能人才势能生态的经济贡献较为有限。金融领域的培育周期较长，培育高质量的金融专业人才需要时间，初期的经济贡献有限。此外，金融业受到严格的法规和监管约束，法规和监管要求导致金融机构更多地关注合规性而非直接的经济贡献。市场波动和不确定性也可能使金融业的技能需求产生波动，影响经济贡献。此外，数据质量和模型限制也可能影响结果的可信度。尽管当前势能生态的经济贡献不明显，但仍具有发展潜力，在更长的时间跨度内会作出更显著的经济贡献。

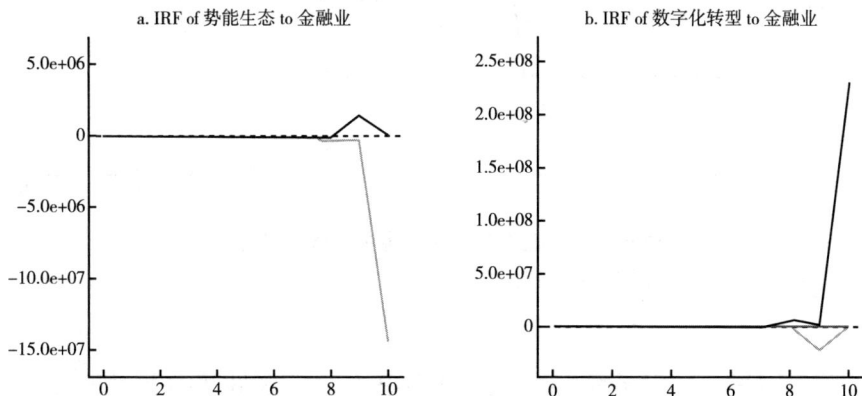

图 6-12　势能生态对金融业的经济贡献趋势

资料来源：运用 Stata16.0 计算得到。

依据技能人才动能生态对金融业的经济贡献，PVAR 模型曲线不在置信区间内，动能生态对金融业的经济贡献不明显。根据 PVAR 模型的结果，趋势线并未显著处在统计置信区间内，表明在统计意义上并不明显。这一现象可以归因于金融业的特殊性，包括高度专业化、复杂的市场结构、严格法规和监管等，这些因素可能使金融业的技能人才动能生态的经济贡献相对有限。金融行业的培育周期长也可能导致初期的投入不能立即在经济贡献上显现，需要更长时间来培养和吸引高质量的金融专业人才。此外，法规和监管要求可能使金融机构更加注重合规性，而非直接的经济贡献。市场波动和不确定性也可能导致金融机构在短期内对技能人才的需求出现波动，降低了技能人才动能生态的经济贡献。数据质量和模型限制也可能影响结果的可信度。尽管当前动能生态的经济贡献并不明显，但仍然具有发展潜力，在更长时间跨度内能作出更显著的经济贡献。

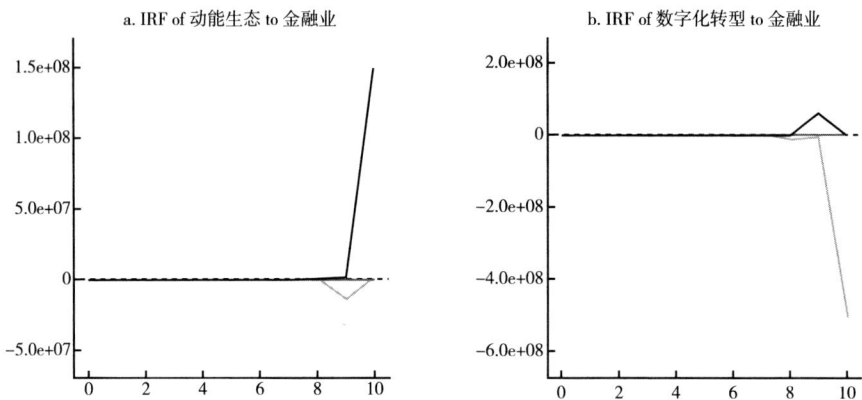

图 6-13　动能生态对金融业的经济贡献趋势

资料来源：运用 Stata16.0 计算得到。

依据技能人才创新生态对金融业的经济贡献，PVAR 模型曲线不在置信区间内，创新生态对金融业的经济贡献并不显著。根据 PVAR 模型的结果，趋势线未能显著超出统计置信区间，表明在统计意义上并不明显。这可能是归因于金融业的特殊性，包括高度专业化、复杂的市场结构、法规和监管要求等，创新生态在金融领域的经济贡献相对有限。金融业的培育周期长也可能导致初期的投入不能立即在经济贡献上显现，需要更长的时间来培养和吸引高质量的金融创新人才。此外，法规和监管要求可能使金融机构更加注重合规性，而不是直接的经济贡献。市场波动和不确定性也可能导致在短期内金融机构的创新需求出现波动，降低创新生态的经济贡献。数据质量和模型限制也可能影响结果的可信度。尽管当前创新生态的经济贡献不明显，但仍然具有发展潜力，在更长时间跨度内可作出更显著的经济贡献。

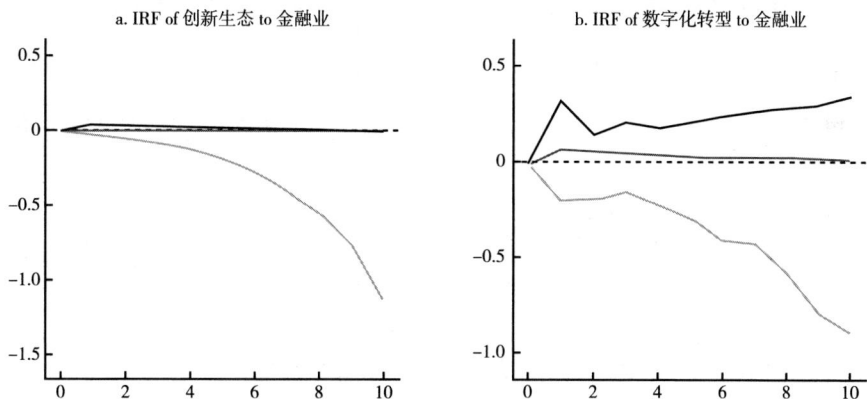

图 6-14　创新生态对金融业的经济贡献趋势

资料来源：运用 Stata16.0 计算得到。

依据技能人才服务与支持生态对金融业的经济贡献，可以发现在 0～3 期技能人才服务与支持生态对金融业的经济贡献为正向反馈，而在 3 期之后技能人才服务与支持生态对金融业的经济贡献影响并不显著。这一趋势的出现可以有以下几个原因：一是培育和适应期。0～3 期，技能人才服务与支持生态有助于金融机构更好地适应市场需求，包括提供培训、职业发展支持和专业知识，以满足不断变化的金融市场需求。在这个阶段，金融机构更容易受益于这些支持，从而作出积极的经济贡献。二是饱和与适应。随着时间的推移，金融机构可能会达到某种程度的技能和服务饱和，或者已经适应了技能人才服务与支持生态。在这种情况下，进一步的发展可能不会再产生显著的经济贡献。金融机构已经充分适应了现有的服务和支持，无须额外的投入。三是波动和不确定性。金融业通常受到市场波动和不确定性的影响，长期内市场条件和需求可能发生变化，使得技能人才服务与支持生态的效果出现波动。因此，在3期之后，市场变化和不确定性可能导致技能人才服务与支持生态的经济贡献不明显。总之，这一 PVAR 模型结果反映了技能人才服务与支持生态对金融业的经济贡献趋势。正向反馈可能归因于培育和适应期，而随后的反馈减弱可能与饱和、市场变化有关。

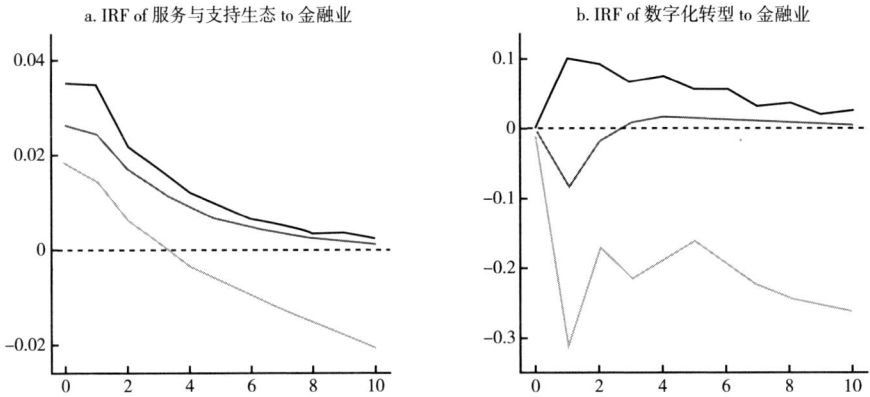

图 6-15　服务与支持生态对金融业的经济贡献趋势

资料来源：运用 Stata16.0 计算得到。

（三）制造业

1. 基准回归结果

依据表 6-15 技能人才生态对制造业的影响，数字化转型的回归结果为 0.033 且 P 值为 0.095，通过显著性检验，反映了数字化转型的作用。

进一步观察各项技能人才生态对制造业的贡献。具有明显贡献的是培育生态、动能生态、创新生态。在培育生态方面，培育生态提供了机会，确保制造业有足够的技术熟练工人和专业人才。这有助于填补技能缺口，使制造企业获得人员方面的支持。例如，技校、职业培训机构和高等教育机构提供各种技能培训，以满足制造业的发展需求。在动能生态方面，动能生态下吸引了多元化的人才，包括创新者、创业家和专业人员等。这推动了制造业创新，帮助企业开发新产品、改进生产流程和采用新技术。在创新生态方面，创新生态有利于促使制造业采用新技术，如物联网、人工智能和自动化等，进而提高生产效率、降低成本，助力制造业发展。

表 6-15　技能人才生态对制造业的影响

制造业	回归系数 （Coef.）	标准误 （Std. Err.）	T 值 （t）	P 值 （P>t）	置信区间 （95% Conf. Interval）	
数字化转型	0.033	0.008	-0.050	0.095	0.011	0.016
培育生态	0.166	0.029	5.780	0.000	0.110	0.223
势能生态	-0.534	0.169	-3.160	0.002	-0.867	-0.201
动能生态	1.222	0.063	19.310	0.000	1.097	1.346
创新生态	0.183	0.026	6.980	0.000	0.132	0.235
服务与支持生态	0.040	0.039	1.010	0.315	-0.038	0.118
外商投资企业进口总额	-0.028	0.005	-5.470	0.000	-0.039	-0.018
地方财政一般公共服务支出	-0.397	0.033	-12.080	0.000	-0.462	-0.332

资料来源：运用 Stata16.0 计算得到。

势能生态的影响为负，说明现代制造业正经历数字化转型，包括物联网、大数据分析和自动化等。势能生态尚未能提供足够的数字化技能和知识支持，导致制造业无法充分利用这些新技术。制造业需要高度熟练和专业化的技能，包括机器操作、质量控制和自动化知识等。如果势能生态未能提供足够的培训和技能发展支持，可能会导致技能缺口，限制制造企业的生产能力提升。现代制造业越来越强调可持续性、环保等，包括废弃物减少、资源利用效率提高和碳足迹降低。势能生态尚未为制造企业提供足够的培训和资源支持，从而对环境产生负面影响。实际中，势能生态的负面影响在现代制造业中表现得尤为明显。随着现代制造业的数字化转型，物联网、大数据和自动化技术等的广泛应用，势能生态未能提供足够的数字化技能和知识支持，导致制造业无法充分利用这些新技术。同时，制造企业受到环保法规的制约，生产过程中面临环境问题。为缓解这一问题，势能生态可以通过提供更加专业化、数字化的培训，提供现代制造业发展所需的技能和知识支持。此外，政府和行业组织可以加强对制造业的技术支持，促使企业更好地适应数字化转型，提高竞争力。通过这些举措，现代制造业可以更好地应对技术变革和可持续发展挑战，实现高质量发展。

服务与支持生态的贡献不显著，制造业更加强调生产效率和成本控制，因此对服务与支持生态的投入相对较小。企业可能更倾向于推动生产设备和流程改进。这意味着服务与支持生态的贡献度较小。另外，制造业通常面临严格的供应链要求和交付期限。因此，企业将重点放在与供应链管理和生产计划相关的活动上，而对服务与支持生态的投入较少。这限制了其对产值的贡献。优化生产流程的策略在短期内可能带来显著的经济效益，因此企业更倾向于将资源集中用于这方面。在这种情况下，服务与支持生态的投入可能被视为次要。为了提高服务与支持生态的贡献度，企业可以优化培训计划，提高员工的技能水平，从而提高生产效率和产品质量。同时，制造业可以考虑建立健全支持体系，为客户提供更全面的售后服务，从而提升产品附加值和客户品牌忠诚度。通过这些努力，可以逐渐提升服务与支持生态的贡献度，为制造业的可持续发展创造更有利的条件。

2. PVAR 模型回归结果

进一步，依据脉冲响应模型（PVAR 模型）估计数字时代技能人才生态对制造业的经济贡献。

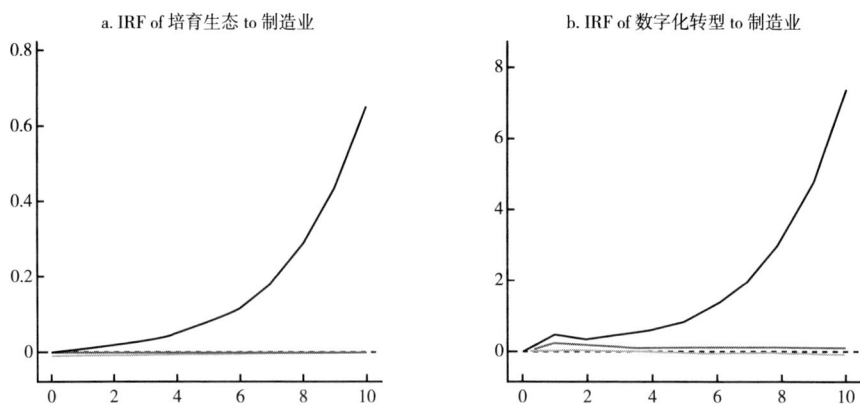

图 6-16　培育生态对制造业的经济贡献趋势

资料来源：运用 Stata16.0 计算得到。

依据技能人才培育生态对制造业的经济贡献，PVAR 模型曲线不在置信区间内，培育生态对制造业的经济贡献不显著。根据 PVAR 模型的结果，趋势线未能显著超出统计置信区间，即在统计上并不明显。这一现象可能是多个因素综合影响的结果，需要深入分析。首先，制造业通常对技能的需求相对稳定。制造业的技能人才培育生态比较完善，已能满足市场需求，因此进一步的投入不会显著提高其经济贡献。这表明了技能人才培育生态对制造业的效果可能在一定程度上受到市场饱和的限制。其次，制造业的生产周期相对较长，培养新的技能人才需要一定时间。在短期内，培育生态的投入不会立即表现在经济贡献上，新的技能人才需要时间来积累经验并将其知识应用到实际生产中。因此，培育生态的经济贡献可能需要更长时间才能体现出来，这在 PVAR 模型中可能没有被完全捕捉到。此外，制造业受到市场波动和国际竞争的影响，导致技能人才培育生态的经济贡献出现波动。市场需求的不确定性和国际竞争的变化会对制造业造成冲击，影响其经济贡献。因此，在 PVAR 模型中，这些因素可能会导致技能人才培育生态在经济贡献上的表现不稳定，难以预测。

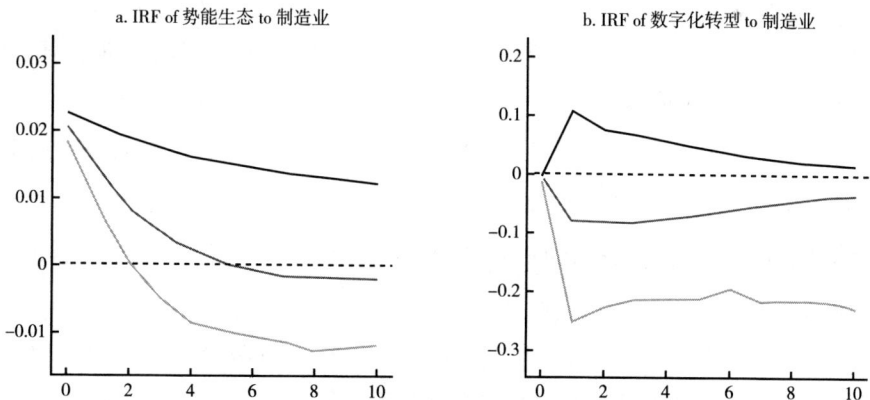

图 6-17　势能生态对制造业的经济贡献趋势

资料来源：运用 Stata16.0 计算得到。

依据技能人才势能生态对制造业的经济贡献，在 0~2 期技能人才势能生态对制造业的经济贡献呈现出正向反馈，而在 2 期之后技能人才势能生态对制造业的经济贡献并不显著。

初期的正向反馈可能源于技能人才势能生态的迅速建立和发展。在面对新的技术和挑战时，制造业会积极投入资源，建立支持技能人才培养和发展的生态系统。初期，新的技能人才的培养和发展对制造业产生积极影响，促进生产效率提高和创新。然而，随着时间的推移，技能人才势能生态的影响减弱，其效果逐渐饱和。制造业已经建立了相对完善的生态系统，新的投入会产生递减效应，即进一步的资源投入产生的经济贡献逐渐减小。这也反映了制造业领域的生产周期相对较长，新的技能人才需要时间将其知识和技能转化为经济贡献。此外，制造业的经济表现受到市场波动和国际竞争的影响。市场需求的不确定性和国际竞争的变化可能对制造业产生冲击，导致技能人才势能生态的经济贡献出现波动。这也可能是在一定时期之后其影响不再明显的原因之一。

依据技能人才动能生态对制造业的经济贡献，PVAR 模型曲线不在置信区间内，动能生态对制造业的经济贡献并不显著。首先，制造业对技能的需求相对稳定。制造业的技能人才动能生态比较完善，已满足了市场需求，因此进一步的投入可能不会显著提高其经济贡献。这表明了技能人才动能生态对制造业的效果可能在一定程度上受到市场饱和的限制。其次，制造业的生产周期相对较长，培养新的技能人才需要时间。在短期内，技能人才动能生态的投入可能不会立即表现在经济贡献上，新的技能人才需要时间来积累经验并将其知识应用到实际生产中。因此，技能人才动能生态的经济贡献可能需要更长时间才能体现出来，这在 PVAR 模型中可能没有被完全捕捉到。

依据技能人才创新生态对制造业的经济贡献，PVAR 模型曲线不在置信区间内，创新生态对制造业的经济贡献并不显著。首先，制造业的创新需求相对稳定。制造业的技能人才创新生态比较完善，已满足了市场需求，因此进一步的投入可能不会显著提高其经济贡献。这表明了技能人才创新生态对制造业的效果可能在一定程度上受到市场饱和的限制。其次，制造业的生产周期相对较长，创新可能需要时间来体现经济效益。新技术和创新可能需

a. IRF of 动能生态 to 制造业　　　　b. IRF of 数字化转型 to 制造业

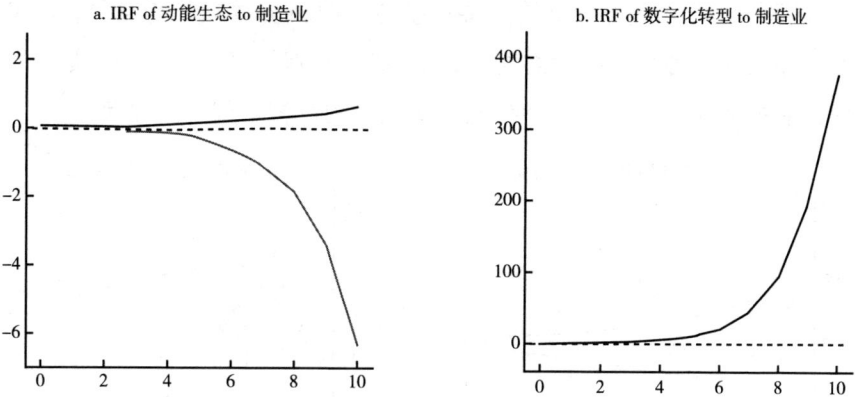

图 6-18　动能生态对制造业的经济贡献趋势

资料来源：运用 Stata16.0 计算得到。

一段时间才能被有效地整合到制造流程中，从而产生经济效益。在短期内，技能人才创新生态的投入可能不会立即表现为经济贡献，这些创新需要一定时间才能推动制造业发展。此外，制造业受到市场波动和竞争的影响，导致技能人才创新生态的经济贡献出现波动。市场需求的不确定性和国际竞争的变化会对制造业产生冲击，影响其经济表现。因此，在 PVAR 模型中，这些因素会导致技能人才创新生态的经济贡献表现不稳定，难以预测。

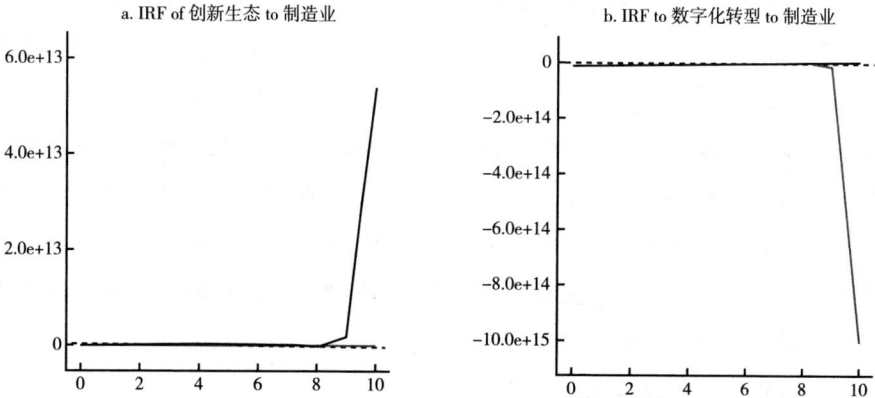

a. IRF of 创新生态 to 制造业　　　　b. IRF to 数字化转型 to 制造业

图 6-19　创新生态对制造业的经济贡献趋势

资料来源：运用 Stata16.0 计算得到。

依据技能人才服务与支持生态对制造业的经济贡献趋势结果，在 0～
1 期技能人才服务与支持生态对制造业的经济贡献呈现出正向反馈，而在
1 期之后技能人才服务与支持生态对制造业的经济贡献并不显著。

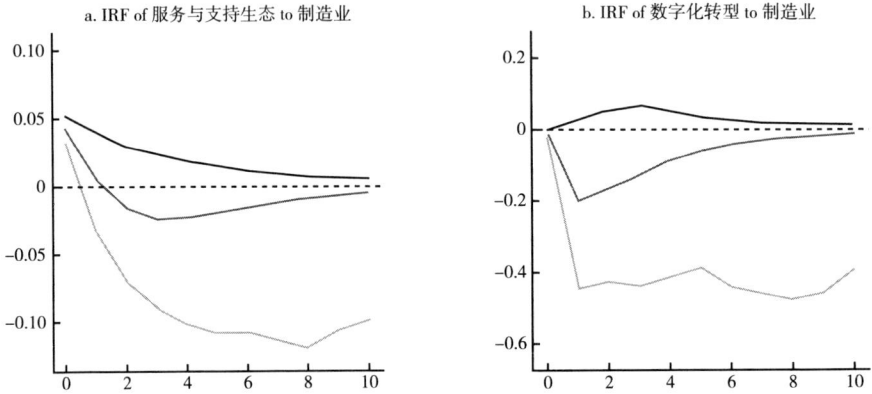

图 6-20　服务与支持生态对制造业的经济贡献趋势

资料来源：运用 Stata16.0 计算得到。

初期的正向反馈可能源于技能人才服务与支持生态的迅速建立和发展。
在面对新的技术和挑战时，制造业积极投入资源，建立支持技能人才培训、
发展和职业发展的生态系统。初期，技能人才的培养和发展对制造业产生积
极影响，促进生产效率提高和创新。然而，随着时间的推移，技能人才服务
与支持生态的影响逐渐减弱，其效果逐渐饱和。制造业已经建立了相对完善
的生态系统，新的投入会面临递减效应，即进一步的资源投入作出的经济贡
献逐渐减小。这也反映了制造业领域的生产周期相对较长，新的技能人才需
要时间将其知识和技能转化为经济贡献。此外，制造业的经济表现受到市场
波动和国际竞争的影响。市场需求的不确定性和国际竞争的变化会对制造业
产生冲击，导致技能人才服务与支持生态的经济贡献出现波动。这也可能是
在一定时期之后其影响不显著的原因之一。

（四）文化体育和娱乐业

1. 基准回归结果

依据表 6-16 技能人才生态对文化体育和娱乐业的影响，数字化转型的

回归结果为 0.021 且 P 值为 0.033，通过显著性检验，反映了数字化转型的作用。

进一步观察各项技能人才生态对文化体育和娱乐业的贡献。具有明显贡献的是培育生态、势能生态、创新生态。在培育生态方面，培育生态提供的专业培训和教育，有助于培养艺术、体育和娱乐领域的人才。另外，培育生态有助于传承文化。它提供了机会，确保新一代的艺术家和运动员能够传承文化。在势能生态方面，势能生态强调专业认证和高质量标准。这有助于提高表演的质量，确保观众获得高水平的体验。通过势能生态，艺术家和运动员可以获得国际认可，参与国际比赛和文化交流。这提高了他们的国际竞争力，有助于推动文化体育和娱乐业的国际化发展。在创新生态方面，创新生态鼓励数字化和多媒体技术的应用，使文化体育和娱乐业呈现新的表现形式，包括虚拟现实、增强现实、在线媒体和社交媒体等的创新，提高观众参与度。同时，创新生态有助于创作新的作品，吸引更多观众。新的演出、展览和体育比赛可以增强文化体育和娱乐业的吸引力，提高文化体育和娱乐业的产值。

表 6-16　技能人才生态对文化体育和娱乐业的影响

文化体育和娱乐业	回归系数 （Coef.）	标准误 （Std. Err.）	T 值 （t）	P 值 （P>t）	置信区间 （95%Conf. Interval）	
数字化转型	0.021	0.022	0.980	0.033	0.041	0.064
培育生态	0.518	0.076	6.790	0.000	0.368	0.668
势能生态	3.246	0.448	7.240	0.000	2.363	4.129
动能生态	−1.137	0.168	−6.770	0.000	−1.468	−0.806
创新生态	0.419	0.070	6.000	0.000	0.281	0.556
服务与支持生态	−0.064	0.105	−0.610	0.540	−0.271	0.142
外商投资企业进口总额	−0.005	0.014	−0.360	0.716	−0.032	0.022
地方财政一般公共服务支出	0.177	0.087	2.030	0.043	0.005	0.349

资料来源：运用 Stata16.0 计算得到。

动能生态的影响为负，文化体育和娱乐业处于不断变化的环境中，新的趋势、技术和需求不断涌现。如果动能生态的发展无法跟上这些变化，可能成为行业的拖累。文化体育和娱乐业在数字化转型中发生了巨大的变化，包括数字化媒体、在线表演和虚拟现实等。如果动能生态的发展未能适应这些变化，就无法培养满足数字化时代需求的人才，从而对行业的数字化转型产生负面影响。动能生态可能受到传统的教育和培训体系的限制，难以适应行业的需求变化趋势。这可能导致技能人才短缺，对行业的发展产生不利影响。在现实层面，动能生态在文化体育和娱乐业中的影响为负，主要体现在无法跟上快速变化的趋势，未适应数字化转型。例如，缺乏数字化技能的从业者无法适应数字媒体平台的要求，导致内容创作和传播受阻。为了缓解这一问题，需要更新培训计划、引入新的教育模式和加强与行业的合作，使动能生态能够更好地适应行业的快速变化和数字化转型要求。

服务与支持生态的贡献不显著，文化体育和娱乐业更加注重创意和表演方面，如音乐、体育比赛、演出和电影制作等。这些行业可能将大部分资源投向制作内容等，而对支持性服务的投入较少，因此服务与支持生态的贡献度较小。文化体育和娱乐业的需求通常呈现出季节性和瞬时性。制作、演出和比赛受特定的时间限制，因此企业可能更关注如何满足这些需求，而不是在服务与支持生态上投入大量资源。实际中，服务与支持生态在文化体育和娱乐业中的贡献度相对较小，主要体现在行业特点以及资源投入方面。服务与支持生态的发展在一定程度上可能受到限制，为了推动行业的可持续发展，需要在关键领域加强支持，如数字化技术的应用、在线表演平台的发展以及创意人才的培养等。这样可以更好地推动行业的数字化趋势。

2. PVAR 模型回归结果

进一步，依据脉冲响应模型（PVAR 模型）估计数字时代技能人才生态对文化体育和娱乐业的经济贡献。

依据技能人才培育生态对文化体育和娱乐业的经济贡献，PVAR 模型曲线不在置信区间内，培育生态对文化体育和娱乐业的经济贡献并不显著。根据 PVAR 模型的结果，趋势线不在置信区间内，意味着培育生态对文化体育和娱乐业的经济贡献并不显著，且存在不确定性。这一结果可能反映了文化体育和娱乐业的特殊性质和培育生态的复杂性。首先，文化体育和娱乐业通常受季节性和趋势性需求的影响，不同类型的娱乐活动在不同时间和背景下有不同的经济贡献。培育生态可能需要更长时间才能对文化体育和娱乐业产生明显影响，在短期内不容易被模型捕捉到。其次，文化体育和娱乐业受外部因素的影响较大，如政策法规、大型体育赛事等。这可能使文化体育和娱乐业的经济表现具有不确定性，而培育生态可能需要更稳定的环境才能发挥作用。

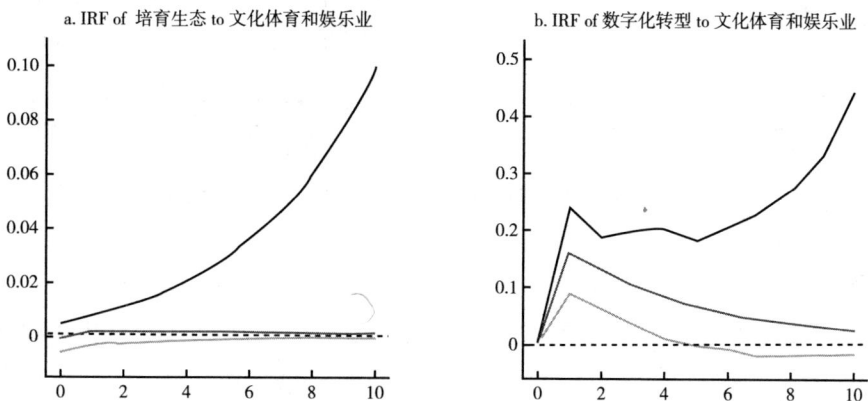

a. IRF of 培育生态 to 文化体育和娱乐业　　　b. IRF of 数字化转型 to 文化体育和娱乐业

图 6-21　培育生态对文化体育和娱乐业的经济贡献趋势

资料来源：运用 Stata16.0 计算得到。

依据技能人才势能生态对文化体育和娱乐业的经济贡献，PVAR 模型曲线不在置信区间内，势能生态对文化体育和娱乐业的经济贡献并不显著。PVAR 模型的结果显示，趋势线不在置信区间内，存在不确定性。这一现象可能是由文化体育和娱乐业的特性以及势能生态的影响机制引起的。首先，文化体育和娱乐业通常受到季节性和趋势性需求的影响，不同类型的娱乐活动在不同时间和背景下有不同的经济贡献。势能生态可能需要更长时间才能对文化体育和娱乐业产生明显影响，在短期内不易被模型准确捕捉到。其次，文化体育和娱乐业受到外部因素的影响，如政策法规、大型体育赛事、社会事件等。这使文化体育和娱乐业的经济表现具有不确定性，而势能生态可能需要更稳定的环境才能发挥作用。

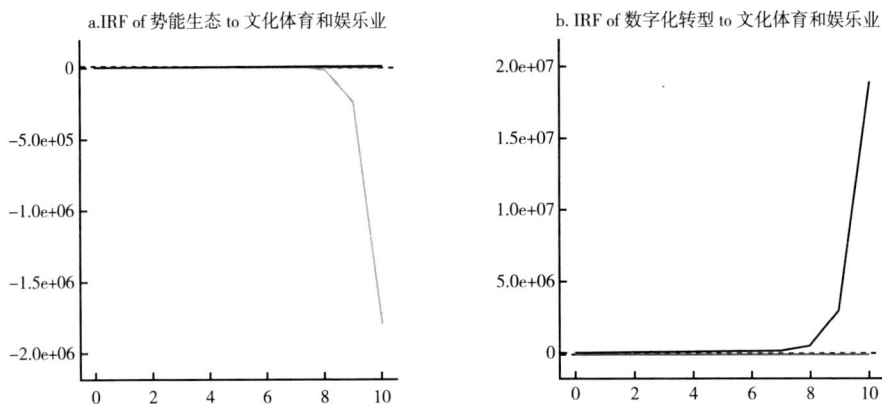

a.IRF of 势能生态 to 文化体育和娱乐业

b. IRF of 数字化转型 to 文化体育和娱乐业

图6-22　势能生态对文化体育和娱乐业的经济贡献趋势

资料来源：运用 Stata16.0 计算得到。

依据技能人才动能生态对文化体育和娱乐业的经济贡献，从 0 期开始技能人才动能生态对文化体育和娱乐业的经济贡献呈现出正向反馈，而后正向反馈递减，但在第 10 期仍然为正向反馈。首先，正向反馈的起始可能反映了文化体育和娱乐业对技能人才动能生态的初期投入。初期，可能有较大的资源投入用于培养和吸引具有特定技能和创新能力的人才，以满足市场不断增长的需求。这可能产生明显的正向反馈效应，增强了文化体育和娱乐业的竞争力。其次，正向反馈存在递减效应。随着时间的推移，进一步的资源投入可能使经济贡献出现递减效应，技能人才动能生态系统逐渐饱和，新的资源投入不再能产生与初期相同的效益。这表明生态系统已经建立并稳定运行，不再需要同样程度的投入。此外，市场需求和竞争环境也可能对这一趋势产生影响。文化体育和娱乐业可能受到季节性、趋势性和外部事件的影响，导致经济贡献波动。政策支持和市场竞争也可能对技能人才动能生态的经济贡献产生积极或负面影响，需要予以综合考虑。

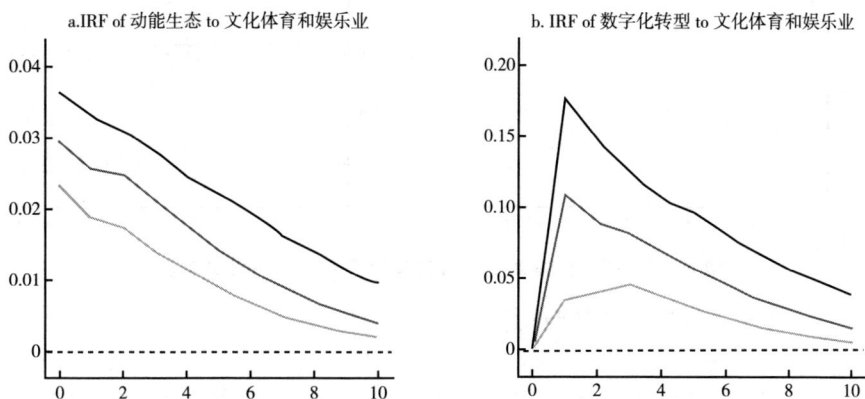

a.IRF of 动能生态 to 文化体育和娱乐业　　　　b. IRF of 数字化转型 to 文化体育和娱乐业

图 6-23　动能生态对文化体育和娱乐业的经济贡献趋势

资料来源：运用 Stata16.0 计算得到。

依据技能人才创新生态对文化体育和娱乐业的经济贡献，PVAR 模型曲线不在置信区间内，创新生态对文化体育和娱乐业的经济贡献并不显著。首先，文化体育和娱乐业的特性会对技能人才创新生态的经济贡献产生影响。文化体育和娱乐业通常面临季节性和趋势性的市场需求，不同类型的娱乐活动在不同时间和背景下有不同的经济贡献。这导致技能人才创新生态不断波动，而且不易被模型所捕捉到。其次，文化体育和娱乐业可能更易受到外部因素的影响，如政策法规、社会事件、大型体育比赛等。这些因素的变化可能对业务表现产生影响，使得技能人才创新生态需要较长时间才能发挥作用，在某些时期内作用并不显著。此外，模型结果的不稳定性也可能受到数据质量和模型设置的影响。数据的不准确或不完整会导致模型结果的不确定。模型的参数选择和设定会影响结果的可信度。

依据技能人才服务与支持生态对文化体育和娱乐业的经济贡献，在 0~1

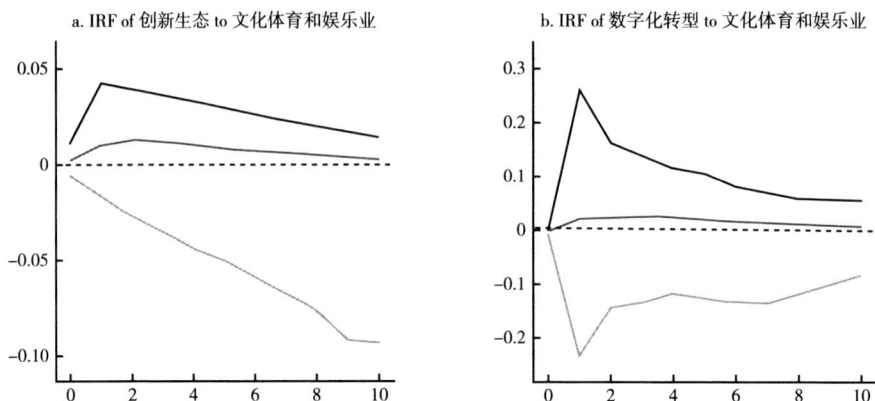

图 6-24　创新生态对文化体育和娱乐业的经济贡献趋势

资料来源：运用 Stata16.0 计算得到。

期技能人才服务与支持生态对文化体育和娱乐业的经济贡献呈现出正向反馈，而在 1 期后技能人才服务与支持生态对文化体育和娱乐业的经济贡献并不显著。首先，初期的正向反馈源于技能人才服务与支持生态的迅速建立和发展。文化体育和娱乐业面临快速变化的市场需求，积极投入资源，建立支持技能人才培养、职业发展和创新的生态系统，对文化体育和娱乐业产生积极影响，促进创新。然而，随着时间的推移，技能人才服务与支持生态的影响减弱，其效果会逐渐饱和。文化体育和娱乐业建立了相对完善的生态系统，新的投入会产生递减效应，即进一步的资源投入的经济贡献逐渐减小。这反映了文化体育和娱乐业的生产周期相对较短，新的技能人才可以较快地将知识和技能转化为经济贡献。其次，文化体育和娱乐业的经济表现可能受到季节性和趋势性因素的影响。某些活动可能在特定季节或背景下经济贡献更显著。这可能导致技能人才服务与支持生态的经济贡献出现波动，尤其是在较短期内。

（五）建筑业

1. 基准回归结果

依据表 6-17 技能人才生态对建筑业的影响，数字化转型的回归结果为0.010 且 P 值为 0.063，通过显著性检验，反映了数字化转型的作用。

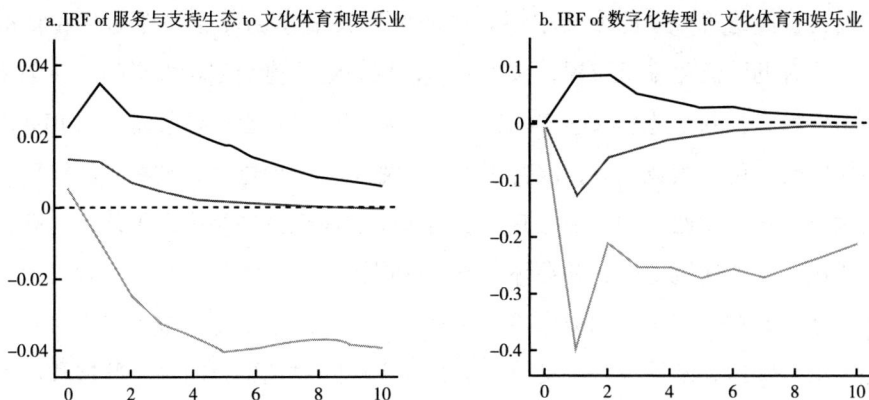

图 6-25　服务与支持生态对文化体育和娱乐业的经济贡献趋势

资料来源：运用 Stata16.0 计算得到。

表 6-17　技能人才生态对建筑业的影响

建筑业	回归系数 （Coef.）	标准误 （Std. Err.）	T 值 （t）	P 值 （P>t）	置信区间 （95%Conf. Interval）	
数字化转型	0.010	0.020	0.480	0.063	0.030	0.049
培育生态	0.227	0.071	3.190	0.002	0.087	0.367
势能生态	2.696	0.418	6.460	0.000	1.874	3.519
动能生态	-0.208	0.156	-1.330	0.184	-0.517	0.100
创新生态	0.317	0.065	4.880	0.098	0.145	0.389
服务与支持生态	0.190	0.098	1.950	0.053	0.083	0.172
外商投资企业进口总额	0.042	0.013	3.220	0.001	0.016	0.067
地方财政一般公共服务支出	0.467	0.081	5.740	0.000	0.306	0.627

资料来源：运用 Stata16.0 计算得到。

　　进一步观察各项技能人才生态对建筑业的贡献。具有明显贡献的是培育生态、势能生态、创新生态、服务与支持生态。在培育生态方面，培育生态通过提供工程、建筑和设计等相关的教育和培训，培养建筑行业所需的专业人才，包括工程师、建筑师、技术员和其他专业人员。这些人才对于建筑项目而言至关重要。在势能生态方面，势能生态通过提供专业认证和质量控制标准，提高建筑行业的发展水平。势能生态鼓励建筑行业的专业化和标准化。这有助于优化施工流程，减少成本，从而对产值产生积极影响。在创新生态方面，创新生态推动了数字化技术的应用，如建筑信息建模（BIM）、智能建筑和可持续建筑等，改善了设计、施工和维护过程，提高了建筑项目的效率和可持续性。创新生态有助于引入新的建筑材料和施工工艺，提高建筑质量、延长建筑寿命，并在环保方面取得更大的成就。这对于减少资源浪费和环境影响而言具有积极作用。在服务与支持生态方面，服务与支持生态提供项目管理、维护设备等支持。这有助于保障建筑项目的顺利开展和后续维护，提高建筑项目的可持续性。建筑行业需要从业人员不断更新技能和知识。服务与支持生态可以提供培训和技术支持，确保紧跟最新的技术和行业发展趋势。

动能生态的贡献不显著，建筑业通常以传统的方法和标准为基础，较少由创新推动。与其他行业相比，基于建筑项目的性质和法规要求，建筑业的创新速度较慢。这使动能生态的创新空间相对较小。建筑项目通常是长周期、大规模的，需要大量的资源，包括设计、审批、施工和维护等。项目具有复杂性和稳定性，不太适合短期内的创新。在建筑业中，动能生态似乎并未在同样显著程度上作出贡献。总体而言，基于建筑业的特性，以及固有的法规和项目属性，相较于其他更灵活、创新空间更大的行业，动能生态在该行业中的贡献相对较小。

2. PVAR 模型回归结果

进一步，依据脉冲响应模型（PVAR 模型）估计数字时代技能人才生态对建筑业的经济贡献。

依据技能人才培育生态对建筑业的经济贡献，PVAR 模型曲线不在置信区间内，培育生态对建筑业的经济贡献并不显著。根据 PVAR 模型的结果，技能人才培育生态对建筑业的经济贡献趋势并不显著。这一结果可由以下因素来解释：首先，建筑业受多种因素影响，包括宏观经济、季节性需求、市场波动等。这些因素使建筑业的经济表现具有复杂性和波动性，技能人才培育生态的经济贡献不易被捕捉或量化。其次，建筑业的发展还受到政策的影响，特别是在基础设施和住房领域。投资的波动性使技能人才培育生态的作用具有不确定性，模型结果更趋复杂。

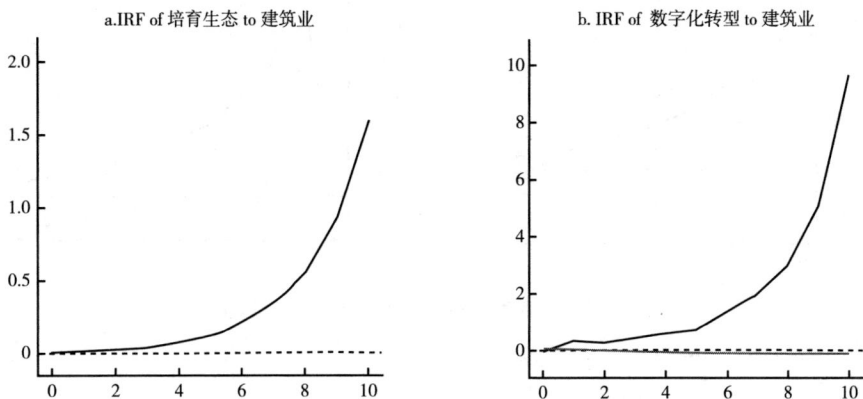

图 6-26　培育生态对建筑业的经济贡献趋势

资料来源：运用 Stata16.0 计算得到。

依据技能人才势能生态对建筑业的经济贡献，在 0~4 期技能人才势能生态对建筑业的经济贡献呈现出正向反馈，而在 4 期后技能人才势能生态对建筑业的经济贡献并不显著。PVAR 模型的结果表明，在建筑业中，技能人才势能生态的经济贡献在一定时间范围内呈现正向反馈，而后逐渐减弱。这一趋势是由建筑业的特性以及势能生态对其经济影响的复杂性决定的。首先，建筑业受季节性和周期性因素影响。因此，技能人才势能生态可能在一段时间内对建筑业的经济贡献较大，特别是在项目高峰期。然而，一旦这些需求减少或项目结束，势能生态的影响会迅速减弱。其次，建筑业受到宏观经济因素的影响，如利率、政府政策和市场需求等。这些因素会影响建筑业的发展，也会影响技能人才势能生态的经济贡献。

依据技能人才动能生态对建筑业的经济贡献，从 0 期开始技能人才动能生态对建筑业的经济贡献呈现正向反馈，而后递减，但在第 10 期仍然为正向反馈。

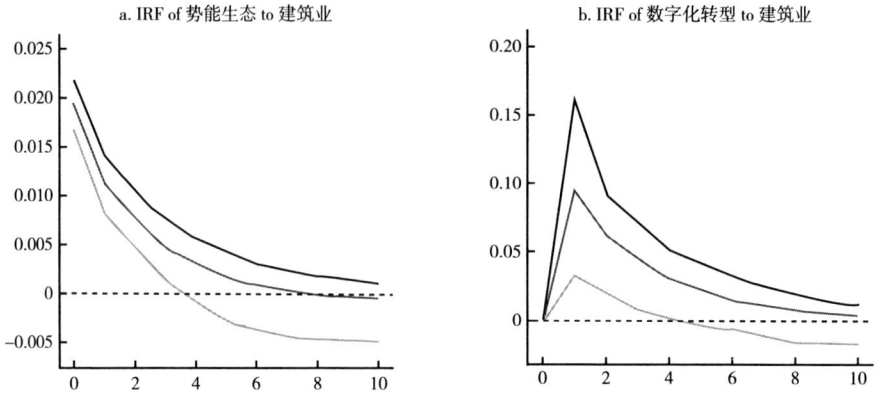

图 6-27　势能生态对建筑业的经济贡献趋势

资料来源：运用 Stata16.0 计算得到。

PVAR 模型的结果显示，在建筑业中，技能人才动能生态的经济贡献在一定时间范围内呈现正向反馈，而后减弱，但在较长的时间内整体仍保持正向反馈态势。这一趋势是由建筑业的特性以及动能生态对其经济影响的复杂性决定的。首先，建筑业受到周期性因素的影响，例如，建筑项目的规模和数量可能受到季节性、市场需求和政策等的影响。因此，技能人才动能生态可能在一段时间内对建筑业的经济贡献较大，特别是在高需求时期。然而，一旦市场进入下行周期，正向反馈可能减弱，但并不会完全消失。其次，建筑业的发展与宏观经济密切相关，如利率、支持政策、基础设施需求等。这些因素会影响建筑业的发展，同时也会影响技能人才动能生态的经济贡献强度。技能人才动能生态对建筑业的经济贡献呈现出正向反馈的趋势，这一趋势受到建筑业自身特性、宏观经济因素和模型限制等影响。建筑业和政策制定者需要更深入的研究，以增加动能生态的经济贡献。

依据技能人才创新生态对建筑业的经济贡献，PVAR 模型曲线不在置信区间内，创新生态对建筑业的经济贡献并不显著。根据 PVAR 模型的结果，技能人才创新生态对建筑业的经济贡献趋势表现出不明显性，这一现象由多个因素决定：首先，建筑业是受宏观经济和市场需求影响较

a. IRF of 动能生态to 建筑业　　　　b. IRF of 数字化转型 to 建筑业

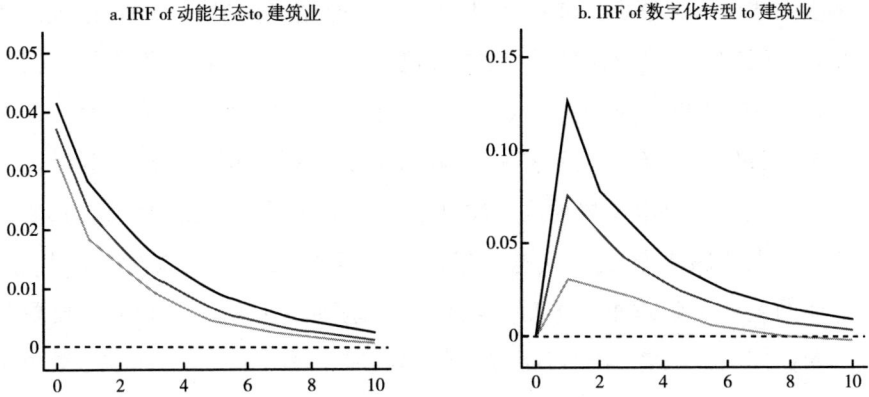

图 6-28　动能生态对建筑业的经济贡献趋势

资料来源：运用 Stata16.0 计算得到。

大的行业，其经济贡献受季节性、周期性和政策性因素的影响。这使得技能人才创新生态对建筑业的经济贡献不容易被捕捉到。其次，创新生态对建筑业的作用可能受到政策和市场需求的影响。政府在基础设施建设和住房领域的政策调整使创新生态的效果具有波动性，同时市场需求的变化也会使技能人才创新生态的作用具有不确定性。

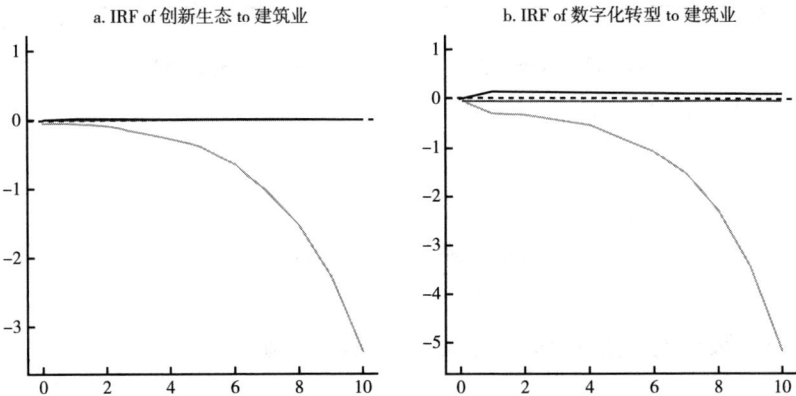

a. IRF of 创新生态 to 建筑业　　　　b. IRF of 数字化转型 to 建筑业

图 6-29　创新生态对建筑业的经济贡献趋势

资料来源：运用 Stata16.0 计算得到。

依据技能人才服务与支持生态对建筑业的经济贡献，PVAR 模型曲线不在置信区间内，服务与支持生态对建筑业的经济贡献并不显著。根据PVAR 模型的结果，技能人才服务与支持生态对建筑业的经济贡献趋势并不明显。首先，建筑业是受多种因素影响较大的行业，包括宏观经济因素、季节性需求、市场波动等，建筑业的经济表现具有复杂性和波动性，导致技能人才服务与支持生态的经济贡献不容易被捕捉或量化。其次，建筑业的发展受到政策的影响，特别是在基础设施和住房领域。投资的波动使技能人才服务与支持生态的作用具有不确定性，使模型结果更加复杂。

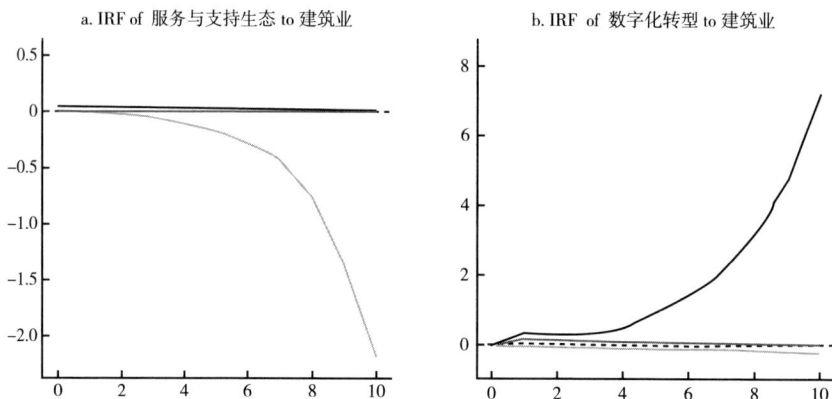

图 6-30　服务与支持生态对建筑业的经济贡献趋势

资料来源：运用 Stata16.0 计算得到。

第三节　本章小结

一　数字时代变革对技能人才生态的影响

本部分分析了数字化转型对技能人才培育生态的影响，特别是势能生态、动能生态、创新生态、服务与支持生态等。数字化技能的重要性方面，尽管数字化转型的影响不一定显著，但数字化技能和知识在现代工作环境中变得越来越重要。掌握数字化技能已成为许多岗位的基本要求，对于从业者来说，不断学习和掌握新技术至关重要。在势能生态、动能生态和创新生态方面，数字化转型产生了积极影响。技能人才需求具有弹性，可快速适应变化的环境。数字化时代的工作充满挑战，要求个人和组织能灵活应对。在服务与支持生态方面，数字化转型对服务与支持生态的深远影响，政府和组织的作用尤为关键，应为技能人才提供机会和资源，促进数字化创新，从而推动经济增长。

综上，数字化转型使技能人才培育生态具有复杂性和重要性，技能人才需要适应不断变化的环境，并与不同生态系统互动。组织和政府应支持技能人才的培养和发展，尤其是在数字化背景下。

二　数字时代技能人才生态的经济贡献

动能生态、势能生态和创新生态对信息技术服务业产生积极影响。信息技术服务业处于创新发展的前沿，需要适应技术和市场发展趋势。动能生态提供了必要的技术培训和技能支持，势能生态强调适应快速变化的环境，而创新生态鼓励创新和竞争。信息技术服务业的人才需求量较大，且需要具备高水平的技能人才。

金融业受益于势能生态、创新生态和服务与支持生态。金融领域受到法规和全球竞争的影响。势能生态强调合规性和法规培训，创新生态鼓励金融创新，服务与支持生态提供必要的资源支持。金融业需要关注数字安全和风险管理，数字安全方面的培训可能对其产生积极影响。

制造业受益于培育生态、动能生态和创新生态。制造业需要不断提高生产效率和适应数字化转型。培育生态提供技能和知识，动能生态鼓励适应变化，创新生态鼓励技术升级。

文化体育和娱乐业受益于培育生态、势能生态和创新生态。这个领域强调创意和表演技能，以满足不断变化的市场需求。培育生态提供基础技能，势能生态强调个体潜力，创新生态鼓励创意和竞争。

建筑业受益于培育生态、势能生态、创新生态和服务与支持生态。建筑领域需要一定的建筑技能和安全实践，同时也需要引入新的建筑材料和技术。培育生态提供技能培训，势能生态强调潜力和适应性，创新生态鼓励新技术的采用，服务与支持生态提供资源支持。建筑业需要关注可持续性，在这方面的培训对其影响很大。

总的来说，不同行业对技能人才生态的需求不同，也受到不同的因素的影响。因此，针对特定行业的生态系统，需要确保从业者拥有相应的技能和知识，以适应不断变化的环境。

第七章　数字时代技能人才生态的塑造

数字时代技能人才生态的塑造涵盖了多个关键维度，包括综合提升技能人才的培育生态、稳步巩固技能人才的势能生态、持续激活技能人才的动能生态、着力探索技能人才的创新生态，以及升级完善技能人才的服务与支持生态。

第一，综合提升技能人才的培育生态。在数字时代，培养技能人才需要一个综合性生态系统，以确保他们获得广泛的知识和技能。这需要改革教育和培训机构，以适应迅速变化的技术和行业要求，包括更新课程、引入新的教育方法，如在线学习和虚拟现实培训，并与行业合作，以提供实际经验支撑。政府和产业界需要提供资源支持，以确保技能人才全面发展。

第二，稳步巩固技能人才的势能生态。确保技能人才能够持续提高技能水平，包括提供职业发展机会和明晰晋升路径，以鼓励技能人才不断提升自身技能。企业和组织需要制定激励计划，提供奖励和晋升机会，以留住高技能人才。政府可以通过优化政策来支持技能人才的职业发展。

第三，持续激活技能人才的动能生态。持续保持技能人才的活力和积极性，以应对不断变化的技术和市场需求。这需要提供资源支持，鼓励技能人才不断学习新技术。培训和发展计划有助于技能人才跟上技术的发展，同时

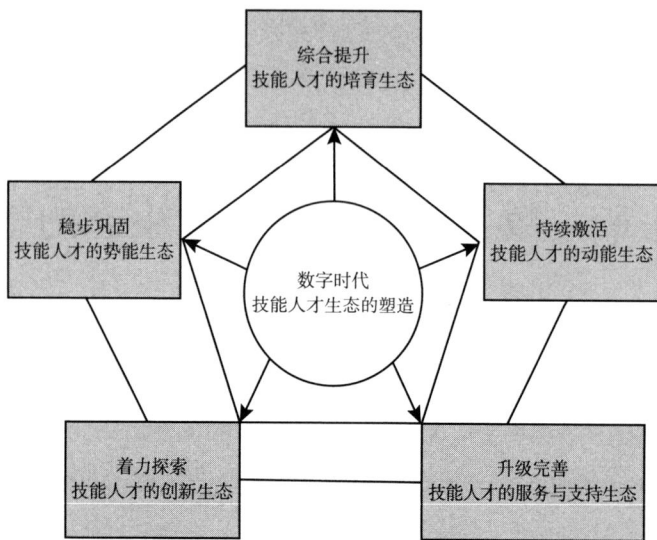

图 7-1　数字时代技能人才生态的塑造

也为技能人才提供与其他领域专业人员互动的机会，以促进创新和知识分享。

第四，着力探索技能人才的创新生态。数字时代需要具备创新能力的技能人才，因此，必须着力探索创新生态，包括：鼓励创新和创业，提供资源支持；鼓励技能人才参与研发项目，推动技术的进步和应用。

第五，升级完善技能人才的服务与支持生态。确保技能人才在工作中获得资源支持，以便更好地发挥潜力，包括：建立孵化基地，为初创企业提供支持政策，以提供更好的职业发展机会和福利待遇；政府和企业加强合作，以确保技能人才在工作中获得所需的支持和服务。

总之，数字时代技能人才生态的塑造需要综合考虑培育、势能、动能、创新、服务与支持等多个维度。这将有助于促进技能人才的职业发展，满足行业发展需求，应对数字时代的挑战。通过这些维度的均衡发展，可以塑造更加强大和更具适应性的技能人才生态，为数字时代的创新提供更广泛的支持。

第一节　综合提升技能人才的培育生态

一　制定综合性的技能人才培养计划

制定综合性的技能人才培养计划是优化技能人才生态的关键举措。该计划应覆盖教育、培训、实践等多个层面，并需要高校、职业教育机构和企业密切合作，以充分提高技能人才的创新能力。这一综合性的技能人才培养计划可以包括以下措施。

第一，进行需求分析与预测。在技能人才生态的培育与发展中，需求分析与预测是不可或缺的组成部分，涉及深入洞察相关行业发展动向，以洞悉未来技能人才需求规模和结构变化。为了确保培养计划与市场需求相契合，需要与企业开展紧密的协作，深入了解其对技能人才的需求和期望。通过与企业的紧密合作，可以直接获得来自用人单位的意见，了解他们对未来所需技能人才的要求。这样的合作可以确保培养计划具有可操作性，切实满足市场迅速变化的需求。与此同时，需要结合社会经济发展形势和人才市场整体需求情况，预测未来技能人才发展趋势。这种前瞻性的洞察有助于及时调整培养计划，使其更贴合市场发展形势。在数字时代，技能人才市场需求可能随着科技的演进而发生翻天覆地的变化，因此提前洞察趋势是培养计划成功实施的关键。

第二，制定培养规划。在确立技能人才培养整体目标的基础上，制定详尽的培养规划是一项系统性、全面性的工程。需要深入思考培养计划的各个方面，从时间框架、培养内容到培养方式等多个层面进行周密的设计。首先，时间框架的设定至关重要。需要合理划分培养计划的时间段，以确保在特定的时间范围内达到既定的目标。这涉及针对培养过程合理分配时间，既要充分考虑培养的深度和广度，又要保证培养计划的高效推进。在数字时代的背景下，时间框架的科学制定对于培养计划而言至关重要。其次，培养内容的设计要紧密契合职业导向理念。需要根据技能人才的职业发展路径，确定相应的培养内容和阶段性目标。这意味着培养计划需要具有较强的实践性，与实际职业需求密切相关，确保培养出的人才能够无缝衔接职业发展的各个阶段。职业导向理念有助于确保培养计划的实际效果和行业适应性。在设计培养方式时，需要综合考虑多种因素，包括教学方法、学习资源、实践机会等多个方面。培养方式的多样性可以更好地迎合不同学习风格的技能人才，增强培养效果。因此，在制定培养计划时，要确保培养方式的多层次性和灵活性，以满足技能人才多样化的学习需求。这一系列的考量和设计，有助于培养计划更具前瞻性和适应性，为技能人才的全面发展提供有力的支持。明确的目标、科学的时间框架、职业导向的内容设计和多样化的培养方式，有助于更好地应对技能人才生态的挑战，为人才的职业发展奠定坚实的基础。

第三，需要设计多层次多样化的培养方案。在培养技能人才的过程中，应采取一系列有针对性的措施，以确保其在职业生涯中能够持续成长、适应变革的要求。首先，为即将进入职场的技能人才提供职前培训和实习机会是至关重要的。这种方式能够使他们在正式工作前获得必要的专业知识和技能，更好地适应实际工作的需要。通过模拟真实工作场景，职前培训和实习有利于技能人才提前熟悉工作环境、了解行业规则，为其顺利进入职场提供有力支持。同时，对于在职的技能人才而言，持续的在职培训与进修尤为关键。行业的快速发展和技术的不断更新要求从业者不断更新专业知识。通过提供培训和进修机会，助力技能人才保持竞争力，始终处于行业前沿。其次，鼓励进行跨领域、跨行业的交叉培养是培养技能人才综合能力和创新思维的有效途径。通过参与不同领域的项目或工作，技能人才可以接触到更广泛的知识，具备跨学科的综合能力。这不仅能够提高技能人才的创新能力，还有助于拓展技能人才职业发展空间，使其在多个领域都能够有所建树。这一系列的培养措施，旨在为技能人才提供全面的支持，使其能够在职业生涯中保持适应性、持续成长。针对不同阶段的技能人才开展差异化培训，有利于更好地应对技能人才生态的变化，促进行业发展。

第四，注重实践教学的重要性。实践教学能够更好地使理论知识与实际应用相结合，从而提高技能人才的实际操作能力。在真实的工作场景中，实际操作经验往往比理论知识更为关键。为了更好地满足技能人才的学习需求，可以探索引入在线教育资源。这种灵活的学习方式可以更好地满足技能人才的个性化学习需求，使其能够在任何时间、任何地点获取所需的知识。通过在线教育，技能人才可以便捷地获取最新的行业信息、培训课程和实践案例，从而不断提升自己的专业水平。在培养过程中，建立技能人才导师制度也是一项重要的举措。导师制度能够为技能人才提供个性化的指导与辅导，特别是由有丰富经验的专业人士担任导师，可以让技能人才受益匪浅。导师通过分享自己的实战经验、提供专业建议和指导，帮助技能人才更好地成长和应对各种挑战。在实践中，为技能人才提供更全面、更贴近实际需求的培训和发展机会，使其能够更好地适应职业生涯的各个阶段。这不仅有助于提高技能人才的整体素质，也能够促进其在行业中的长期发展。

第五，建立评估与调整机制。在技能人才培养中，建立完善的评估体系是确保培训效果和适应性的关键。定期对培养计划进行绩效评估，全面了解培养效果及其可能存在的问题，为进一步的改进提供有力的支撑。在评估过程中，要充分听取技能人才和用人单位的意见。技能人才是培训计划的直接受益者，而用人单位则能够提供来自实际工作场景下的反馈。这样的双向反馈机制有助于更全面地了解培养计划的实施效果，发现可能存在的不足，及时予以改进。根据评估结果，要及时调整培养计划，确保培养计划能够与技能人才生态保持匹配。灵活的调整机制能够迅速应对行业变化、技术更新和市场需求的变化，使培训计划始终保持有效。这样的评估与调整机制能够保证技能人才培养计划不仅符合当前行业要求，也能够适应未来的发展趋势。这有助于培养出更具竞争力的技能人才，为其在职业生涯中取得成功奠定坚实的基础。

这些措施的全面实施，可以为技能人才的全面发展和适应社会需求提供有效的支持，促进技能人才队伍持续壮大。这有助于建立更加健全的技能人才生态，为社会和经济的可持续发展提供有力支持。

二 多领域推动产学研结合

促进产学研结合，建立各类高校、企业和科研机构之间的合作平台。通过合作项目和实践机会，技能储备人才可以接触到实际工作场景和先进技术，提高自身的技术实践能力和解决问题的能力。产学研结合是推动技术创新和产业升级的重要途径，在技能人才生态下多领域推动产学研结合，是优化技能人才培养的关键举措。本部分从建立产学研合作平台、加强产学研沟通与合作、培育产学研交叉人才、推动技术转移与应用以及加强政策支持与资源整合等五个方面提出对策建议，以促进在技能人才生态下多领域推动产学研结合，提高技能人才的创新能力和实践能力，推动技能人才队伍持续壮大。

第一，建立产学研合作平台，包括跨界交叉平台等，打破学科壁垒，促进学术界、产业界的交流与合作。平台为不同领域的专业人士提供了合作的空间，促使技术、创新和实践方面的跨学科合作，从而推动技能人才的全面发展。创新创业基地的建立是另一项重要的举措，可为技能人才提供技术研发和创新实践的场所。这样的基地不只是工作场所，更是创新孵化器，为技能人才提供了展示、实践和推动创新的平台。借助创新创业基地，技能人才能够深度参与创新项目，提升自身实际操作能力，并在创业方面得到有力的支持。产业联盟合作也是一种有效的机制，能够促进企业、高等教育机构和科研院所等多方参与，共同推动产学研发展。通过建立产业联盟，不同领域的专业机构能够共享资源、协同创新，并制定共同的培养计划。这种合作模式有助于整合各方优势，为技能人才提供更多样的培训和发展机会。综合而言，产学研合作平台、创新创业基地及产业联盟有助于构建更具活力和适应性的技能人才生态系统。这些举措不仅能推动技能人才的全面发展，也可以促进学术界、产业界之间的紧密合作，共同提升技能人才培养的质量。

第二，加强产学研沟通与合作，完善知识产权保护机制，明确技能人才在产学研合作中的知识产权归属，保障其合法权益。在加强技能人才的培养与发展实际中，产学研合作尤为重要。首先，需要建立产学研合作机制，包括建立定期的交流机制，促进信息共享。同时，明确技能人才在产学研合作中的知识产权归属是至关重要的一环，为此需要建立健全知识产权保护机制，以保障技能人才的合法权益。积极开展技术需求对接也是推动产学研合作的关键。深入了解产业界的技术需求和问题，可以为技能人才提供有针对性的指导。这种需求对接不仅有助于提高技能人才的研究实用性，还能够确保研究成果更好地满足实际产业需求，增强研究的实际应用性。同时，建立产学研合作项目库也是一项有效的措施。项目库可以促使技能人才更加积极地参与实际项目，深化其在产业界的实践。这有助于深化产学研结合的深度与广度，推动学术研究成果更迅速地转化为实际应用。综合而言，加强产学研沟通与合作，保障知识产权，进行技术需求对接，建立项目库，有助于构建更加紧密、高效的技能人才培养与发展生态系统。这种合作模式不仅有利于技能人才的全面发展，也有利于推动产学研三方的紧密合作，实现理论与实践的有机结合。

　　第三，培育产学研交叉人才，通过培养跨学科背景的综合型人才，提高其综合素质与创新能力。在技能人才培养中，一项重要的措施是培育产学研交叉型人才。培养有多学科背景的综合型人才，提高其综合素质和创新能力。这一过程不仅能够满足不同领域的发展需求，也有助于培养更具竞争力的技能人才。为了更好地引导技能人才的学习与研究，可以组建产学研导师团队。这个团队可以由来自企业的专业人士、学术教师和科研专家组成，共同为技能人才提供指导。通过与企业专业人士的紧密合作，技能人才可以更好地理解实际应用场景，学术教师和科研专家则能够为其提供更深入的学术指导，实现理论与实践的有机结合。在教育体系中引入产学研交叉课程也是一种有效的方式。这些课程可以融合学术理论与实际应用，旨在培养技能人才的实践能力和创新意识，使技能人才能更好地将学科知识应用于实际工作，从而更好地满足职业发展需求。培养产学研交叉人才、组建导师团队和开设交叉课程可以有效地搭建起促进产学研的桥梁，为技能人才提供更全面、实用的培养，推动其更好地发展。

第四，推动技术转移与应用，加强技术成果的转化与应用，将研究成果转化为实际应用，推动技术的产业化和商业化。在技能人才培养中，一项关键的举措是积极推动技术转移与应用，加强技术成果的转化与应用，将研究成果转化为切实可行的实际应用，从而推动技术的产业化和商业化。为此，可以设立创新孵化器，作为技能人才的支持平台，专门致力于促进技术成果的快速转化。创新孵化器可以为技能人才提供技术转移与项目推广等全方位的支持，包括资源整合、资金支持、市场推广等，以确保技术成果能够迅速被应用于实际中。同时，为了促进技能人才与相关产业的更紧密对接，可以鼓励技能人才积极参与产业孵化和培育。这意味着技能人才不仅要在研究和创新方面有所建树，还应参与产业升级和创新发展的实践。这种合作模式有助于在产业层面推动技术应用，同时为技能人才提供更广泛的发展机会。推动技术转移与应用、设立创新孵化器以及促进技能人才与产业的深度合作，更好地促进科研成果转化，为产业发展注入新的动力，同时为技能人才提供更具前瞻性的发展路径。

第五，加强政策支持与资源整合，制定相关优惠政策，鼓励企业参与产学研合作，提高技能人才参与的积极性。在技能人才培养中，加强政策支持与资源整合是至关重要的。首先，制定相关优惠政策是激发产学研合作的关键。政府可以通过提供税收优惠、研发资金等方式，鼓励企业积极参与产学研合作，从而提高技能人才参与的积极性。这样的政策举措有助于企业更主动地投身于技术创新和人才培养。其次，为了加大技能人才培养和产学研合作方面的资金投入，政府可以增加相关领域的支持资金。资源保障是深入开展产学研的基础。政府可以通过设立专项基金、项目拨款等方式，为技能人才的培训和产学研合作提供充足的财政支持。这不仅有助于培养更多高水平的技能人才，也为产业创新提供了可持续的动力。最后，政府还应当加强政策的宣传与推广，以提高技能人才和企业对产学研合作政策的了解程度，从而增强他们参与产学研合作的信心。政策宣传机制有助于建立产业生态，推动产学研合作更好地发挥作用。

多领域推动产学研结合是优化技能人才生态的重要举措。在实践中，可以建立产学研合作平台，加强产学研沟通与合作，培育产学研交叉型人才，推动技术转移与应用，以及加强政策支持与资源整合等。这些措施有助于提高技能人才的创新能力和实践能力，促进技能人才队伍持续壮大，同时，也有利于推动技术创新和产业升级，为社会经济发展提供有力支撑。

三　提供跨学科教育和培训

综合的技术和知识非常重要，因此要推动跨学科教育和培训。培养学生的工程思维、创新思维和团队合作能力，引入跨学科的课程和项目，使学生能够应对制造业发展要求。跨学科教育和培训是优化技能人才生态、提高技能人才综合素质和适应能力的重要途径。本部分从课程设置与教学方法创新、师资队伍建设、学科融合与交叉培养、资源整合与共享、建立跨学科教育评估体系等方面提出对策建议，以促进技能人才跨学科教育和培训，提高其学科综合能力，推动技能人才队伍多元化发展。

第一，课程设置与教学方法创新，包括跨学科课程设计，将不同学科的知识和技能融合在一起，提供综合性的学习体验，促进技能人才的跨学科能力发展。在技能人才培养中，进行课程设置与教学方法创新至关重要。首先，跨学科课程设计是一项关键的举措。通过开设跨学科课程，将不同学科的知识和技能融合在一起，为技能人才提供更具综合性的学习体验。这种跨学科的学习方式有助于拓展技能人才的知识边界，培养其跨学科能力，以便应对复杂多变的工作环境。其次，采用项目式教学方法是培养技能人才实际能力的有效途径。通过让技能人才参与团队合作、解决实际问题，可以培养其创新思维。这种实践性的学习方式不仅能够增强技能人才的动手能力，还能够培养技能人才在协同工作中的团队精神，使其更好地适应职业发展要求。同时，加强实践教学，引入产学研结合的实践项目，是将理论知识应用于实际情境的有效途径。通过与实际项目的结合，技能人才可以更好地理解和运用所学知识，提高实际操作能力。这有助于确保技能人才具备在实际工作中所需的技能，为其职业发展打下坚实的基础。

第二，师资队伍建设，培养拥有跨学科背景和专业知识的教师，促进技能人才的综合能力提升。在技能人才的培养中，师资队伍建设至关重要。首先，培养拥有跨学科背景、专业知识的教师是关键的一步。这些教师应该具备足够的专业深度，同时拥有跨学科的视野，能够进行跨学科教学。这有助于打破学科壁垒，促进技能人才全面发展。其次，开展师资培训与交流活动是提高教师教学水平和跨学科教学能力的有效途径。通过这些培训和交流活动，教师可以不断提升教学水平，增进对跨学科教育的理解。这样的活动有助于打造富有活力和创新性的教学团队，为技能人才提供更优质的教学资源。同时，组建产学研导师团队也是一项重要的举措。这个团队由来自企业的专业人士、学术教师和科研专家组成，共同指导技能人才的学习与研究。这种跨界性的指导方式可以为技能人才提供更为全面和实用的知识，使其在学习和研究中更贴近实际需求，更好地适应产业发展的要求。

第三，学科融合与交叉培养，设立交叉学科项目，鼓励技能人才在多个学科领域进行学习和研究，拓展其学科边界。在技能人才的培养中，学科融合与交叉培养是一项关键举措。首先，设立交叉学科项目是为了激发技能人才在多个学科领域进行学习和研究的兴趣。这些项目将为技能人才提供全新的学科体验，拓展其学科边界，以便更全面地理解和应用知识。其次，设立跨学科学位可为技能人才提供更为全面的跨学科培养机会。这样的学位设置将使技能人才能够深入学习不同学科领域的知识，增加其综合学科知识。这有利于适应不断变化的技术和行业要求，培养具有全局视野的人才至关重要。同时，跨学科导师团队可为技能人才提供学科融合的指导和支持。这个团队由来自不同学科领域的导师组成，共同指导技能人才的学习和研究。这样的指导方式有助于促进学科间的交叉培养，使技能人才能够更好地将不同学科的知识进行整合，形成创新性思维和解决问题的能力。

第四，资源整合与共享，建立教学资源共享平台，将不同学科的教学资源整合起来，为技能人才提供丰富多样的学习资源。在技能人才培养中，资源整合与共享是一项关键战略。首先，建立教学资源共享平台，整合不同学科的教学资源，为技能人才提供丰富多样的学习资源。这种平台将促进知识的跨学科传递，让技能人才能够在多个领域获取知识。其次，实验室和设施共享将为技能人才提供更好的实践教学和研究条件。加强实验室和设施共享，技能人才可以更灵活地利用先进的设备和资源，从而更好地进行实践性学习和研究。这有助于他们在真实场景中应用所学知识，增强实际操作技能。同时，加强与产业界和科研机构的合作，共享产学研资源，为技能人才提供更多的实践机会。与产业界和科研机构的合作可以使技能人才更好地了解实际工作要求和行业变化趋势，通过参与项目，提升应用能力。资源共享也有助于促进产学研有机结合，加速技术创新和知识传递。

第五，建立跨学科教育评估体系，对跨学科课程和教学方法进行评估，优化教学设计。在技能人才培养中，建立跨学科教育评估体系是一项关键举措。首先，对跨学科课程和教学方法进行评估，有助于深入了解教学效果和学习体验。这种评估体系将促使教育者优化教学设计，确保跨学科课程能够有效提升技能人才的跨学科综合素质。其次，建立改进机制，定期对跨学科教育和培训计划进行评估和调整，及时反映培养计划的实际效果。这有助于不断提升培养计划的质量，确保其适应不断变化的技术和市场需求，与产业发展保持同步。同时，进行学生综合素质评估，对技能人才的学科知识、实践能力、创新能力等进行全面评估。这样的评估有助于全面了解技能人才发展情况，为其提供个性化的培养方案和职业发展建议。通过这一综合性评估，可以更好地满足市场对于全面发展的技能人才的需求。

提供跨学科教育和培训是优化技能人才生态的重要举措。在实践中，课程设置与教学方法创新、师资队伍建设、学科融合与交叉培养、资源整合与共享等有利于促进技能人才的学科综合能力提升，推动技能人才队伍的发展壮大，同时，也将促进技能人才与产业界和科研机构的合作与交流，推动产学研深入发展，为社会经济发展提供有力支撑。

四　国际交流和合作

加强与国际领域的交流与合作。鼓励学生和从业人员参与国际交流项目和合作研究，拓宽技能储备人才的视野，提高技能人才的跨文化合作和全球竞争能力。本部分从建立国际交流平台、拓展海外学习和实习机会、加强国际师资培养、推动国际合作项目和跨国企业交流、开展语言和文化培训等方面提出对策建议，以促进技能人才的国际交流与合作，提升其全球竞争力，推动技能人才队伍国际化发展。

第一，建立国际交流平台。为促进技能人才的全球化发展，可以采取以下一系列举措。首先，组织国际学术交流会议是一种有效的方式。通过定期举办国际学术交流会议，邀请国内外技能人才和学者参与，能够推动学术思想和技术成果的跨国交流与分享。这有助于开阔技能人才的国际视野，促进不同文化背景下的思想碰撞，培养创新思维。其次，建立国际合作研究中心是促进技能人才之间学术合作的关键。通过与海外高校和科研机构的合作，可以推动技能人才之间的学术交流与合作，加速知识传播和创新发展。这种国际性合作有助于整合全球优质资源，提升技能人才的研究水平和创新能力。同时，设立国际创新创业基地是为技能人才提供国际化平台和资源支持的切实举措。这样的基地可以成为国际合作与交流的枢纽，为技能人才提供创新创业的机会和资源，鼓励其积极参与国际化创新项目。通过这些项目，技能人才可以更好地融入全球创新网络，拓展国际市场，形成更广泛的影响。综合而言，这些措施将有助于构建有利于技能人才全球化发展的生态系统，为其提供更广阔的发展空间和更丰富的资源支持。

第二，拓展海外学习和实习机会。为促进技能人才国际化发展，可以采取以下一系列措施。首先，建立海外交流项目是一种有效的方式。通过为技能人才提供海外学习和实习的机会，能够有效开阔其国际视野。项目可以覆盖不同国家和地区，让技能人才在跨文化环境中学习和成长，从而提升全球竞争力。其次，与海外高校建立合作关系是推动国际学术交流和合作的关键一环。通过建立紧密的合作伙伴关系，技能人才能够参与国际性学术研究项目，与国际同行深度交流，促进知识传播和创新共生。这样的合作也有助于提升技能人才的国际学术声誉。鼓励技能人才到海外企业实习是提高其国际竞争力的重要途径。技能人才参与国际企业的实际工作，有利于深入了解国际先进技术和管理经验。这种实际经历不仅为其提供了与国际同行接触的机会，还让其能够学以致用，将所学知识应用于国际商业环境，从而更好地适应全球化竞争要求。这些措施的实施有助于构建促进技能人才国际化发展的生态系统，为其提供更广泛的国际化平台和更深入的国际交流机会。

第三，加强国际师资培养。为提高技能人才的知识储备水平，有必要开展一系列国际师资培训项目。引入国际教育专家和业界精英，组织技能人才参与国际性培训。这种方式不仅有助于提高技能人才的专业水平，还能够促使其更好地适应国际化的教学环境。另外，组织国际教师交流活动也是推动国际师资队伍建设的有效手段。邀请国际优秀教师到国内技能人才培训机构教学，使技能人才接触到国际先进的教学理念和方法。这种形式的交流也有助于促进国际师资队伍之间的深度合作和经验分享。除此之外，建立国际化教学团队是一种有益的措施。由国内外专业教师组成教学团队，为技能人才提供国际化的教学资源和服务，包括全球范围内的案例分析、教材资源、先进的教学技术等，从而提高技能人才的综合素质和国际竞争力。这些措施的实施将为技能人才提供更为全面和深入的国际化培训体验。

第四，推动国际合作项目和跨国企业交流。鼓励技能人才积极参与跨国合作项目，不仅可以促进国内与海外技能人才之间的合作与交流，更能推动技术创新和行业发展。跨国合作项目为技能人才提供了难得的国际化职业发展机会和平台，通过与不同文化背景和专业领域的合作伙伴共事，技能人才可以开阔视野、学习先进技术、提高解决复杂问题的能力。在推动跨国企业之间的交流与合作方面，技能人才可借机深入了解国际市场和先进管理经验，从而提升自身的国际竞争力。此外，跨国合作项目的成功实施，有助于技能人才的创新创业，促进技术成果转化。这不仅有利于技能人才的职业发展，也对整个生态的创新起到积极的推动作用。将合作项目成果转化为商品或服务，能够加速技术成果的应用。这种国际化合作模式不仅有助于技能人才在全球范围内树立声望，还能推动技术的跨国传播，为全球可持续发展贡献力量。

第五，开展语言和文化培训。加强外语培训是提升技能人才的国际竞争力的关键一环。系统的外语培训，能够提高技能人才的外语交流能力和跨文化交际能力，以便更好地适应国际化的工作环境。这种培训不仅包括语法和词汇的学习，更注重实际应用和专业术语的掌握，以确保技能人才在跨国合作中能够高效沟通。同时，组织跨文化交流活动是使技能人才具有国际化视野的有效途径。这样的活动不仅能使技能人才了解不同国家和地区的文化差异，还能增进相互之间的理解。通过与来自不同文化背景的人交流，技能人才将更好地适应具有多元文化背景的团队，提高跨文化协作效能。此外，组织技能人才参与国际文化体验活动，如参访、文化展览等，将有助于深化其对其他国家文化的认知。这样的经历有助于提高技能人才的国际交往能力，使其在国际舞台上更加从容自如。这些综合性的措施将有助于培养更具国际竞争力的技能人才，推动技能人才的国际化发展。

进一步促进国际交流与合作是优化技能人才生态的重要举措。在实践中，可以采取的措施包括建立国际交流平台、拓展海外学习和实习机会、加强国际师资培养、推动国际合作项目和跨国企业交流、开展语言和文化培训等。通过这些措施的落实，可以开阔技能人才的国际视野，促进技能人才队伍的国际化发展，同时，也将推动技能人才掌握国际先进技术，为社会经济发展提供有力支撑。

第二节　稳步巩固技能人才的势能生态

一　持续提供专业培训

为技能人才持续提供专业培训和学习机会，以不断提升其知识和技能水平。培训内容应与技能人才所处领域的技术发展趋势密切相关。本部分从建立完善的培训机制、开展多样化的培训形式、提供个性化的培训方案、加强师资队伍建设以及强化培训效果评估等五个方面提出对策建议，旨在为技能人才持续提供专业培训，提升其综合素质和职业竞争力。

第一，建立完善的培训机制。在技能人才培养中，建立完善的培训机制至关重要。首先，需要定期进行技能人才需求调查，深入了解其培训需求和意愿。这有助于制定有针对性的培训计划，确保培训内容与技能人才实际需求相符，提高培训的针对性和实效性。其次，建立培训计划评审机制，由相关专家和机构对培训计划进行科学评审。通过专业评审，确保培训内容的科学性和先进性，满足技能人才在快速发展的行业中的需求。这也有助于提高培训计划的可持续性，使其适应不断变化的技术和市场需求。此外，加强培训资源整合是关键。整合教育机构、企业培训中心、行业协会等多方资源，提高培训资源的利用效率。这样的整合可以为技能人才提供更多样化的培训选择，满足不同人才的需求，同时促进不同领域的合作与交流。建立培训机制有助于更好地适应技能人才生态的要求，为其提供高质量、多样化的培训服务，推动技能人才全面发展。

第二，开展多样化的培训形式。为了更好地培养技能人才，可以采用线上线下相结合的培训方式。通过开设在线培训课程，为技能人才提供更加灵活的学习方式和时间选择。这不仅使培训时间更具弹性，同时也拓展了培训的覆盖面，使更多有需求的人能够参与其中。在培训内容方面，应该注重实践与理论相结合。通过实际操作和案例分析，培训将更加贴近实际场景，帮助技能人才将所学知识迅速运用到实际工作中。这种方式不仅提高了培训的实效性，也更符合技能人才实际工作要求，促使其更好地应对现实挑战。此外，跨部门、跨行业的合作培训也是一种有效的方式。这有助于促进不同领域技能人才之间的交流和合作，拓展培训内容。通过与不同行业的专业人才共同参与培训，技能人才将更好地理解不同领域的需求，促进跨界融合，提升整体综合能力。综合而言，通过线上线下相结合的培训方式，注重实践与理论结合，以及跨部门、跨行业的合作培训，可以更全面地推动技能人才的发展。这不仅有利于个体的成长成才，也有利于促进整个技能人才生态的健康发展。

第三，提供个性化的培训方案。通过个性化诊断，可以深入了解技能人才的专业水平和学习需求，量身定制培训方案，提高培训的针对性和有效性。这种个性化的诊断方法有助于识别技能人才在特定领域的优势和不足，开展有针对性的培训，提升知识和技能水平。通过细致入微的分析，能够为每位技能人才提供更加个性化、精准的培训计划，确保其在培训过程中取得更好的学习效果。提供弹性学习路径是另一项关键的举措。根据技能人才的学习进度和时间安排，可以设计多种学习模式，以增强学习的便捷性和灵活性。这种弹性的学习路径使技能人才能够更好地融入培训，根据自身的时间和学习节奏进行灵活安排。这不仅提高了学习的舒适度，也有助于技能人才更好地保持学习的积极性。与技能人才共同制定职业发展规划也是一项重要的工作。通过与技能人才深入沟通，了解其职业目标和发展需求，提供相应的培训资源和支持。共同制定职业发展规划有利于更好地开展技能人才培训，使其更好地对接市场需求。综合而言，个性化诊断、提供弹性学习路径和共同制定职业发展规划等，有助于更好地满足技能人才的学习需求，为技能人才发展提供有力支持。这有助于构建健康的技能人才生态，推动整个社会发展。

第四，加强师资队伍建设。在提高教师素质方面，培训师资队伍的专业水平和实践经验至关重要。为确保培训的质量和效果，培训师资队伍应具备丰富的实践经验和专业知识，包括对教育行业的深刻理解、对培训内容的掌握。为了提升培训师资队伍的素质，应定期组织教师参加学术研讨会等。通过这些活动，教师可以更新知识、分享经验，并了解最新的教学方法和理念。这有助于提高教师的教学水平，使其更好地适应快速变化的职业要求。引入实践导师也是增强培训效果的有效手段。实践导师通常是在相关领域拥有丰富经验的专业人士，能够为技能人才的实际工作提供指导和培训辅导。这种实践性的教学方式有助于技能人才更好地理解和应用所学知识，增强培训的实效性和针对性。通过以上方法，能够打造高水平的培训师资队伍，为技能人才提供更具价值和实用性的培训，培养出更符合市场需求的技能人才，推动技能人才生态的可持续发展。

第五，强化培训效果评估。为确保培训的质量和实效，建立培训效果评估体系是至关重要的。这一评估体系旨在全面评估培训成果，即通过深入了解学员的学习成果和实际工作表现，对培训效果进行全面评估。这有助于更好地了解培训的实际影响，以及学员在工作中应用所学知识和技能的情况。培训后的效果跟踪是评估体系的关键组成部分。通过对参加培训的技能人才在工作中应用所学知识和技能的情况进行跟踪，深入了解培训对其实际工作的影响。这种实时跟踪有助于更全面地了解培训的效果，为培训方案的调整提供有力的支撑。在建立培训质量反馈机制方面，允许技能人才对培训内容和方式提出意见和建议是至关重要的。这种反馈机制为学员提供了表达观点的渠道，使其能够分享对培训的看法和感受。同时，这也为培训机构提供了宝贵的信息，有助于不断改进和提高培训的质量。建立全面而有效的培训效果评估体系，更好地满足技能人才需求，不断提升培训的实际效果，推动技能人才发展。

持续为技能人才提供专业培训是提高其专业水平和适应能力的关键举措。在实践中，可以建立完善的培训机制，开展多样化的培训形式，提供个性化的培训方案，加强师资队伍建设以及强化培训效果评估等。这些措施的落实，可以为技能人才持续提供专业培训，提升其综合素质和职业竞争力，为社会经济的可持续发展做出积极贡献。

二　完善行业标准和职业资格认证制度

逐步完善行业标准，明确技能人才的培养目标和要求，同时构建职业资格认证体系，为学生和从业人员提供权威的认证支持，使其能够在就业市场上得到认可。完善的行业标准和职业资格认证体系是推动技能人才生态优化的重要举措。本部分从建立健全标准制定机制、增强职业资格认证的科学性与公正性、推动标准与认证体系协调发展、开展国际合作与互认等方面提出对策建议，旨在为建立行业标准和职业资格认证体系提供指导和支持。

第一，建立健全标准制定机制。积极引入行业内专家和权威机构参与制定行业标准和职业资格认证体系是确保培养的技能人才符合实际需求的关键。通过邀请具有丰富实践经验和行业洞察力的专家参与标准制定工作，能够保证标准的科学性、前瞻性和实用性。这些专家可以提供宝贵的行业信息，确保标准紧跟行业发展趋势，并能够应对未来技能需求变化。广泛听取技能人才的意见和建议，进行调研和征求意见，是制定行业标准的重要环节。通过与技能人才沟通，了解其在实际工作中面临的挑战，使标准更贴近实际，更好地服务于技能人才的培养与发展。定期修订和更新行业标准与职业资格认证体系是确保其时效性和有效性的必要步骤。随着科技的不断发展，标准需要不断更新，以准确反映对技能人才的要求。通过及时修订和更新标准，更好地指导实际，确保技能人才掌握实用技能，提高职业竞争力。

第二，增强职业资格认证的科学性与公正性。为确保技能人才的培养与发展，建立职业资格认证机构是至关重要的。机构的独立性能够有效避免利益冲突，确保认证工作的公正性和客观性。这样的机构应当以服务于技能人才培养为宗旨，是中立的第三方，为技能人才的成长提供客观的评价。在建立科学、全面的认证评价标准体系方面，开展技能水平、实践经验、职业道德等维度的评估是必不可少的。这一全面的评价体系能够更准确地反映技能人才的实际能力和发展潜力，为其提供更有针对性的建议。同时，公开职业资格认证考核过程也是确保认证公正性和可信度的重要步骤。公开透明的考核过程，有助于社会各界和技能人才清晰地了解认证的标准和流程，增强认证的公信力。建立受信任的认证体系，有助于提高技能人才的职业认可度。

第三，推动标准与认证体系协调发展。为确保技能人才的培养和发展与行业标准、职业资格认证体系相匹配，应确保认证内容与行业标准一致，以增加认证结果的参考价值。这就需要建立一种机制，确保认证标准与行业标准的有效对接，以适应行业发展趋势。通过与行业主管部门、专业协会等合作，促进认证标准的更新和调整，以便与行业标准保持一致性。同时，制定认证激励标准也是非常关键的。给予通过职业资格认证的技能人才相应的激励，如薪酬待遇、职业发展机会等，可以有效提高技能人才参与认证的积极性。这样的激励机制既可以肯定技能人才的专业水平，也有助于增强其提升自身技能的动力。推动行业内认证机构的统一管理，避免认证体系重复、交叉和混乱的现象出现，提高认证的规范性和权威性。通过建立统一的认证管理机构，可以规范认证流程，确保认证的一致性和公正性。这有助于提高认证体系的整体效能，增强其在技能人才培养与发展中的指导作用。

第四，开展国际合作与互认。要使技能人才认证更具国际通用性，首先，需要加强与国际认证机构的合作。通过与国际认证机构的紧密合作，及时了解国际认证标准的变化，确保国内认证体系与国际标准保持一致。这种合作还有益于借鉴国际先进认证经验，提升我国技能人才认证水平。在此基础上，促进不同国家的职业资格互认是必要的。推动国家间的职业资格互认，使技能人才可以更便捷地在不同国家获取职业发展机会。这种互认机制有助于提升技能人才的流动性。此外，积极参与国际职业资格认证标准的制定工作也是一项重要任务。为争取在国际认证体系中发挥更大的影响力，我国可以积极参与全球职业资格认证标准的制定工作，确保这些标准符合我国技能人才的特点和需求，提高我国技能人才的国际认可度和竞争力。

完善行业标准和职业资格认证体系是推动技能人才生态优化的重要举措。在实践中，可以建立健全标准制定机制、增强职业资格认证的科学性与公正性、推动标准与认证体系协调发展、开展国际合作与互认等，通过这些措施的落实，为技能人才提供更全面、准确、有效的职业认证服务，推动技能人才生态优化。

三　多样化职业晋升与发展

建立健全职业晋升与发展机制，通过晋升和发展激励，增强技能人才的工作动力和对未来的信心，为其提供多样化的职业晋升与发展机会，是优化技能人才生态、提高技能人才的职业满意度和综合素质的关键举措。本部分从建立多途径职业晋升通道、实施差异化薪酬与激励机制、打造灵活多样的职业发展空间、推行个性化职业规划与培训、加强信息传递与资源共享等方面提出对策建议，以促进技能人才实现多样化的职业晋升与发展，推动技能人才队伍发展壮大。

第一，建立多途径职业晋升通道。为了推动技能人才的职业发展，需要进行职业层次划分，以建立明确的职业晋升通道，具体可以分为初级、中级、高级等不同层次，确保技能人才在职业生涯中有清晰的发展方向。通过这样的职业层次划分，技能人才能够有针对性地提升自身技能和素养，为未来的职业发展夯实基础。同时，建立技能人才导师制度也是重要的举措。导师可以是资深的技能人才，他们将指导初级技能人才的成长、分享经验、传授实际操作技能，帮助其更好的成长成才。这种一对一的指导关系有助于初级技能人才更快地适应工作环境，提高工作效率。此外，为了激发技能人才的工作积极性，建立公平公正的职业晋升机制至关重要。通过竞聘等方式选拔优秀的技能人才，确保其在职业生涯中获得应有的认可和晋升机会。这种公平竞争机制有利于调动技能人才参与培训的积极性，为其职业发展创造更多的机会。

第二，实施差异化薪酬与激励机制。为了更好地推动技能人才培养和发展，可以建立绩效薪酬制度，根据技能人才的工作表现和贡献，给予相应的薪酬激励。这种制度有利于增强技能人才的工作动力，依托公正的绩效考核体系，确保薪酬与业绩紧密相关，从而更好地激发技能人才的工作热情。同时，针对技能人才在特定岗位上的技术特长，制定技能人才岗位津贴制度。这种岗位津贴作为额外的激励，可以为技能人才在其专业领域深耕细作提供支持。除了薪酬激励，还可以考虑制定职业发展福利制度，包括培训补贴和职称认定支持等。培训补贴有利于鼓励技能人才不断提升专业技能，保持行业敏感度。职称认定支持则可以提高技能人才在职业发展道路上的被认可度，增加其职业满意度和忠诚度。这些措施有助于构建全面的职业发展体系，为技能人才提供了更多的激励和支持，使其更好地发挥自身优势。

第三，打造灵活多样的职业发展空间。为了促进技能人才的全面发展，可以推动跨领域的职业发展，鼓励技能人才进入不同的行业和领域。为此，应该提供在不同行业、领域间转岗和交流的机会，以拓宽技能人才的职业发展空间。这种跨领域的发展不仅能够使技能人才积累更为丰富的经验，还有助于提升其创新潜力和适应能力。除了跨领域发展，还可以为技能人才提供创新创业支持，包括项目资助和技术支持等。通过这些支持措施，激发技能人才的创业动力并更好地转化为实际行动力。这不仅有助于培养更多的创业者，还能够促进技能人才在各个领域的发展。同时，为了提高技能人才的成就感和工作效率，可以实行灵活的工作制度，如远程办公和弹性工作时间等，为技能人才提供更多的工作选择，从而更好地发挥其潜力和创造力。这种灵活的工作制度也有助于提高组织的吸引力，吸引更多高素质的技能人才。

第四，推行个性化职业规划与培训。为了更好地推动技能人才培养和发展，可以实施个性化的职业规划指导，为每一位技能人才提供专业的指导服务，包括根据技能人才的专业特长、兴趣和发展需求，制定个体化的职业规划路径。个性化的指导有助于技能人才明确自身职业发展方向，进而更有针对性地规划未来。为了提供全面的支持，应制定职业发展培训计划，包括技术培训、管理培训和领导力培训等多层次、多样化的培训内容。这样的培训计划涵盖了不同领域的知识和技能，可以推动技能人才全面发展。通过参与培训，技能人才可以提升自己的技能，为未来的职业发展夯实基础。同时，为了确保培训的实际效果，可以实行培训成果认证制度。对参加培训的技能人才进行成果认证，通过技能考核、项目评估等方式来验证培训成果。这不仅有助于评估培训的有效性，还可以增强技能人才在职场上的竞争力。

第五，加强信息传递与资源共享。为了构建更为健康的技能人才生态，可以建立职业信息平台，为技能人才提供全面的职业信息支持。这一平台将集成各行各业的就业信息、职业发展机会等，为技能人才及时提供准确的职业信息，使其更好地了解行业动态和职业发展趋势。通过这一平台，技能人才将能够更明智地制定职业规划，提高职业决策的科学性。同时，还可以推动建立技能人才资源共享机制，共享行业内的资源，吸引企业、行业协会、高等教育机构等相关方参与。技能人才能够更充分地利用各类资源，包括培训、职业导师指导、项目合作等。这有助于提高技能人才的整体竞争力，使其在职业生涯中更好地应对多变的市场需求。应加强技能人才与企业、行业协会、高等教育机构之间的交流合作，促进资源共享与优势互补。通过参与行业交流会议、研讨会等，技能人才可以更深入地了解行业动态，积累经验，实现与合作伙伴的共同发展。这种交流合作有助于搭建更广阔的平台，为技能人才提供更多的机会，推动整个技能人才生态的协同发展。

多样化职业晋升与发展机制是优化技能人才生态的重要举措。在实践中，可以建立多途径职业晋升通道、实施差异化薪酬与激励机制、打造灵活多样的职业发展空间、推行个性化职业规划与培训、加强信息传递与资源共享等，促进技能人才生态的多样化发展，提高技能人才的职业满意度和综合素质，推动技能人才队伍发展壮大。

四 引入绩效导向的薪酬体系

引入绩效导向的薪酬体系，根据技能人才的表现和贡献进行薪酬激励，激发其积极性和创造性，确保个人发展与组织目标的一致性。本部分从建立绩效评估指标体系、设立差异化薪酬激励机制、建构公平公正的绩效评估机制、加强信息透明与沟通、提供职业发展支持等方面提出对策建议，通过引入绩效导向的薪酬体系，提高技能人才的职业满意度和绩效水平。

第一，建立绩效评估指标体系。在构建健康的技能人才生态系统过程中，明确关键绩效指标是至关重要的。可以根据技能人才岗位职责和业绩目标来确定关键绩效指标，突出对工作绩效的评估。这有助于确保绩效评估更加精准，真实反映技能人才在其职责范围内的表现。为了确保绩效评估的科学性和客观性，还可以确定绩效评估指标的权重。为各项绩效指标设定合理的权重，准确反映其在整体绩效评估中的重要性。权重设置需要综合考虑各项指标的贡献度，确保评估体系更加全面。同时，设定绩效考核周期和频次也至关重要。确定合适的考核周期，确保绩效评估的及时性，使技能人才在工作中保持高效、积极的状态。设定适当的考核频次，为技能人才提供更多的反馈和改进机会，优化工作表现。基于这种定期的绩效评估，建立有效的沟通机制，促使技能人才在工作中持续进步。

第二，设立差异化薪酬激励机制。在构建技能人才生态系统的过程中，建立科学而具体的绩效工资体系非常关键。将薪酬与绩效直接挂钩，建立明确的奖惩机制，激发技能人才工作动力。基于绩效的工资体系有助于激发技能人才的积极性，使其更加专注于提高工作效率，从而实现企业与员工的双赢。为了确保激励措施的科学性和公平性，可以制定差异化的激励标准。根据不同岗位和层级的特点，设定具体、可操作的激励标准，使激励机制更加精准。这有助于避免"一刀切"的情况出现，确保不同技能人才在激励方案中被公平对待。同时，引入长期激励机制也是非常重要的，如股权激励、期权激励等，帮助筑牢技能人才与企业长期合作的利益基础，激发技能人才为企业创造更多的价值。这种长期激励机制有助于留住技能人才，提高其忠诚度，推动企业可持续发展。

第三，建构公平公正的绩效评估机制。在技能人才培养中，确立客观公正的评估标准是至关重要的。设定明确、可量化的评估标准，可以减少主观因素对绩效评估的影响，从而确保评估结果的公正性和准确性。这样的评估标准应当是科学、透明的，技能人才能够清晰地了解评估的依据，增强信任感。为了更全面地了解技能人才的绩效水平，采用多维度的评估方法是非常必要的。除了业绩表现外，还应该考虑职业操守、团队合作等内容。这种多维度评估能够更全面地反映技能人才的实际贡献和潜力，并为其提供更有针对性的建议。同时，引入多方参与的评估机制也是提高评估客观性的有效手段。除了上述评估，还可以开展技能人才自评等多元化的评价。这样的多方参与机制有利于从不同角度获取信息，更准确地反映技能人才的绩效水平。

第四，加强信息透明与沟通。在技能人才培养中，建立绩效反馈机制是确保评估体系顺畅运作的重要环节。及时向技能人才反馈绩效评估结果，增进其对绩效评估的认知。这种机制有助于激发技能人才的工作动力，使其更加明确自身的发展方向，同时也为个体和组织之间的沟通创造了积极的氛围。在建立技能人才薪酬激励体系过程中，薪酬透明化是确保公平性和可信度的重要步骤。通过公示薪酬激励标准和评估流程，使技能人才了解薪酬体系的构建原则和运作机制，提高薪酬体系的透明度。透明化的薪酬系统有助于增强技能人才对薪酬分配的信任，减少不确定性，从而更好地激发其工作积极性。畅通的沟通渠道也是建立技能人才激励体系过程中至关重要的一环。建立有效的沟通渠道，鼓励技能人才对薪酬激励体系提出意见和建议，更好地满足其个性化的需求，增加互动性，营造共建共享的工作氛围。这有助于促进组织与技能人才形成良好的合作关系，提高整体绩效水平。

第五，提供职业发展支持。在技能人才培养中，职业发展规划是关键的一环。组织与技能人才共同制定职业发展规划，根据技能人才的职业目标和发展需求提供有针对性的支持。这种个性化的规划，可以帮助技能人才不断提升专业技能和综合素质，提供丰富多样的技能培训与学习资源支撑，包括不同领域的培训课程、实践项目及先进的学习工具。基于这样的支持，技能人才能够在不同领域持续学习，保持行业敏感度。为了更全面地支持技能人才发展，提供职业发展指导服务是必要的，包括职业规划指导等。通过专业的指导，技能人才可以更清晰地了解自己的职业定位，作出更明智的发展决策。

引入绩效导向的薪酬体系是优化技能人才生态的重要举措。在实践中，可以建立绩效评估指标体系、设立差异化薪酬激励机制、建构公平公正的绩效评估机制、加强信息透明与沟通、提供职业发展支持等，提高技能人才的工作动力和创造力，推动技能人才生态的良性发展。

第三节　持续激活技能人才的动能生态

一　建立良好的学习和发展机制

为技能人才提供持续学习和发展的机会，如培训课程、研讨会和导师计划。这样可以提高他们的技能水平，助力成长成才。因此，针对技能人才建立良好的学习和发展机制，本部分从提供学习平台、搭建发展阶梯、构建激励机制、加强实践训练等方面提出对策建议。

第一，提供学习平台。在构建技能人才的培养与发展体系过程中，建立在线学习平台是一项关键的举措。充分利用信息技术，为技能人才打造便捷的在线学习平台，实现灵活学习。这样的平台使技能人才能够不受时间和地点限制，开展自主选择学习，提高学习的便捷性和个性化。推动跨机构的课程共享，促使不同机构间的优质课程互通。通过这种方式技能人才可以得到更广泛、更专业的知识体系支持，增强学习的多样性。在这一过程中，需要积极整合各类学习资源，包括但不限于教材、讲义、视频等。不断丰富学习资源，为技能人才提供更全面的学习内容，满足不同领域的学习需求。这也有助于促进技能人才的跨学科学习，拓展其知识边界，以便更好地适应多样化的工作需求。

第二，搭建发展阶梯。在技能人才培养中，明晰职业发展路径是至关重要的一环。根据技能人才的职业需求，明晰职业发展路径。通过设定这样的路径，技能人才可以更清晰地了解自己所处的职业发展阶段，为未来的职业发展提供方向性支持。为了协助技能人才更好地制定个人职业发展策略，需要提供职业规划指导。这种指导可以是个性化的，根据技能人才的专业技能、兴趣爱好和职业发展方向，制定个性化的发展计划。这有助于提高技能人才在职业发展中的主动性和针对性，使其更有信心和动力去追求自己的职业目标。在这一过程中，建立公平、公正的职业晋升机制是不可或缺的。确保晋升机制的公正性，使技能人才更有动力去提升自己的技能和业绩。这也有助于让技能人才在组织中获得公平的机会，积极推动组织发展。

第三，构建激励机制。在技能人才培养中，设计合理的薪酬激励机制是至关重要的一环。将工作绩效与薪酬紧密相联，可以激励技能人才更加积极地投入工作，提高工作效率。这样的机制不仅体现了绩效与薪酬的关联，也在一定程度上增强了员工的工作动力。为了进一步促进技能人才的职业发展，需要提供晋升机会和空间。建立公平的晋升机制，鼓励技能人才通过不断提升自身能力来追求更高的职业目标。另外，给予荣誉激励也是一种有效的手段。对于表现突出或取得显著成就的技能人才给予荣誉激励，提高其工作积极性，包括荣誉称号、奖项认定等。这一系列激励措施的实施，有利于构建良好的技能人才培养与发展环境，促使技能人才更好地发挥潜力。

第四，加强实践训练。在技能人才培养中，建设各类实训基地是至关重要的一环，包括可模拟真实工作环境的实训设施，以帮助技能人才在实践中更好地应用所学知识和技能。这些实训基地不仅提供了场地，还能够模拟各种工作场景。工作坊训练也是一种有效的培训方式，让技能人才参与实际操作，实现"学中做、做中学"，更直接地提高其技能水平和工作效率。工作坊训练不仅强调理论知识的传递，更注重技能的实战演练。此外，提供实习机会也是促进技能人才实际能力提升的关键。与企业建立紧密的合作关系，为技能人才提供实习机会，通过实际工作锻炼，使技能人才能够更好地适应企业运作要求，为未来职业发展打下坚实的基础。

针对技能人才建立良好的学习和发展机制是推动其创新能力提升的重要措施。在实践中，可以提供学习平台、搭建发展阶梯、构建激励机制、加强实践训练等，有效激发技能人才的学习动力，提高其创新能力，为社会经济发展做出积极贡献。

二 制订晋升通道和职业规划

针对技能人才的晋升通道和职业规划是推动其职业发展和创新能力提升的关键，为此，本部分从建立晋升通道、制定职业规划、提供专业培训与导师支持、促进综合素质发展、激励机制设计等方面提出对策建议。

第一，建立晋升通道。在技能人才培养和发展的实际中，建立技能人才晋升通道，明确职业发展导向，建立职业晋升评估机制。首先，建立技能人才晋升通道是为了更好地评价其技能水平、工作经验和职业贡献。根据这些因素划分不同等级，明确每个等级的晋升条件和晋升途径，为技能人才提供明确的晋升方向。这有助于激发技能人才的工作积极性，使其在职业生涯中有更明确的发展方向。其次，为技能人才明确职业发展导向，指导他们根据自身技能特长和职业目标，选择合适的晋升通道和职业发展方向，以更好地满足不同技能人才的发展需求，促使其更好的制订职业规划。最后，建立科学的职业晋升评估机制是确保晋升过程公平和公正的关键。对技能人才的综合素质和职业能力进行评估，确保晋升决策的客观性。评估结果可作为晋升决策的重要参考依据，确保技能人才的晋升过程更加公正透明。这些措施的实施，有助于建立更为完善的技能人才职业发展体系，为其提供更清晰的职业晋升路径。

第二，制定职业规划。在技能人才培养和发展的实际中，为技能人才制定个性化的职业规划，提供个性化的职业发展指导，并设立职业发展咨询服务机构，鼓励技能人才跨领域发展。首先，基于技能人才特点、兴趣和职业目标，制定个性化的职业规划，为其提供个性化的职业发展指导。这种个性化的职业规划能够更好地满足技能人才发展需求，激发其创新动力。其次，建立职业发展咨询服务机构，为技能人才提供专业的职业发展咨询和指导。咨询服务人员应拥有专业的知识和丰富的经验，帮助技能人才解决关于职业发展的问题和困惑。这样的咨询服务有助于为技能人才提供更全面、深入的职业发展支持。最后，鼓励技能人才跨领域发展，提供职业转型和发展的机会，培养其多样化的技能。这有助于技能人才在不同领域积累经验，提高综合素质，在职业生涯中更具灵活性和适应性。这些举措的实施将有助于建立更为灵活和个性化的技能人才职业发展体系，为技能人才提供更全面的支持和更多样的发展机会。

第三，提供专业培训与导师支持。为了更好地满足技能人才的职业发展需求，制定科学合理的专业培训计划，提供有针对性的培训课程和项目。这些培训计划应该根据技能人才的专业领域和发展方向，覆盖技术、管理、创新等内容，全面提升技能人才的综合素质。通过精心设计的培训内容，技能人才能够更好地适应职业发展要求，提升职场竞争力。同时，建立创新导师制度，由拥有丰富创新经验的导师对技能人才进行指导。这些导师可以提供专业的创新指导，帮助技能人才攻克创新难题、提高创新能力。创新导师制度有利于技能人才在职业发展中更好地应对挑战，加速推进创新项目，从而实现突破性发展。另外，为了增强职业发展导师的指导能力，确保为技能人才的职业发展提供有效的支持，导师需要掌握职业咨询技能、心理辅导技巧、职业规划知识等，以便更好地理解技能人才的需求，为其提供更为个性化和专业的职业发展建议。这有助于构建完善的技能人才培养和发展体系，提高技能人才的职业素质和创新能力。

第四，促进综合素质发展。为了更全面地了解技能人才的职业能力进而为其职业发展提供有力支持，可考虑建立综合能力评估体系。这一体系应该覆盖技术能力、创新能力、团队协作能力等维度，通过科学的评估手段，客观反映技能人才各项能力水平。评估结果可以作为技能人才职业发展和晋升的参考依据。同时，技能人才培养不仅局限于技术层面，还需要提升其综合素质。除技术培训外，还应注重培养沟通表达能力、团队协作能力、领导能力等。这有助于技能人才更好地融入团队，高效协作，提升整体创新能力。在推动技能人才职业发展的过程中，促进继续教育是关键。鼓励技能人才参加继续教育、学习培训和学术交流活动，不断提高自身的综合素质和职业竞争力。通过持续学习，技能人才可以紧跟行业发展趋势，适应新的技术和工作要求，提高自身的综合素养，更好地应对挑战。这有助于建立完善的技能人才培养和发展机制，使技能人才更好地适应职业环境的变化，实现个体和行业的共同发展。

第五，激励机制设计。为了激励技能人才在职业发展中取得更好的成绩，可以设立职业发展奖励机制，包括荣誉称号、晋升职级、薪资调整等。职业发展奖励旨在充分肯定技能人才在职业发展过程中的表现，激发他们追求卓越的动力。可以设立职业晋升奖励，这不仅是对个人职业发展的认可，同时也能激励技能人才保持卓越的表现，更加积极地投入职业发展中。此外，建立成果分享机制也是重要的一环。通过这一机制，对技能人才在创新领域取得的成果进行奖励，包括发表论文、申请专利、参与项目等。成果分享不仅有助于技能人才获得更多的社会认可和回报，同时也可以推动创新成果的转化和应用，对整个行业产生积极影响。上述奖励机制的设立，有助于构建更加积极的技能人才生态，为技能人才的职业发展提供更多的支持。

晋升通道和职业规划是促进技能人才职业发展和创新能力提升的关键举措。在实践中，可以建立晋升通道、制定职业规划、提供专业培训与导师支持、促进综合素质发展、设计激励机制等，有效提升技能人才的职业发展水平，增强其创新能力和竞争力，使技能人才为社会经济发展做出积极贡献。

三 建立反馈和评估机制

建立有效的反馈和评估机制，定期与技能人才进行沟通，了解他们的需求，及时给予支持。这有助于改进管理方式，激活生态动能。优化反馈和评估机制对于提高技能人才的综合素质和职业发展水平而言至关重要。本部分从建立全面的评估指标体系、实施多层次的反馈机制、加强数据分析与挖掘、建设开放共享的评估平台等方面提出对策建议，旨在为优化技能人才反馈和评估机制提供支持。

第一，建立全面的评估指标体系。在技能人才的培养与发展实际中，确定综合评估指标是一项关键工作。为此，需要建立全面的技能人才评估指标体系，包括专业技能水平、综合素质、创新能力、职业发展等指标。这样的指标体系能够全面反映技能人才的各项能力和表现，从而提供更为准确和全面的评估结果。为了确保评估的科学性和准确性，引入国际标准是至关重要的一步。通过借鉴国际先进经验，引入国际标准和评估方法，可以使评估指标与国际接轨，更好地满足全球化背景下技能人才的发展需求。这样的国际化视野有助于提高评估的权威性和适用性。随着技能人才需求的不断变化，评估指标体系也需要及时更新。定期更新指标体系，可以确保其与技能人才发展的需要相适应。具有灵活性和及时性的评估指标的实际应用价值更高，可为技能人才的培养和发展提供有效的指导。

第二，实施多层次的反馈机制。在技能人才的培养与发展实际中，建立个人反馈机制是至关重要的。通过对技能人才定期进行评估，向其提供评估结果和改进建议，帮助其更清晰地了解自身的优势和不足，从而有针对性地调整学习和发展方向。个人反馈机制有助于技能人才形成自我认知，提高职业发展规划能力。在组织层面，实施组织反馈机制同样是一项重要的举措。

通过制订技能人才的绩效评估和发展规划，定期向技能人才反馈组织层面的评估结果和职业发展建议，以激励技能人才更好地发挥自身优势。这种组织反馈机制促进了个体与组织之间的良性互动。另外，建立行业反馈机制也是构建技能人才生态的有效手段。建立行业层面的技能人才评估和对比机制，促进技能人才之间的交流，不仅可以激发技能人才的创新动力和职业发展动力，还有助于整个行业的技能人才水平提升。这样的行业反馈机制有助于形成技能人才生态，推动社会可持续发展。

第三，加强数据分析与挖掘。在技能人才的培养与发展实际中，建立技能人才数据库是一项关键的举措。数据库应包含技能人才的个人学历、职业经历、技能水平及职业发展轨迹等信息，为评估和反馈提供了充分的数据支撑。大数据分析是对技能人才数据库进行深度挖掘和分析的重要手段，以更全面地了解技能人才的行为模式、学习偏好和潜在需求。这不仅有助于发现技能人才的发展潜力，还能够为其提供更加个性化的发展建议。趋势分析是技能人才数据库的又一重要应用。通过针对技能人才数据开展趋势分析，预测技能人才的需求变化趋势。这样的趋势分析有助于政府和企业深入了解未来的技能市场，为其制定战略决策提供支撑，推动整个技能人才生态的可持续发展。

第四，建设开放共享的评估平台。为促进评估信息共享，关键的一步是建设开放的评估平台。这个平台应当是一个开放的信息交流空间，技能人才评估信息能够被广泛共享。通过这种方式，不仅可以让评估结果和反馈建议为各方所用，还能提高评估的透明度和公正性。在这个开放的平台上，技能人才的评估数据可以更加容易地被相关各方访问和利用，为整个生态系统的参与者提供更为全面的信息基础。鼓励第三方评估机构参与是另一个关键步骤。引入第三方评估机构能够提高评估的客观性和独立性，增强评估结果的权威性。这些机构的参与可以为技能人才提供更为中立和公正的评估，减少潜在的利益冲突。同时，第三方评估机构的专业性和独立性也有助于确保评估工作的高质量和科学性。为了保障评估工作的质量和效果，建立评估认证制度是至关重要的。通过对评估平台和评估机构进行认证和监督，可以确保其遵循科学、公正、透明的原则。这一认证制度不仅有助于提高整个评估体系的可信度，还能够促使评估平台和机构不断提升自身水平，为技能人才的培养与发展提供更有力的支持。

优化技能人才反馈和评估机制是提高技能人才综合素质和职业发展水平的关键举措。在实践中，可以建立全面的评估指标体系、实施多层次的反馈机制、加强数据分析与挖掘、建设开放共享的评估平台等，有效提高技能人才的综合素质和职业发展水平，为社会经济发展做出积极贡献。

四 提升技能人才的社会地位

加强宣传和教育工作，提升技能人才的社会认可度，让更多人了解技能人才的重要性。本部分从树立尊重技能人才的社会价值观、建立多元化的评价体系、加强技能人才职业培训、完善薪酬和福利体系、提供广阔的职业发展空间等方面提出对策建议，旨在提升技能人才的社会地位，激发其创新积极性，推动社会可持续发展。

第一，树立尊重技能人才的社会价值观。倡导荣誉文化，促使社会大众尊重和重视技能人才。采取宣传、教育等手段，引导社会形成荣誉文化，使技能人才在社会上得到应有的尊重，营造积极的社会氛围。这不仅有助于增强技能人才的自尊心和自信心，还能够鼓舞更多的人成为技能人才。为了更生动地展示技能人才的卓越表现，可以广泛宣传那些在实际工作中取得突出成就和作出贡献的技能人才典型案例。通过典型案例宣传，使人们更全面地认识到技能人才的价值和影响力，激发更多人成为技能人才，从而推动整个生态系统的发展。为了弘扬技能人才的文化价值，可以考虑举办技能人才专属的文化节日活动，使其成为展示技能人才才华和成果的平台，彰显技能人才的社会价值。这样的文化节日活动有助于提升技能人才的社会地位，增强其自豪感和社会认同感，同时也为培养更多的优秀技能人才创造良好的氛围。

第二，建立多元化的评价体系。为了全面评价技能人才的价值和贡献，应建立多元化的评价体系，除了考核技能人才的专业技术水平，还应该评价其对社会经济发展作出的贡献。这种多元化的评价方式有助于推动社会对技能人才价值的全面认知，使评价更为客观和准确。为了提高评价的客观性和公正性，可引入第三方评估机构，对技能人才进行评估和认证。第三方评估机构的参与，可有效提高评价的客观性，并增强评价结果的权威性。这样的机制有助于建立公正、公开、透明的评价体系，使技能人才的价值充分得到认可。在评价体系中，应当重视技能人才的专利和技术成果。将技能人才在科技创新和知识产权保护方面取得的成就纳入评价体系考量，充分肯定他们在这些领域的贡献。这不仅能够激发技能人才的创新动力，也有助于推动技能人才在科技领域的发展，提升整个技能人才生态的发展水平。

第三，加强技能人才职业培训。为了更好地满足技能人才的培养和发展需求，应制定个性化的培训方案，充分考虑技能人才的专业特长。通过提供个性化的职业培训方案，帮助技能人才更好地提升专业技能水平和综合素质。综合考虑技能人才的专业方向、兴趣爱好、学科倾向等，确保培训更贴近个体的实际需求，增强培训效果。此外，鼓励技能人才持续学习，积极参与各类培训、学术交流等活动。通过不断学习，技能人才能够增加知识储备、提升学习能力，并保持竞争力。这种学习态度也有助于培养技能人才自我驱动和不断进取的精神。另外，为了增强技能人才的实操能力，应加大实践训练的力度。通过提供实际工作机会，技能人才可以得到充分的锻炼并积累经验。这有助于提高技能人才的实操能力、解决问题的能力以及适应工作环境的能力。强化实践训练也是促进技能人才全面发展的有效途径。

第四，完善薪酬和福利体系。为了更好地促进技能人才的培养与发展，建议采取一系列措施来提高技能人才的整体薪酬水平，完善福利体系，并建立绩效奖励制度。首先，根据技能人才的专业水平和工作表现，合理确定薪酬水平，确保薪资待遇与其社会价值和贡献相匹配。这有助于提高技能人才的职业满意度，增强其工作积极性。其次，完善技能人才福利体系，包括社会保险、医疗保障、住房补贴等。通过提供全面的福利保障，满足技能人才的基本生活需求，增强其安全感和归属感。最后，实行绩效奖励制度，奖励取得优秀业绩和创新成果的技能人才。建立明确的绩效评估标准和奖励机制，激发技能人才的工作积极性。这些措施的实施，有助于提高技能人才的整体待遇水平，创造更有利于其职业发展的环境。

第五，提供广阔的职业发展空间。为促进技能人才的培养与发展，应构建晋升通道和提供多样化的职业发展选择，鼓励创业创新。首先，针对技能人才建立明确的晋升通道是至关重要的。制定明确的晋升标准和条件，激励技能人才通过努力获得晋升机会。公平竞争的晋升机制，有助于激发技能人才的工作积极性，同时也有助于提高组织内部的流动性。其次，提供多样化的职业发展选择，让技能人才在不同领域和行业有更多的发展机会，从而实现个人价值最大化。开展跨领域的培训和交流活动、设立技能人才交流平台等，为技能人才提供更广泛的发展空间。最后，鼓励创业创新是培养技能人才的关键一环。提供政策和资金支持，促进技能人才创新，包括设立创业基金、提供创新项目支持，调动技能人才在创业创新领域的积极性，推动技能人才生态不断繁荣。这有助于构建更为完善的技能人才生态，为技能人才提供更多的职业发展机会。

提升技能人才的社会地位是加快技能人才队伍建设和促进社会经济发展的关键措施。在实践中，可以树立尊重技能人才的社会价值观、建立多元化的评价体系、加强技能人才职业培训、完善薪酬和福利体系、提供广阔的职业发展空间等，推动技能人才的社会地位提升，激发其创新积极性，为社会可持续发展做出积极贡献。

第四节　着力探索技能人才的创新生态

一　建立创新实验室与实践基地

创新实验室与实践基地是提升技能人才创新能力的重要平台。本部分从明确建设目标与规划、投入先进设施与设备、建设人才队伍、健全管理与运营机制等方面提出对策建议，旨在为技能人才建设创新实验室与实践基地提供指导和支持，推动技能人才的创新能力和职业发展水平全面提升。

第一，明确建设目标与规划。在创新实验室与实践基地建设初期，明确建设目标是一项关键任务。明确实验室与基地的定位和功能，合理规划布局和功能设置，以确保建设的实验室与基地能够有效地支持技能人才的培训、研究和实践活动。在建设过程中，必须进行充分的调研，以确定实验室与基地的研究方向和重点领域。研究方向应兼顾技能人才的专业特长和市场需求，促进技能人才在相关领域的发展。需要深入了解技能人才的实际需求，同时考虑科技发展趋势和社会产业需求，以确保实验室与基地能够切实推动技能人才的发展。为了实现这一目标，加强产学研结合是至关重要的。与相关行业企业合作，充分利用社会资源，获取行业资源支持。这有助于提高实验室与基地的创新能力和实际应用水平，使其更好地服务于技能人才的培养和发展。这种产学研合作模式有助于将实验室与基地的研究成果更好地转化为实际生产力，推动技能人才取得更多的成果。

第二，投入先进设施与设备。在构建创新实验室与实践基地中，先进的设施和设备是至关重要的，以确保其能够为技能人才进行创新研究和实践活动提供支持。这需要投入具有国际先进水平的设施和设备，并定期更新，以保持其领先水平，为技能人才提供高水平的创新平台。多样化的实验环境也是需要考虑的重要因素。除了先进的设备外，还需要模拟实践场景、实验室条件等多样化的环境，以激发技能人才在不同情境下的创新实践。这有助于培养技能人才适应不同工作场景的能力，提高其在实际工作中的应变和创新能力。为了确保资源的充分利用和共享，需要合理优化实验室与基地的资源配置，包括确保设备和设施的有效利用，避免资源浪费，提高资源的利用效率。通过合理配置和共享资源，实现经济效益和社会效益双赢，使实验室与基地更好地服务于技能人才的培养和创新需求。

第三，建设人才队伍。在创新实验室与实践基地建设中，关键因素之一是壮大师资力量，以确保拥有具备丰富创新经验和卓越教学能力的专业人才。这些专业人才将为技能人才提供专业的指导和全方位的支持。在培养师资力量时，重点吸引那些在创新领域有卓越成就的教育者，以确保实验室与基地能够为技能人才提供高水平的学术环境。为促进学术交流，应鼓励实验室与基地的师生与国内外相关领域的专家进行广泛的学术交流。这不仅可以引入国际的创新理念和先进技术，还有助于促进技能人才的创新能力提升。通过国际交流，技能人才能够更好地融入全球创新网络，与国际同行共同成长。此外，建立导师制度，为技能人才指定专业导师，提供个性化的指导。导师制度有助于技能人才在创新实践中获得更为精准的支持，解决在实践中遇到的问题。

第四，健全管理与运营机制。在创新实验室与实践基地建设中，健全的管理体系至关重要，以保障其正常运转。这一管理体系涵盖多个方面，包括实验室规章制度、安全管理、设备维护等。首先，建立实验室与基地规章制度，明确实验室与基地的使用规范、人员流程等，以规范实验室与基地的日常运作。安全管理是至关重要的一环，确保实验室与基地操作符合相关标准，采取措施保障人员和设备的安全。其次，为了实现高效的资源利用和共享，需要建立高效的运营机制，包括对资源的灵活调配、项目的有效管理及成果的及时推广。基于有效的运营机制，实验室与基地能够更好地发挥其在技能人才培养和创新研究方面的作用。为了保证实验室与基地的长期健康发展，应进行定期监测和评估。通过定期评估，及时发现实验室与基地运作中存在的问题，采取相应的改进措施，提高实验室与基地的整体效益。这也有助于实验室与基地适应技能人才培养与创新要求，在技术和管理上保持领先地位。

建立创新实验室与实践基地是培养和提升技能人才创新能力的重要举措。在实践中，可以明确建设目标与规划、投入先进设施与设备、建设人才队伍、健全管理与运营机制，为技能人才提供更加优质的创新平台，促进其创新能力和职业发展水平全面提升。同时，创新实验室与实践基地的建设也将为社会经济发展和技术创新做出积极贡献。

二　弘扬工匠精神，激发创新动力

工匠精神是一种注重品质、追求卓越、勇于创新的职业精神，对于技能人才的创新动力具有重要的推动作用。为了激发技能人才的创新动力，本部分将从倡导工匠文化、提供创新环境、建立激励机制和加强综合能力培养、加强技术交流和合作等方面提出对策建议，以促进技能人才的创新意识和创新能力提升。

第一，倡导工匠文化。为了培养技能人才，应该弘扬工匠精神。通过宣传和教育，向技能人才传递工匠精神的深厚价值观和意义，鼓励他们在工作中注重细节、追求卓越，形成勤奋务实、精益求精的工匠品质。工匠精神强调对工作的热爱和专注，能更好地服务于技能人才培养与发展的实际需求。在培养过程中，应该引导技能人才学习先进典型。倡导学习和效仿优秀工匠典型，汲取创新灵感和学习方法，不断提高创新能力和技术水平，迅速适应不断变化的职业环境。同时，这也有助于建立技能人才的自驱学习机制，培养主动学习习惯。为了营造工匠文化，需要倡导鼓励创新、尊重知识和技能的企业文化。这有助于为技能人才提供展现自己才华的平台，鼓励他们在工作中展现个性、挑战极限，形成互相学习和共同成长的氛围，也有助于技能人才更好地融入企业，与企业共同成长。

第二，提供创新环境。为了培养技能人才的创新能力，需要构建全面的技术研发平台，提供先进的实验室、研发中心等资源。这些平台将为技能人才提供必要的条件和设施支持，使其能够在工作中充分发挥技术专长。同时，支持技能人才的创新实践，提供创新项目所需的全方位支持，包括资金、先进设备、新材料等。这样的支持有助于技能人才更好地开展创新实验和试验，推动项目顺利进行。鼓励技能人才与其他领域的专业人士合作是培养其创新能力的另一重要步骤。形成多学科、多领域的创新团队，促使不同背景的专业人士协同工作，加速推进创新项目，为技能人才提供更广泛的学科交流和合作机会。跨领域合作有助于创造更具前瞻性和创新性的成果，推动技能人才在创新领域的深入发展。

第三，建立激励机制。为了进一步促进技能人才的创新活动，可以实施一系列创新奖励和激励措施。首先，设立创新奖励机制，对技能人才在创新方面取得的显著成果和突破进行奖励，包括荣誉、奖金、晋升等，以充分肯定他们的贡献，并吸引更多的技能人才参与。其次，对于那些在技术领域取得发明专利并获得授权的技能人才，应当给予特别的发明专利奖励。这不仅可以鼓励技能人才进行技术创新，还有助于保护知识产权。为了支持技能人才更广泛地参与创新研发和实践，可以设立创新项目资助机制，为其创新项目提供资金支持。这有助于减小技能人才在创新过程中的资金压力，促进更多的创新项目孵化。

第四，加强综合能力培养。为了增强技能人才的创新能力，创新教育培训是一项至关重要的举措。开展创新教育培训，使技能人才系统学习创新理论和实践方法，更好地掌握基本知识和技能。这种培训可以涵盖从创新思维到创新方法的全部内容，激发技能人才的创新潜能，使其具备在实际工作中应对新问题、提出新方案的能力。在综合素质提升方面，强调培养技能人才的创新意识、团队协作能力、沟通表达能力等。创新不仅是指技术突破，还指在团队合作中开展有效沟通。因此，这些综合素质对于技能人才的全面发展而言至关重要。此外，职业发展规划也属于创新能力培养的重点。通过帮助技能人才制定职业发展规划，明确创新目标和路径，鼓励他们在职业生涯中持续追求创新。这种规划能够为技能人才提供清晰的发展方向，促使他们在职业生涯中更主动地迎接挑战，不断提高自身的创新水平。

第五，加强技术交流和合作。为增强技能人才的创新能力，专家指导和交流是一项至关重要的措施。邀请技术专家对技能人才进行指导，不仅可以为丰富他们专业领域的知识，还能够在实际中协助解决问题。这种专家指导不仅有助于技能人才成长成才，也为整个技能人才生态创新贡献了力量。在促进创新的过程中，行业交流和合作也是至关重要的。鼓励技能人才参与行业内的交流活动和合作项目，开阔视野，更好地理解行业动态和前沿趋势。技能人才通过与同行的合作，共同面对行业挑战，从而提高应对复杂问题的能力。这种跨界的交流和合作有助于形成更加开放、包容的创新氛围，推动整个技能人才生态发展。

弘扬工匠精神、激发创新动力是促进技能人才创新能力提升和创新意识形成的重要措施。在实践中，可以倡导工匠文化、提供创新环境、建立激励机制、加强综合能力培养、加强技术交流和合作等，激励技能人才积极参与创新活动，提高创新能力，为社会经济可持续发展做出积极贡献。

三 合理设立创新奖励

为了激励技能人才积极参与创新活动，提高其创新意识，建立合理的创新奖励制度显得尤为重要。本部分将从设立综合奖励、重视创新贡献度评价、完善奖励机制、奖励创新团队和个人等方面提出对策建议，以期为技能人才提供合理有效的激励。

第一，设立综合奖励。为了表彰和奖励在创新领域取得卓越成就的技能人才或团队，可以建立综合奖励机制，旨在激发创新活力和提高创新效果。这一机制包括多种形式的奖励，如奖金、荣誉称号、证书等，以全面激励技能人才的创新动力。首先，设立综合奖励机制，使奖金、荣誉称号和证书等多种奖励形式相结合，全面认可和奖励技能人才在创新领域作出的贡献。奖金作为实质性奖励，能够直接激发技能人才的积极性；荣誉称号则具有一定的象征意义，有助于提高个人或团队的社会影响力；而证书则是对个人或团队所取得成就的认可，可以作为其职业发展的资历。其次，引入项目奖励机制，对于在创新项目中表现出色的个人或团队进行奖励。奖励形式包括：资金支持，用于进一步推动项目的研发和实施；技术支持，为项目提供专业的技术指导和资源支持；项目推广，通过宣传和市场推广提升项目的知名度和影响力。这样的项目奖励机制有助于鼓励技能人才投入实际项目，推动创新成果的落地和产业化。此外，可以设立发明专利奖励制度，针对技能人才的创新发明专利进行奖励。通过给予奖金、知识产权支持或其他激励，鼓励技能人才积极申请发明专利，提高创新成果的产业化和转化效率。这一奖励机制不仅能够促进知识产权保护，还有助于推动技术创新。

第二，重视创新贡献度评价。在评选创新奖励时，将技能人才的创新贡献度作为主要评选标准，全面考察其在行业或社会发展中作出的贡献。创新贡献度评估涵盖多个方面，包括技术创新、经济效益等，以全面反映技能人才的价值。首先，技术创新是评估创新贡献度的重要指标之一。考察技能人才在技术领域取得的创新成果，包括新产品、新技术、新工艺等方面的贡献，评估其创新项目的实际应用和效果，确保技术创新不仅停留在理论层面，而且对行业和社会产生实际影响。其次，解决实际问题也是评估创新贡献度的重要指标之一。技能人才的创新成果是否能够有效解决行业或社会面临的实际问题，对于评估创新贡献度而言具有重要意义。可以从实际案例、解决方案应用情况和用户反馈等方面来进行评估。另外，经济效益是评估创新贡献度的重要指标之一。技能人才的创新成果是否能够创造经济效益，涉及降低成本、提高效率、促进产业升级等方面的影响，是评估的关键。除此之外，评估创新贡献度还应考虑创新成果在行业内的影响力。技能人才的创新成果是否在行业内产生重大影响，以及是否使其获得荣誉，都是评价创新贡献度的重要标准。最后，创新能力和创新持续性也是评估创新贡献度时不可忽视的内容。考察技能人才在创新思维、创新方法、团队协作等方面的情况，以及是否能够持续进行创新，保持行业领先地位。

第三，完善奖励机制。为确保评选过程的公正性，应建立独立的评审委员会，由专业人士组成，负责评选创新奖励。该评审委员会的成员应具备相关领域的专业知识和经验，以确保对技能人才的创新成果有准确深入的评估。专业评审委员会的设立有助于排除可能的主观因素，提高评审的客观性和专业性。为保障评选过程的透明公开，需要向社会公布评选流程和结果。透明公开的评选流程可以让社会了解评选的具体步骤和标准，增强评选的公信力。同时，公布评选结果有助于激发技能人才的工作积极性。社会监督机制的建立也是维护评选公正性的关键。为跟踪获奖技能人才的创新成果的持续影响力，建议建立定期评估机制。定期评估可以对获奖者在创新领域的工作进展进行跟踪，了解其创新成果的实际应用效果及其对行业和社会的影响力。这有助于更全面地了解技能人才的创新贡献，同时也为未来的评选提供更多参考信息。

第四，奖励创新团队和个人。在激励技能人才方面，除了奖励个人外，还应建立鼓励团队合作的奖励机制，对团队的创新项目进行奖励。这种奖励机制有助于促进技能人才之间的合作与交流，推动团队整体水平提升。通过对团队的奖励，激发团队成员的工作积极性，促进协同工作，进而取得更为显著的创新成果。此外，也可以考虑奖励那些具有创新意向和潜力的创新孵化企业。为创新孵化企业提供资金和资源支持，推动企业发展，从而培育更多有潜力的创新项目。这种奖励形式对于整个创新生态系统的建设都具有积极的推动作用。为了评估奖励的激励效应，建议建立奖励激励效应评估机制。通过对实施的创新奖励措施进行定期评估，了解奖励对技能人才创新积极性和创新能力产生的效果。这有助于及时发现奖励机制的不足，进行有针对性的调整，以更好地发挥其激励作用。综合考虑针对个人、团队和企业的奖励机制，并基于评估机制监测其效果，全面地激发人才的创新动力，推动整个技能人才生态的发展。

提供合理的创新奖励是激励技能人才积极参与创新活动、提高创新能力的重要举措。在实践中，可以设立综合奖励、重视创新贡献度评价、完善奖励机制、奖励创新团队和个人等，更好地激发技能人才的发展潜力，促进技能人才的创新能力和创新贡献的提高，为社会经济发展做出积极贡献。

四　提升技能人才数字素养

随着科技的迅猛发展和数字化时代的到来，数字技术在各行各业中扮演着日益重要的角色。数字素养已经成为当代技能人才必备的核心素质之一，对于提高工作效率、创新能力和适应未来发展要求而言具有至关重要的作用，然而，许多技能人才的数字素养仍有待提升。为此，建议采取一系列措施，全面提升技能人才的数字素养。

首先，在技能人才的培养过程中，引入数字素养教育课程是至关重要的。这些课程应该涵盖计算机基础知识、网络技术、数据分析、信息安全等，为技能人才提供全面的数字技术和应用知识，夯实其数字素养基础。为了培养更具创新精神的技能人才，应该推崇跨学科教学。将数字技术与工程、医学、金融等不同领域的知识结合，使技能人才对各领域都有着更为深刻的理解，从而提高其跨领域解决问题的能力。应用是数字素养培养的关键。通过项目实训和实习，技能人才能够在实际操作中应用数字技术，增强自身解决实际问题的能力。这种实际经验将为他们更好地适应职场要求提供重要支持。此外，为了满足不同学员的需求，还应该提供个性化的学习机会。采用多样化的教学方法，使技能人才能够根据兴趣和专业选择适合的学习路径，从而更好地发挥潜力。这一系列措施有助于建立更为完善的技能人才培养体系，提高技能人才的数字素养。

其次，为了促进实践经验的积累，企业和机构应积极主动提供实习机会，使技能人才能够将所学知识应用于实际工作。通过实习，技能人才能够深入了解企业数字化转型需求及其面临的挑战，不仅积累了实际工作经验，还培养了解决问题的能力。同时，鼓励技能人才积极参与个人项目开发，通过比赛和竞赛等方式积极参与数字技术创新。这样的活动不仅能够锻炼技能人才的实操能力，还能够激发其创新潜力。另外，定期组织技能人才进行案例分享也是非常重要的。通过分享成功的数字化转型案例，技能人才可以互相学习。这不仅有助于技能人才吸取不同行业和领域的经验，还能够促使他们在数字化领域不断提高数字素养。通过相互学习和分享，技能人才能更好地适应数字时代发展趋势，从而推动整个行业的数字化转型。

最后，建立数字化学习平台，提供多样的数字技术学习资源，包括在线课程、教学视频、学习资料等，以便技能人才能随时随地学习，从而提高自身数字素养。在技能人才的培养与发展实际中，建立数字化学习平台是至关重要的一环。同时，为了更好地助力技能人才的数字素养提升，可以设立数字化导师制度。由富有经验的数字技术专家担任导师，为技能人才提供个性化的学习指导、分享实践经验、提供解决问题的思路，从而加速技能人才在数字领域的发展。持续学习是数字时代的基本要求，因此应该为技能人才提供不断学习的机会。参与培训班、研讨会等活动，不仅有助于技能人才更新知识，还能够不断提高数字素养。为了激励技能人才在数字技术应用方面取得成就，可以建立奖惩机制。对于在数字化领域取得优异成绩的技能人才，可以给予奖励，鼓励他们持续创新。同时，针对不重视数字素养提升、拒绝学习的情况，应采取相应的纠正措施，以确保整体团队的数字素养提升。这一系列措施的实施，有助于提升技能人才的数字素养，提高其在数字时代的竞争力，从而更好地适应和引领数字化发展。

技能人才的数字素养提升是一项全面且系统的工程，可以从教育培训、实践经验和组织支持等多个方面着手，加强数字素养教育、促进实践经验积累、提供组织支持，全面提升技能人才的数字素养。只有适应数字化时代发展要求，不断提高数字素养，技能人才才能在激烈的竞争中立于不败之地，并为推动社会进步做出更大的贡献。因此，各级政府、企业和教育机构应共同努力，为提升技能人才的数字素养创造良好的环境。

第五节　升级完善技能人才的服务与支持生态

一　发展智能化的职业规划咨询体系

随着科技的快速发展和人工智能的普及，智能化的职业规划咨询体系成为适应时代发展要求的重要举措。智能化技术能够为职业规划提供更加精准、个性化的指导，帮助个体在职业发展中做出明智的决策。本部分将从智能化技术应用、数据支持、专业导师角色和隐私保护等方面提出对策建议，旨在建立智能化的职业规划咨询体系。

第一，结合技能人才的培养与发展实际，可以借助智能化技术，如人工智能算法、强化学习和深度学习，构建智能化职业规划模型。这一模型通过大数据分析和机器学习，为个体提供精准的职业规划指导，以科学的方式辅助个体的职业选择。首先，智能化职业规划模型将充分利用人工智能算法，通过分析个体的学历、技能、经验等多维度数据，识别其潜在的职业发展路径。可以在模型中引入智能决策机制，根据个体的实时反馈调整职业规划建议，以适应变化的职业环境。其次，深度学习算法将有助于模型更好地理解个体的兴趣和职业需求。通过分析个体在社交媒体、在线学习平台等渠道的行为，挖掘更深层次的信息，为个体提供更符合其兴趣和潜在能力的职业建议。智能化职业规划模型还具有职业技能评估功能。通过对个体的技能水平进行全面评估，模型可以为其提供有针对性的技能培训建议，帮助其更好地适应职业发展要求。最后，该模型将进行职业市场分析，结合当前职业市场发展趋势，为个体提供更具前瞻性的职业规划建议。这种科学的方式不仅有助于个体更好地了解职业市场，还为其未来发展指明了方向。通过引入智能化技术，这一职业规划模型能够更客观、全面地为技能人才提供职业建议，使其在复杂多变的职业环境中做出更加明智地选择。

　　第二，为了支持智能化系统，需要建立大规模职业数据库。该数据库将收集并整合各种职业信息、行业趋势和职业需求等数据，以确保系统可提供充足的信息支持。在这一过程中，必须高度重视数据的安全性和隐私保护。首先，先进的加密技术是确保数据安全的关键。通过对职业数据库中的敏感信息进行加密处理，可以有效地防止未经授权的访问和数据泄露，从而有效保护个人信息安全。其次，引入权限控制措施是确保数据隐私的重要步骤。通过设定不同层级的权限，确保只有授权用户才能够查看特定的职业信息。这有助于防止非法获取和滥用信息，增强整个系统的安全性。此外，数据质量管理也是保障系统可靠的不可或缺的环节。定期对职业数据库进行更新，确保信息准确、完整、及时。这样可以避免用户获取过时的职业信息，提高数据的质量，使智能系统能够更可靠地为技能人才提供职业建议。在构建大规模职业数据库的过程中，需要平衡信息共享与隐私保护之间的关系，确保技能人才能够在安全的环境中获取有价值的信息，同时保护个人隐私权。这种客观而周全的数据管理方式有助于提高整个技能人才生态的运行效能。

　　第三，智能化系统与专业导师相结合，能极大地增强职业规划咨询的效力。这一融合模式使得导师能够充分利用系统提供的更多数据和分析结果，更全面、深入地了解个体的职业需求，从而能够提供更为精准的咨询服务。智能化系统的分析功能为导师提供了强大的支持。通过系统的数据分析，导师可以更清晰地了解个体的技能背景、兴趣爱好、发展潜力等信息，为其职业规划提供更为全面的视角。这有助于导师更好地把握个体的优势和发展方向，为其量身定制职业发展路径。在这一协作模式中，导师不仅仅是传统意义上的职业规划顾问，更是系统的合作伙伴。通过深入了解系统分析结果，导师可以为个体提供更有针对性的职业规划建议。导师与个体之间的联系变得更为紧密，可以共同探讨职业发展的可能性，考虑个体的需求，并为其提供专业的指导和支持。此外，导师可以借助系统的大数据分析，更好地把握行业趋势和市场需求，为个体提供更具前瞻性的职业建议。这种深度融合为职业规划提供了更为科学和个性化的方法，有助于激发技能人才更积极地参与职业规划过程，从而更好地实现其职业发展目标。

智能化职业规划咨询体系不仅可以为个体提供职业规划建议，还能增强其职业发展意识和能力，包括职业规划教育、职业发展辅导以及职业生涯规划，帮助个体了解自己的兴趣、能力和职业发展方向，解决职业发展中的问题，提高职业规划和决策能力。这一系列措施的实施，有助于智能化职业规划咨询的全面发展，提高个体的职业发展能力和竞争力。建立智能化职业规划咨询体系是适应时代发展要求的重要举措。在实践过程中，需要充分利用智能化技术，提供个性化的职业规划建议；建立大数据支持体系，保障数据安全与隐私保护；发挥专业导师的作用，提供个性化指导与解读；增强个体职业发展意识，推动智能化职业规划咨询体系的完善。这些措施的落实，可以更好地帮助个体实现职业目标，推动人力资源的合理配置，为社会可持续发展做出积极贡献。

二 搭建跨领域的技能人才交流平台

构建跨领域的技能人才交流平台是提升技能人才综合能力和创新能力的重要举措。本部分将从多个角度提出对策建议，旨在促进跨领域技能人才的交流合作。

第一，促进技能人才的跨领域学习与合作，建设综合性在线交流平台是当务之急。该平台应涵盖多个领域的技能，提供多样化的学习资源，包括在线课程、教学视频、学术论文、实践项目等。同时，引入虚拟仿真技术，设置社交互动功能，打造一个开放、多元的学习环境，助力技能人才全面发展。首先，多领域涵盖的特点确保了技能人才仅在一个平台上就可涉足不同领域的知识和技能。这种综合性设计有助于开阔技能人才的视野，提升他们的综合素质。其次，多样化的学习资源能满足不同技能人才的学习需求。在线课程适用于系统学习，教学视频能够提供直观的操作演示，学术论文可为深度研究提供支持，实践项目则提供将理论知识应用到实际场景的机会。这样的多元化资源将为技能人才提供更为全面和深入的学习体验。同时，虚拟仿真技术和社交互动功能的引入，使得学习过程更为生动。借助虚拟仿真技术模拟实际场景，技能人才能深化对理论知识的理解。社交互动功能有利于促进技能人才的交流与合作，强化团队协作和沟通。总体而言，这样的在线交流平台有助于构建跨领域学习的社区，为技能人才提供更为开放、全面和互动的学习环境，推动其在不同领域中的发展。

第二，构建多维度的评估体系，以确保平台的有效性。为了推动技能人才的培养与发展，需要构建多维度的评估体系，保证平台的有效性。这一评估体系应该综合考虑多个因素，包括学习成果、跨领域合作、综合素质及用户反馈等，全面评估技能人才的表现，不断优化平台功能。首先，学习成果是评估体系的重要组成部分。通过考察技能人才在平台上所取得的学习成果，包括完成的课程、参与的项目等，可以客观地评估其在各个领域的知识和技能掌握程度。其次，跨领域合作能力也是一个关键的评估维度。基于技能人才在平台上参与跨领域合作项目的情况，以及在合作中展现出的沟通与协作能力等，可以全面了解其在多领域合作中的表现。综合素质评估是评估体系中不可或缺的一环，包括创新能力、团队协作等内容，旨在了解技能人才在实际工作中的表现。最后，用户反馈是评估体系的重要反馈来源。收集技能人才关于平台的使用体验、学习资源的质量以及平台功能改进建议等信息，不断优化平台，以更好地满足技能人才的需求。通过建立多维度的评估体系，能够全面、客观地了解技能人才的表现和需求，为平台的不断发展提供有力支持，确保其在技能人才培养与发展方面发挥更为积极的作用。

第三，在技能人才的培养与发展实际中，政策支持与资源整合尤为关键。政府在这一过程中扮演着重要角色，动员产业界、教育机构和技能人才共同参与，制定相关的产业、教育和人才政策，鼓励跨领域的技能交流。首先，政府可以制定支持平台建设的政策，鼓励产业界、教育机构和技能人才积极参与，包括财政资金投入、税收优惠及相关产业的支持政策，从而调动各方的积极性，推动平台的建设和发展。其次，政府还可以制定跨领域技能交流政策，鼓励不同领域技能人才之间的合作与交流，如提供跨领域项目奖励、设立专门的技能人才交流平台，以及促进技能人才的跨界培训等。政策支持将为技能人才提供更多跨领域发展的机会。在资源整合方面，高校、企业与不同领域的技能人才建立紧密的合作关系。政府推动建立产学研合作平台，促使高校、企业和技能人才之间共享教学资源、项目经验和合作机会等信息。这种资源整合不仅能够为平台提供更丰富、优质的内容，还能够推动技能人才综合能力的提升。综合而言，政策支持与资源整合是技能人才生态发展中不可或缺的双轮驱动。在政府的引导下，各方齐心协力，建设完善的技能人才培养与发展生态。

第四，建立专业导师指导机制，导师应具备多领域知识和技能。建立导师团队，跟踪学员学习进展，及时提供指导和反馈，更好地支持技能人才的综合能力提升。这一系列措施将有助于推动跨领域技能人才交流，促进知识和经验分享，培养具有综合能力的技能人才。构建跨领域的技能人才交流平台对于技能人才的发展和社会的进步而言都具有重要意义。在实践中，需要充分利用综合性在线交流平台，建立多维度评估体系，推动政策支持与资源整合，建立专业导师指导机制，加强国际交流与合作。这些措施的落实，可以更好地促进技能人才之间的交流合作，为构建创新型、多领域复合型技能人才队伍提供有力支撑。

三 实施复合型技能培训计划

在当前快速发展的社会和竞争激烈的职场环境下，单一技能已经不能满足技能人才的需求。为了培养具备多种技能和综合素质的复合型技能人才，复合型技能培训计划变得尤为重要。本部分将从需求分析、培养目标、教学方法、评估体系和持续支持等方面阐述如何实施复合型技能培训计划。

第一，在技能人才的培养与发展实际中，需求分析是至关重要的，包括全面了解社会和行业发展趋势、企业需求，以及员工的培训需求和意愿。这有助于确保培训具有针对性，并与实际需求相符。首先，对社会和行业发展趋势进行深入分析是关键。了解技能在不同领域的演变趋势，指导培养方向，确保培训内容与行业发展趋势保持一致。其次，与企业建立合作关系是直接获取信息的有效途径。与企业沟通，深入了解其需求，包括当前所需的技能及其未来发展方向。这种合作有助于根据实际用工情况调整培养计划，确保技能人才更符合企业的实际需求。另外，进行员工调查也是了解其培训需求和意愿的手段。通过直接向员工征求意见，了解其对培训的期望和需求，使培训计划更贴近员工的实际需求，提高培训的参与度和效果。因此，在技能人才的培养与发展实际中，深入的需求分析是确保培养计划有效性和可持续性的关键。通过充分了解社会、行业、企业和员工的需求，更好地制定切实可行的培养计划，为技能人才发展提供更有针对性的支持。

第二，明确培养目标至关重要。在技能人才的培养与发展实际中，明确培养目标尤为重要，包括明确定义技能要求、建立职业发展路径以及提供个性化发展方案，以确保培养目标既具体明确，满足行业需求，又能够契合员工个人发展目标。首先，明确定义技能要求是确保培养目标实现的基础。通过明确界定所需的技能和能力，能够确保培训和发展计划的针对性强，与行业标准和实际需求相符合。其次，建立职业发展路径是非常重要的。通过为技能人才设立明确的职业发展路径，不仅能够使其在培养过程中有清晰的学习方向，也有助于其在职业生涯中构建更为系统和有序的发展框架。此外，提供个性化发展方案是确保培养目标实现的关键。考虑每位技能人才的专业特长、兴趣爱好以及个人发展需求，制定个性化发展方案，使培养过程更贴近员工的个人实际情况，提高培训的效果。这有助于构建更为完善和适应性强的技能人才生态，既能够满足行业发展需要，又能够激发个体的潜力和创造力。

第三，在技能人才的培养与发展实际中，多样化的教学方法是为了提高学习效果和参与度，包括实践项目、虚拟仿真、小组合作、线上学习及师徒传承等多种教学方法，旨在满足不同学员的学习需求，提升其学习体验和能力。首先，实践项目为学员提供了在真实工作环境中应用所学知识和技能的机会。通过参与项目，技能人才能够加深对专业领域的理解，并提高解决问题的能力。其次，借助虚拟仿真技术可为学员模拟真实工作场景，使其在安全、可控的环境中进行练习。这种方法不仅有助于技能人才熟悉工作流程，还能够培养其在特定情境下做出正确决策的能力。小组合作是促进团队协作和交流的有效方式。通过与同行合作，技能人才能够分享经验、学习他人的优点、提高解决问题的能力，并培养团队合作精神。线上学习为学员提供了便捷的学习途径，能够突破时间和地域的限制。借助互动性强的线上教学平台，技能人才可以随时随地获取学习资源，灵活安排学习时间，提高学习的自主性和灵活性。师徒传承则强调技能人才通过向经验丰富的导师学习，掌握实际工作技能。这种传统的培训方式有助于技能人才从导师的实践经验中汲取智慧。通过采用多样化的教学方法，技能人才能够在培养与发展实际中获得更全面、深入的学习体验，更好地提升在职业生涯中的综合素质。

第四，在技能人才的培养与发展实际中，建立科学合理的评估体系，监测学员的学习进展、提供及时反馈，并确保培训计划的有效性。为实现这一目标，需要制定明确的评估指标，进行周期性评估，并提供有针对性的指导，不断优化培训过程。首先，评估指标的设定应该基于明确的学习目标和培养需求。通过综合考虑技能人才在专业知识、实际操作、团队协作等方面的表现，制定科学合理的指标体系，客观反映学员在培训中的学习成果和能力提升情况。其次，周期性评估是确保评估体系持续且有效的关键。定期对学员进行评估可以及时发现问题、调整培训方向，并为学员提供反馈。这有助于培训机构根据学员的实际需求和发展动态，灵活调整培训计划，保持培训的针对性和实效性。针对评估结果，及时提供指导是不可或缺的环节。为学员提供个性化的指导，帮助他们解决在学习中遇到的问题，弥补知识和技能的不足，以便更好地实现学习目标。同时，通过与学员进行沟通，培训机构能够更好地了解学员的学习需求，提供更贴近实际的支持。综合而言，科学合理的评估体系是技能人才培养与发展中的关键。制定明确的评估指标、进行周期性评估、提供及时的指导，更好地满足学员的需求，提升培训的质量和效果。这种客观而系统的评估方法有助于构建更具可持续性和适应性的培训体系。

实施复合型技能培训计划是培养复合型技能人才的关键一步。通过需求分析明确培养目标，采用多样化教学方法，建立科学的评估体系，有效提高学员的综合素质和技能水平。各级政府、企业和教育机构应共同努力，构建复合型技能培训体系，为社会发展提供更多优秀的复合型技能人才。

四　建立技能人才终身发展体系

随着科技的迅速发展和社会的不断进步，技能人才终身发展成为一项重要的课题。传统的一次性教育培训已经不能满足快速发展的社会的要求，技能人才需要不断学习，掌握新的技术和知识。建立技能人才终身发展体系是实现人才培养与社会需求相匹配的关键，本部分将从多个方面阐述如何建立技能人才终身发展体系。

第一，完善教育培训体系，提倡终身学习观念尤为关键。在技能人才的培养与发展实际中，必须致力于完善教育培训体系，提倡终身学习理念。建立技能人才终身发展体系，倡导将学习作为一种习惯，使技能人才能够保持竞争力，适应快速变化的职业环境。为满足不同个体的学习需求，推行个性化教育是非常必要的。个性化教育可以更好地兼顾每个技能人才的学习兴趣和发展潜能，使其更为主动地参与深度学习。强化跨学科融合也是重要的一步，技能人才需要具备多领域的知识和技能，以适应复杂多变的工作场景。引入数字化教育是实现多样化教育的有效途径。基于数字技术，提供在线学习平台、虚拟实验室等工具，让技能人才可以随时随地获取学习资源，打破时间和空间的限制，实现更加灵活的学习。这种方式不仅有助于提高学习效果，也能满足技能人才对便捷、高效学习的需求。

第二，在培养和发展技能人才的实际中，实践经验积累尤为关键，包括为技能人才提供实习机会，鼓励他们积极参与项目。同时建立职业发展跟踪体系，为技能人才提供更具针对性的培训支持。实习是提升技能人才实际操作能力的有效途径。通过参与实际工作场景，技能人才能够将理论知识应用于实践，积累实际经验，增强解决问题的能力。参与项目则是培养技能人才创新精神和团队协作意识的手段，通过实际的项目合作，他们能够积累更多的经验，提高综合素质。同时，建立职业发展跟踪体系是为了更好地了解技能人才的成长轨迹和发展需求，及时发现技能人才在职业发展中遇到的问题，为其提供有针对性的培训支持，以更好地适应职场或行业变化，不断提升自身竞争力。职业发展跟踪体系有助于形成更为个性化和可持续的培养机制，满足技能人才的成长需求。

第三，在技能人才培养与发展的实际中，建立支持机制是至关重要的。政府在这一过程中扮演着关键的角色，需要制定相关政策以鼓励企业积极参与技能人才的培训和发展。首先，政府可以制定激励政策，为企业提供相应的奖励和支持，鼓励其主动参与技能人才培训计划，包括财政补贴、税收优惠或其他激励措施，从而降低企业培训成本，增强其培养技能人才的积极性。其次，建立导师制度也是重要的一环。政府可以推动企业实行技能人才导师制度，由经验丰富的资深技能人才担任导师，对初级或新入行的技能人才进行指导。这有助于在实践中传承经验，促进新人成长，提高整体技能人才队伍的素质。此外，政府还可以与企业合作，共建终身发展支持机制，包括在制定培训标准、提供培训资源、搭建培训平台等方面的合作。政府与企业的合作可以使培训更具系统性和可持续性，为技能人才的终身发展提供更多的支持。通过这些支持机制的建立，共同推动技能人才的培养与发展，构建更加健康、持续和有利于个体成长的生态系统。

第四，在技能人才培养与发展的实际中，加强社会协作是不可或缺的途径之一，包括建立产学研合作平台、构建社会学习圈、加强国际交流合作等，旨在为技能人才的终身发展提供更多的机会。这些举措的落实，有助于推动技能人才的综合发展。首先，建立产学研合作平台是促进技能人才与实际产业需求对接的关键。企业、学术机构和研究机构的合作可以使技能人才在实践中更好地应用其所学的知识和技能。这种协作模式有助于确保培养出的技能人才更贴近市场需求。其次，构建社会学习圈是促进技能人才终身学习的有效方式。社会学习圈是一个包容性的学习社群，技能人才可以在这个圈子中与同行交流、分享经验、共同学习。这种互动可以加速技能人才的学习过程，更好地适应不断变化的技术和行业要求。最后，加强国际交流合作是开阔技能人才国际视野的关键。通过国际交流，技能人才可以接触到不同国家和地区的最新科技、管理经验和创新理念，拓宽视野，激发创新思维。总体而言，通过加强社会协作，技能人才将更好地融入产业发展、不断学习成长，适应不断变化的职业环境，实现更为全面的发展。

建立技能人才终身发展体系是实现人才培养与社会需求相匹配的重要举措。完善教育培训体系，促进经验积累，建立支持机制和加强社会协作，促使技能人才不断学习、创新，以便在不断变化的社会中保持竞争力和创造力。政府、企业和教育机构应共同努力，构建技能人才终身发展体系，为社会可持续发展提供人才支撑。

第六节　本章小结

在数字时代，技能人才的培养和发展对于各个国家和地区而言至关重要。本研究着眼于综合提升、稳步巩固、持续激活、着力探索、升级完善技能人才生态，确保技能人才具备所需的能力和素养，以应对日益复杂的挑战。

综合提升技能人才的培育生态。在数字时代，技能人才需要更多元化的培养系统支持。制定综合人才培养计划是确保技能人才掌握广泛技能和知识的关键。这些计划应该涵盖多个维度，包括技术、创新和领导能力，以应对快速变化的环境。产学研结合一直是培养高素质技能人才的有效途径。学校和企业之间建立紧密的联系，使学生可以将知识应用到解决实际问题中，积累实际工作经验。这种合作有助于弥合理论和实践之间的鸿沟。数字时代的技能人才需要跨学科的教育和培训系统支持。跨学科教育和培训有助于技能人才更好地解决多领域问题。国际交流和合作对于技能人才的培养而言至关重要。通过与国际合作，技能人才可以了解不同国家和地区的最佳实践，开阔国际视野。

稳步巩固技能人才的势能生态。技能人才的势能生态下的专业培训可以确保技能人才的知识和技能及时更新。行业不断演进，技能人才必须适应这些变化，以保持竞争力。建立行业标准和职业资格认证体系，可为技能人才提供多样化的职业晋升机会。个体在不同阶段有不同的职业目标，因此必须建立多样化的职业发展机制。绩效导向薪酬体系可以激发技能人才的工作激情。基于绩效奖励，技能人才将更有动力提高自身的技能。

持续激活技能人才的动能生态。技能人才的动能生态下良好的学习和发展机制可以鼓励技能人才不断学习，包括提供培训、学习机会和资源，以便技能人才紧跟行业的最新发展趋势。晋升通道和职业规划对于技能人才的职业发展而言至关重要。技能人才需要明晰的职业发展路径，以便了解如何提升自己的能力。反馈和评估机制可以帮助技能人才了解自己的强项和需改进之处。技能人才的社会价值应该得到认可。技能人才对社会经济发展而言至关重要，理应受到尊重。

着力探索技能人才的创新生态。创新实验室和实践基地有利于激发技能人才的创新动力。通过提供创造性的环境和资源，技能人才可以更好地探索新技术、解决新问题。工匠精神是创新的重要驱动力。应该培养技能人才的工匠精神，使其追求卓越。创新奖励和支持可以增强技能人才的创新能力。通过提供奖励支持，技能人才将更有动力提出新的想法和解决方案。在数字时代，数字素养至关重要，技能人才需要不断提升数字素养。

升级完善技能人才的服务与支持生态。建立智能化职业规划咨询体系可以帮助技能人才更好地规划职业发展。这种系统可以提供个性化的建议和支持。跨领域的交流平台有助于技能人才了解不同领域的最佳实践。这种平台可以促进知识创新和分享。复合型技能培训计划可以帮助技能人才获得多样化的技能。这有助于技能人才适应不断变化的工作环境。应为技能人才终身发展体系提供培训和资源支持，以帮助技能人才保持竞争力。

第八章　结论与展望

第一节　主要结论

一　数字时代的技能人才生态评价

（一）技能人才生态评价指标权重

本书从技能人才的培育生态、势能生态、服务与支持生态、动能生态、创新生态五方面构建了技能人才生态评价指标体系，运用熵值法计算出各指标权重，得出如下结论。

技能人才生态中培育生态发展情况相对较好，基于技工院校发展、技能人才培训形成了较充足的人才储备。

技能人才的势能生态中，技能人才的经济贡献指标占据优势地位，同时也反映了现实中制造业在经济发展中的支柱地位。人才存量的指标权重相对较小，说明高端装备制造业的人才存量以及行业从业者数量有待进一步提升。

技能人才的动能生态中产值增速指标表现较为突出，略显不足的是产业活性指标，说明上下游行业的联系、跨行业合作等有待加强，同时技能人才的多行业、跨行业交流水平有待提升。

技能人才的服务与支持生态中政策支持力度相对较大，而技能人才创新创业的孵化基地建设有待深入。

在技能人才的创新生态中数字化转型趋势明显，而技能专利的发展相对滞后，说明在技术创新、技能进步、技术技能专利等方面有待加强。

（二）技能人才生态的评价结果

运用 Hopfield 网络对技能人才生态进行分类评价，同时与前文权重分析结果相呼应，在一定程度反映出技能人才生态现状。

表 8-1　技能人才生态评级结果

一级指标	等级评价
sim_1（培育生态 A1）	A（优）
sim_2（势能生态 A2）	B+（良）
sim_3（动能生态 A3）	B-（一般）
sim_4（服务与支持生态 A4）	B-（一般）
sim_5（创新生态 A5）	C（差）

资料来源：依据 Matlab 结果总结。

技能人才生态的等级评价结果为：培育生态（A1）的等级评价为 A（优），势能生态（A2）的等级评价为 B+（良），动能生态（A3）的等级评价为 B-（一般），服务与支持生态（A4）的等级评价为 B-（一般），创新生态（A5）的等级评价为 C（差）。

（三）技能人才生态模拟与预测

1. 技能人才生态（总指标）

数值模拟和误差预测数据表明，技能人才生态的发展呈现稳步提升的态势。预测值、真实值和拟合值之间的拟合情况较好，表明数值模拟模型的准确性相对较高。根据数值结果，0~5 期是技能人才快速提升阶段，5~10 期是平缓提升阶段，而在 10 期左右出现明显的提升特征。

2. 培育生态

数据显示，技能人才培育生态的发展呈现稳步提升趋势，预测值、真实值和拟合值之间的拟合情况较好。0~5 期为技能人才快速提升阶段，而 5~10 期是平缓提升阶段，预测值在 10 期后仍然呈现平缓增长趋势。

3. 动能生态

模拟数据表明，技能人才动能生态的发展呈现波动提升态势，0~5 期是技能人才快速提升阶段，5~10 期是平缓提升阶段，而在 10 期后呈现先降后增的趋势。这表明技能人才动能生态受到市场波动和政策变化等因素影响。

4. 势能生态

数值模拟结果显示，势能生态的发展呈现波动提升态势，0~5 期为技能人才快速提升阶段，5~10 期为平缓提升阶段，预测值在 10 期后呈现出增长的趋势。这说明势能生态受到技能需求和供应等因素的影响，呈现出波动的特点。

5. 创新生态

模拟数据显示，技能人才创新生态的发展呈现出波动提升的态势。0~5 期是技能人才波动且快速提升阶段，5~10 期同样为波动提升阶段，但在 10 期后预测值呈现出平缓增长态势。这反映了市场的波动和创新机会的涌现。

6. 服务与支持生态

数据表明，技能人才服务与支持生态的发展呈现出波动提升趋势，0~5 期是技能人才快速提升阶段，5~10 期同样为波动提升阶段，但在 10 期后预测值呈现平缓增长趋势。这表明众创空间和人才支持政策等对技能人才服务与支持生态产生了积极影响，但随着时间的推移，增速可能减缓。

总的来说，数字时代的技能人才生态发展会经历不同阶段，从快速提升到平缓增长再到重新提升。这表明技能人才的培育生态、动能生态、势能生态、创新生态、服务与支持生态都需要适应市场的变化，满足不断增长的需求。这为政府、教育机构和产业界的决策提供了有效信息。

二　数字时代下技能人才生态的变化及经济贡献

（一）数字化转型对技能人才生态的影响

尽管数字化转型对技能人才培育生态的影响看似不明显，但并不意味着其可以被忽视。数字化技能和知识在现代职业环境中变得越来越重要，并且很可能在未来对技能人才培育生态产生更大的影响。这表明持续开展技能培养以适应新技术的紧迫性。

数字化转型对技能人才生态势能的积极影响表明，数字化转型加快演进，技能人才需要适应快速变化的环境。这就需要不断掌握新技能、学习新知识和适应新的工作方式。数字化转型的正向影响还包括快速变化的环境下技能需求不断变化。在这样的环境中，组织和个人都需要积极应对这些变化，以确保能够适应并从数字化转型中获益。

数字化转型对技能人才动能生态的显著影响反映出了一个充满机会和挑战的环境。技能人才需要不断提高技能和知识水平，以满足数字化时代的需求。同时，他们还需密切关注产业发展趋势，抓住新的机遇。这就要求技能人才保持敏锐的洞察力，积极主动地寻找新的领域和机会。

数字化转型对技能人才创新生态的显著影响凸显了一个更具创新和竞争性的环境，要求技能人才积极创新，提高自身的技能和知识水平，满足不断变化的行业发展需求。在数字化时代，创新是推动经济增长的关键因素之一。技能人才需要积极创新，同时也需要关注知识产权和专利保护等问题。

数字化转型对技能人才服务与支持生态产生深远的影响。它提供了更多的机会和资源，鼓励技能人才积极参与数字化创新。来自政府、产业园区和孵化空间的支持有助于促进数字技术的应用，加速创新，为数字时代的经济增长创造更多动力。这种生态有助于创造更多的工作机会，提供更好的资源支持，同时也鼓励更多的技能人才投身于数字化转型的浪潮中，共同推动经济社会发展。

（二）技能人才生态的经济贡献

技能人才的各项生态在不同行业中均产生了积极影响，其背后有着共同的原因：助力行业内的技能人才成功应对不断演变的挑战。本研究分析了技能人才生态对信息技术服务业、金融业、制造业、建筑业、文化体育和娱乐业的经济贡献。

1. **信息技术服务业**

动能生态为从业者提供了持续学习的机会，确保他们能跟上快速发展的技术。信息技术服务业要求个体具有较高的技术熟练度。势能生态强调个体的适应性和潜力，使从业者能够灵活地适应新技术和市场发展趋势。创新生态鼓励个体不断探索新的解决方案。在竞争激烈的信息技术服务领域，创新是关键。信息技术服务业快速发展，对技术技能和知识的需求持续增加。

2. **金融业**

金融领域的发展受益于势能生态，其强调合规性和法规培训，以应对全球竞争。创新生态鼓励金融创新，以满足不断变化的金融市场需求。服务与支持生态提供了资源支持，确保金融从业者能够应对数字安全和风险管理方面的挑战。金融业需要处理大量敏感数据和国际交易，数字安全培训非常重要。

3. **制造业**

培育生态强调基础技能培训，确保制造业从业者具备生产所需的基本技能。动能生态强调适应能力，使制造业从业者能够适应数字化转型和新技术要求。创新生态鼓励技术升级和工艺改进，以提高生产效率。制造业要求不断提高效率和应用新技术，因此技能人才生态能对其产生积极影响。

4. **文化体育和娱乐业**

培育生态强调创意和表演技能培训，以满足不断变化的市场需求。势能生态强调每个从业者的个体潜力，鼓励创造有特色的作品。创新生态鼓励创新。文化体育和娱乐业通常不太强调数字安全或国际化技能，因此相关培训产生的影响较小。

5. **建筑业**

培育生态强调建筑技能和安全培训，确保建筑从业者具备必要的技能。势能生态强调适应性和潜力，鼓励从业者掌握新的建筑技术。创新生态鼓励采用新技术，提高工作效率。建筑业强调可持续性，因此相关培训非常重要。

综合而言，不同行业受益于不同类型的人才生态，它们面临着不同的挑战和需求。构建适应特定行业的技能人才生态有助于各行业应对数字时代的挑战，满足市场需求，促进创新，提高生产效率，从而推动社会可持续发展。

三　数字时代技能人才生态的塑造

（一）综合提升技能人才的培育生态

制定综合性人才培养计划。制定综合性计划，满足多领域的需求，确保技能人才拥有全面的技能和知识；在多领域推动产学研结合方面，促进产业界、学术界和研究机构的合作，鼓励多领域的合作和知识交流；在开展跨学科教育和培训方面，提供多维度的教育和培训，培养跨学科的技能人才；在国际交流和合作方面，加强国际交流，让技能人才紧跟全球最新发展趋势，提高国际竞争力。

（二）稳步巩固技能人才的势能生态

提供持续的专业培训。提供专业培训，确保技能人才紧跟技术和行业发展前沿；在完善行业标准和职业资格认证体系方面，建立清晰的标准和认证机制，确保技能人才的能力得到认可；在多样化职业晋升与发展机制方面，提供多样化的职业发展机制，鼓励技能人才抓住不同领域的机会；在引入绩效导向薪酬体系方面，建立激励机制，奖励卓越的技能人才，提高激励效果。

（三）持续激活技能人才的动能生态

建立良好的学习和发展机制。在支持学习和发展方面，鼓励技能人才不断提高自身能力；在明确晋升通道和职业规划方面，提供晋升机会和规划支持，帮助技能人才实现职业发展目标；在建立反馈和评估机制方面，建立有效的反馈和评估机制，帮助技能人才提升能力；在提升技能人才社会地位方面，提高技能人才在社会中的地位，鼓励更多的技能人才参与技能培训。

（四）着力探索技能人才的创新生态

建设创新实验室与实践基地。在建设实验室和基地方面，鼓励技能人才参与实际创新项目；在弘扬工匠精神、激发创新动力方面，弘扬工匠精神，鼓励技能人才追求卓越；在提供创新奖励与支持方面，设立奖励和支持机制，鼓励技能人才参与创新项目；在与时俱进、提升技能人才的数字素养方面，不断提升技能人才的数字素养，以适应数字化转型的需求。

（五）升级完善技能人才的服务与支持生态

建立智能化职业规划咨询体系。在提供个性化职业规划咨询方面，帮助技能人才规划未来职业发展；在构建跨领域的技能人才交流平台方面，促进不同领域的知识分享和合作，加强技能人才之间的互动；在实施复合型技能培训计划方面，提供多样化的培训机会，满足技能人才的需求；在建立技能人才终身发展体系方面，建立支持技能人才长期发展体系，帮助其实现职业目标。

打造完善的数字时代技能人才生态，确保技能人才具备多领域知识、创新能力、持续学习的动力，以满足不断变化的市场需求，推动社会可持续发展。

第二节　推动技能人才生态发展的对策建议

完善技能人才生态对建设数字中国和发展数字经济而言至关重要。技能人才是数字时代的核心，大力推动数字经济发展，通过开发、维护和优化数字技术，提高生产效率，促进经济增长，并提高国际竞争力，融入全球价值链。技能人才的培育生态有助于培养创新人才，为数字经济的可持续发展提供新路径。此外，应培育技能人才，增加数字化就业机会，降低失业率，提高劳动力素质。动员技能人才助力数字中国建设，推动数字化政府服务、数字化社会管理和智慧城市建设。与市场需求一致的生态系统可确保技能人才拥有最新的技术和知识，满足行业和企业发展需求。培育技能人才有助于提高社会大众的数字素养，促使更多的人参与数字经济发展，弥合数字鸿沟。因此，政府、产业界和学术界应共同努力，支持技能人才的培养和发展，提高我国在全球数字经济中的地位，促进经济繁荣和社会进步。

一 推动数字化教育和技能培训

在数字化时代，加大对数字化教育的投入至关重要，包括在线学习、虚拟实验室等，以满足不断增加的数字化人才需求。政府、学术界和产业界可以合作，提供多样化的数字技术培训，覆盖各个年龄段和社会群体，开展全面的技能人才培养。随着数字技术的迅速发展，数字化教育成为弥合数字鸿沟的有效方式。

首先，政府应该加大对数字化教育的投入，包括为学校和教育机构提供数字化设备和资源、支持在线学习平台的开发和改进，以及制定数字教育政策以鼓励和引导数字化教育发展。政府还可以设立数字化教育基金，用于支持低收入家庭和农村地区学生的数字化学习，以确保每个人都有平等获得数字技能的机会。

其次，学术界应积极参与数字化教育的研究和创新。大学和研究机构可以合作开发虚拟实验室和在线学习内容，以提供高质量的教育资源。学术界还可以与产业界合作，研发适应市场需求的培训课程，确保培养出符合行业发展要求的数字化人才。此外，学术界还可以推动针对数字化教育的研究，不断改进教育方法和工具，提高数字化教育的成效。

产业界在数字化教育中也扮演着重要的角色。各种行业可以提供实际应用的案例和项目，以帮助学生将理论知识应用到实际中。产业界还可以提供实习和培训机会，使学生能够在真实的工作环境中学习和应用数字技能。此外，产业界可以与学术界合作，制定职业资格认证体系，为学生提供更多的就业机会。

数字化教育的多样化培训应覆盖各个年龄段和社会群体。从幼儿园到高等教育，数字化教育应该贯穿于整个教育体系。此外，数字化教育也可以为成年人和在职人员提供培训课程，帮助他们不断提升数字技能。数字化教育应该覆盖到每一个角落，确保人们都有机会学习和掌握数字技能。

总之，加大对数字化教育的投入，包括在线学习、虚拟实验室等，以培养更多的数字化人才，是建设数字中国和发展数字经济的重要举措。政府、学术界和产业界合作是实现这一目标的关键。通过提供多样化的数字技术培训，覆盖各个年龄段和社会群体，弥合数字鸿沟，提高整体数字素养，促进社会可持续发展。这将有助于推动数字经济加速发展，提高国家的竞争力，紧抓数字化时代的机遇。

二 鼓励跨领域合作

为了满足数字经济发展的多样化需求，促进产业界、学术界和研究机构之间的合作，推动产学研结合显得尤为重要。这种合作模式能够创造协同效应，促进创新，推动科技进步，满足市场需求，促进经济增长。资助研究项目、建立创新实验室和科技园区是实现这一目标的有效途径。

首先，资助研究项目是产学研结合的关键环节。政府和产业界可以提供资金支持，以鼓励研究机构和学术界开展与产业相关的研究项目。这些项目可以涉及各个领域，从人工智能到生物技术、从新能源到数字化制造等。通过资助研究项目，产业界和学术界可以共同探索新的技术和解决方案，为数字经济提供创新的动力。

其次，创新实验室是产学研结合的重要平台。这些实验室可以为研究人员提供实验设备、数据资源和实际案例等方面的支持。创新实验室通常由大学、研究机构和产业界共同设立，为研究人员提供与实际问题和市场接轨的环境。这有助于确保研究成果能够更好地被应用到实际中，满足产业发展需求。

最后，科技园区是促进产学研结合的另一种方式。这些园区通常位于产业集聚区域，为初创企业和研究机构提供办公空间、实验设备和技术等支持。科技园区是一个有利于产学研合作的生态系统，促进技术创新和商业化。产业界可以与园区合作，提供资源和市场机会，学术界和研究机构合作开展研究和开发工作，从而推动数字经济发展。

促进产学研结合对数字经济发展而言至关重要。它能够加速创新，提高技术水平，促进经济增长。通过资助研究项目、建立创新实验室和科技园区，政府、产业界和学术界共同推动产学研结合，为数字经济发展提供资源支持。这种合作模式有助于满足数字经济发展的多样化需求，确保我国在数字时代保持竞争力。

三 推动数字化素养

制定全面的数字化素养计划，确保每个人都拥有关于数字技术的基本知识和技能，推动数字化产业发展。在数字时代，数字技术已经渗透到几乎所有领域，成为现代生活的重要组成部分。因此，数字化素养不再仅仅是一种附加能力，而是每个人都应该具备的基本技能，需要政府、教育机构、企业和社会各界的紧密合作。

首先，教育体系在提升个体的数字素养方面发挥着至关重要的作用。学校应该将数字技术融入教育课程，从初级教育到高等教育，确保学生掌握数字化知识和技能。教师也需要接受培训，以适应数字化教育要求。

其次，政府应该制定政策和法规，推动数字化素养计划的实施。政府可以提供资金支持，鼓励学校和培训机构开展数字化教育。政府还可以制定数字化素养考核和认证体系，评估个体的数字化技能水平。这将有助于激励个人积极学习和提高数字化素养。企业界也应该积极参与制定数字化素养计划。企业可以提供数字化培训和教育资源，帮助员工提高数字化技能。此外，企业可以与教育机构合作，制定以实践为导向的培训课程，确保学生毕业后具备满足市场需求的数字化技能。社会组织和志愿者团体也可以发挥重要作用，为社区提供数字化教育和培训。这有助于覆盖更广泛的人群。

制定全面的数字化素养计划不仅有利于提高个体的数字化技能水平，更有利于扩容数字化领域的人才库，促进数字化产业发展。数字化产业需要具备数字技术能力的从业人员，如软件开发、数据分析、网络安全、人工智能等领域。因此，拥有更多具备数字化素养的人才，有助于推动数字经济发展壮大。

综上，制定全面的数字化素养计划是一项重要的举措，有助于建设数字中国、发展数字经济。它不仅有助于提高国民整体的数字化素养水平，还有助于培养更多适应数字时代要求的人才。政府、教育机构、企业和社会各界的合作是实现这一目标的关键。通过共同努力，确保每个人都具备数字技术的基本知识和技能，为迎接数字时代的挑战做好准备。

四　智能化职业规划

建立智能化职业规划咨询体系是一项关键举措，旨在帮助技能人才更好地规划未来的职业道路，同时也有助于他们更好地了解市场需求。在数字时代，职业选择和发展变得更加复杂，因此提供精准的职业规划咨询服务至关重要。

智能化职业规划咨询体系可以整合人工智能和大数据分析等技术，为技能人才提供个性化的职业建议。这个体系可以通过分析技能人才的技能、兴趣和经验等信息，结合市场需求和发展趋势，为其推荐最适合的职业路径。这种个性化的职业规划有助于技能人才更好地了解自己的优势和劣势，以便在职业生涯中实现个人目标。此外，智能化职业规划咨询体系还可以提供市场需求和职业机会等信息。这将有助于技能人才做出明智的职业选择。政府、教育机构和企业可以合作建立职业规划咨询体系。政府提供资金支持，推动这个体系发展。教育机构可以为技能人才提供培训，以提高其职业素质。企业可以提供数据和信息支持，帮助该体系更准确地反映市场需求。

建立智能化职业规划咨询体系，更好地支持技能人才的职业发展，有助于技能人才更好地了解市场需求，提高职业素质，从而促进数字经济发展。这对于建设数字中国和推动数字化转型而言至关重要，技能人才是数字时代的核心。

五　强调终身学习

鼓励技能人才终身学习是一项至关重要的举措，以确保他们适应不断变化的技术和市场发展趋势。在数字时代，技术的发展速度之快和市场需求的多样性使得终身学习成为技能人才必要的生存法则。因此，建立培训和发展机制，以确保技能人才能够持续提升自身技能，具有重要的意义。

终身学习是持续不断的学习过程，技能人才应该主动践行，包括参加专业技能培训、学习新的工具和技术、参与行业研讨会和会议，以及掌握与其领域相关的信息。技能人才需要时刻保持市场竞争力。为了鼓励技能人才终身学习，政府、企业和教育机构可以提供资源支持。政府可以制订培训补贴计划，鼓励技能人才参加培训和继续教育。企业可以提供灵活的工作岗位，以便员工可以有时间学习。教育机构可以提供在线学习资源，使学习方式更加便捷和灵活。此外，建立培训和发展机制对于技能人才的职业生涯发展而言至关重要，包括：明确晋升通道和职业规划，为技能人才提供明确的职业发展路径；建立反馈和评估机制，使技能人才了解自身技能水平，以便进一步提高。

终身学习不仅有助于技能人才保持市场竞争力，还有助于他们在职业生涯中不断成长。这对于数字化转型和数字经济发展而言非常关键。鼓励终身学习，建立培训和发展机制，确保技能人才具备应对技术和市场发展趋势的能力，从而推动数字时代的创新。

六　提高技能人才社会地位

提高技能人才的社会地位对于鼓励更多的人成为技能人才而言具有深远的意义。在过去，技能人才的贡献可能被低估，事实上，他们在社会和经济发展中发挥着不可或缺的作用。因此，提升技能人才的社会地位是至关重要的，改变人们对技能人才的看法，并提高技能岗位的吸引力。

技能人才在数字时代的重要性日益凸显。随着全球科技的不断发展和数字化转型的加速，各国对技能人才的需求增加。技能人才不仅需要具备传统的技能，如焊接、机械操作，还需要掌握新技术。电子商务、信息技术、网络安全等领域的技能人才也变得越来越重要。因此，技能人才的角色已经从传统领域扩展到新兴领域，职业前景更加广阔。提高技能人才的社会地位还有助于改变人们对职业选择的看法。此外，提高技能人才的社会地位可以吸引更多的人参与技能培训。很多国家忽视了技能培训的重要性。通过提高技能人才的社会地位，可以改变人们的看法，让更多的人认识到技能培训是有前途的。此外，技能培训也为个体提供了学习和发展的机会，可以提高个体的职业素质，以适应不断变化的市场需求。

提高技能人才的社会地位也有助于解决技能人才短缺问题。许多国家都面临技能人才短缺的挑战，导致一些行业出现用工难和生产效率低等问题。通过提高技能人才的社会地位，可以吸引更多的人进入这些领域。这对于数字经济发展而言尤为关键，因为其需要大量具备数字技能的从业人员。总的来说，提高技能人才的社会地位对于鼓励更多的人成为技能人才而言至关重要。这将有助于改变人们对技能人才的传统看法，提高技能岗位的吸引力，满足数字时代的人才需求，改变职业选择观念，吸引更多的人参与技能培训，解决技能人才短缺问题，促进数字经济发展。因此，政府、教育机构和企业应共同努力，推动技能人才的社会地位提升。

第三节　研究不足与展望

技能人才生态评价指标体系研究旨在确保各行各业的技能人才在不断变化的环境中具备较强的适应性和竞争力。本部分对当前技能人才生态评价指标体系存在的不足进行深入探讨，并对其未来的发展趋势进行展望。

一　研究不足

技能人才生态评价面临一些挑战，其中之一是数据获取与处理方面的不足。评价技能人才生态需要大量的数据支持，以了解技能人才的能力、潜力和需求等信息，然而，当前在数据获取和处理方面仍然存在一些难题。首先，数据来源不确定性，技能人才数据来自不同的渠道，包括教育机构、企业、政府部门等。这些数据可能口径不一致或不完整，需要整合和验证，以确保其准确性和可靠性。其次，数据质量不高。数据可能包含错误或缺失的信息，从而导致不准确的评价结果。

另一个挑战是忽视行业间差异。不同领域和行业对技能人才的需求不同，需要考虑行业间差异，以构建起适合各个领域的评价指标体系。然而，由于数据缺失和数据收集受限，当前的评价指标体系尚未充分考虑技能人才的行业差异。这可能导致评价结果不够精准，无法满足各个行业的发展需求。因此，在未来的技能人才生态评价中，需要更多地关注不同领域和行业的特点，以确保评价指标体系的全面性和适用性。

为应对这些挑战，可以采取以下措施。首先，加强数据质量的管理，确保数据的准确性和完整性，包括数据的验证、整合和清洗等，以确保其质量满足评价的需求。其次，引入更多的数据，包括行业协会、专业机构和企业等渠道，以获取更全面的数据。这有助于更好地了解不同行业的技能人才需求，为评价指标体系的构建提供更多有效信息。另外，可以利用先进的技术，如大数据和人工智能等处理和分析大规模的数据，以提高评价的效率和准确性。此外，为了解决行业差异问题，可以开展更多的研究和调查，以了解不同行业的技能人才需求和特点。这将有助于构建更多样化的评价指标体系，满足各个行业的需求。同时，可以鼓励行业协会和专业机构参与评价指标体系的构建，以确保其与实际情况相符。最后，可以建立跨领域的合作机制，将教育、产业、政府等各方力量整合起来，共同推动评价指标体系的完善。这将有助于更好地满足市场需求，推动技能人才跨领域发展。

总的来说，弥补数据获取与处理方面的不足、应对源自行业差异的挑战是评价技能人才生态的重要任务。应加强数据质量管理、引入更多数据、利用先进技术、进行行业研究和建立跨领域合作机制等，更好地应对这些挑战，提高评价的准确性和有效性，从而推动技能人才生态发展。

二 展望

技能人才生态发展将呈现极为丰富多样的特点，对其的评价方法需要不断更新。首先，利用大数据和人工智能等技术进行技能人才生态评价。这可以应用于各个行业，以更好地解决数据获取与处理难题，提高评价的准确性和有效性。大数据和人工智能等技术可以帮助精确测量技能人才的能力和潜力，从而更好地满足市场需求。此外，还可以根据不同领域的要求自动调整评价标准，使评价方法更加灵活。

其次，探索个性化评价与培养方案是未来技能人才生态评价的关键内容之一。不同领域和行业对技能人才的要求不同，因此应该制定个性化的评价和培养方案。这将有助于充分考虑行业特点和需求，促进技能人才的专业化和多样化发展。通过开展个性化的评价和培养，技能人才可以更好地满足不同行业和领域的需求，并且可以激发技能人才的学习动力，使其更加积极地追求卓越发展。

最后，加强跨界合作是未来技能人才生态评价的重要发展方向之一。技能人才生态评价涉及多个领域的专业知识，需要跨界合作，整合各方力量。教育界、产业界、政府等各方应加强合作，共同推动指标体系的完善。这将有助于建立更全面的评价指标体系，更好地反映技能人才的综合能力和潜力。跨界合作还可以促进不同领域间的交流，推动技能人才生态发展。这将有助于更好地满足市场需求，推动技能人才的培养和发展。

综上，未来针对技能人才生态的发展，需要不断改进评价方法，以适应不断变化的市场需求。采用大数据和人工智能等技术、提供个性化评价与培养方案、开展跨界合作等，提高技能人才的竞争力，更好地满足市场需求，从而推动技能人才生态发展，促进经济繁荣和社会进步。因此，政府、产业界、学术界和社会各界应共同努力，为未来技能人才生态的发展提供支持。

参考文献

车广吉、丁艳辉、徐明：《论构建学校、家庭、社会教育一体化的德育体系——尤·布朗芬布伦纳发展生态学理论的启示》，《东北师大学报》（哲学社会科学版）2007年第4期。

陈杰、刘佐菁、陈敏：《人才环境感知对海外高层次人才流动意愿的影响实证——以广东省为例》，《科技管理研究》2018年第1期。

陈洁：《试析高技能人才培养存在的问题及解决措施》，《人才资源开发》2010年第9期。

陈玉杰：《全力打造技能生态　助推高技能人才队伍建设》，《职业》2023年第1期。

戴福祥、章娜、杨佳敏：《高技能人才生态系统要素间的相互关系及其模型构建——以湖北省为例》，《武汉理工大学学报》（社会科学版）2021年第2期。

邓涛：《人力资源生态系统的理论与应用研究》，中南大学硕士学位论文，2004。

高涵、李嘉丽、邢艺潇：《"四因共振"生态模式：高技能人才绝技绝活之教育传承》，《高等工程教育研究》2019年第1期。

耿子恒、汪文祥：《人才生态视域下的人才集聚策略研究——河北雄安新区的探索》，《经济论坛》2020年第4期。

古龙高、古璇：《以生态性人才环境建设　引领欠发达地区人才集聚的路径创新》，《大陆桥视野》2017年第5期。

顾然、商华：《基于生态系统理论的人才生态环境评价指标体系构建》，《中国人口·资源与环境》2017年第S1期。

桂学斌：《生态位在人力资源市场竞争中的应用研究》，中南大学硕士学位论文，2005。

韩俊：《科技创新人才宏观和微观生态环境的研究》，浙江大学硕士学位论文，2011。

郝金磊、韩静：《西部地区科技创新人才生态环境评价研究》，《西安电子科技大学学报》（社会科学版）2015年第2期。

黄梅、吴国蔚：《人才生态环境综合评价体系研究》，《科技管理研究》2009年第1期。

康月林：《技能人才协同发展的内涵及其圈层体系构建研究》，《中国职业技术教育》2022年第33期。

蓝志勇：《论人才强国战略中的人才生态环境建设》，《行政管理改革》2022年第7期。

雷祯孝、蒲克：《应当建立一门"人才学"》，《人民教育》1979年第7期。

黎德良：《大力开展校企合作　探索高技能人才培养的有效途径》，《中国培训》2007年第5期。

李龙强：《优化人才生态——人才资源管理的根本》，《山西煤炭管理干部学院学报》2012年第3期。

李倩：《北京CBD人才聚集环境效应及优化研究》，首都经济贸易大学硕士学位论文，2009。

李荣杰：《山东半岛蓝色经济区人才生态环境评价与优化研究》，中国海洋大学硕士学位论文，2012。

李锡元、查盈盈：《人才生态环境评价体系及其优化》，《科技进步与对策》2006年第3期。

李晓侠：《关于社会认知理论的研究综述》，《阜阳师范学院学报》（社会科学版）2005 年第 2 期。

李燕萍、齐伶圆：《人力资源管理领域对创新型人才的观照：视角、重点与未来方向》，《科技进步与对策》2016 年第 24 期。

李援越、吴国蔚：《高技能人才生态失衡及其对策》，《科技管理研究》2011 年第 12 期。

李援越、吴国蔚：《高技能人才生态系统相关研究》，《经济经纬》2010 年第 1 期。

李援越、吴国蔚：《基于生态学的高技能人才开发研究》，《科技管理研究》2010 年第 16 期。

李仲生：《欧盟人口老龄化与劳动力不足》，《西北人口》2008 年第 5 期。

梁珺淇、石伟平：《人工智能视域下技能人才需求的未来走向与职业教育的路径选择——基于 OECD 教育报告的分析》，《中国成人教育》2019 年第 4 期。

林静霞：《城市舒适性视角下归国科研创新人才的空间偏好及其影响因素研究》，南京大学硕士学位论文，2019。

刘军、杨渊鋈、张三峰：《中国数字经济测度与驱动因素研究》，《上海经济研究》2020 年第 6 期。

刘瑞波、边志强：《科技人才社会生态环境评价体系研究》，《中国人口·资源与环境》2014 年第 7 期。

楼晓春、马亿前、陶勇：《"行校企共同体"电梯类技术技能人才培养生态构建研究》，《中国职业技术教育》2022 年第 10 期。

罗国莲、盛立强：《产业结构转型升级视角下的苏州高技能人才队伍建设的对策研究》，《科技管理研究》2012 年第 4 期。

宁高平、王丽娟：《新时期技能人才培养培训机制研究》，《宏观经济管理》2019 年第 8 期。

商华、惠善成、郑祥成：《基于生态位模型的辽宁省城市人力资源生态系统评价研究》，《科研管理》2014 年第 11 期。

商华、王苏懿：《价值链视角下企业人才生态系统评价研究》，《科研管理》2017年第1期。

沈邦仪：《关于人才生态学的几个基本概念》，《人才开发》2003年第12期。

沈钰、韩永强：《协同学视域下技术技能人才供给与区域经济效益协同度测量》，《职业技术教育》2021年第1期。

盛科荣、张红霞、赵超越：《中国城市网络关联格局的影响因素分析——基于电子信息企业网络的视角》，《地理研究》2019年第5期。

石长慧、樊立宏、何光喜：《中国科技创新人才生态系统的演化、问题与对策》，《科技导报》2019年第10期。

宋杰：《长株潭技能人才生态可持续发展困境及生态位策略》，《机械职业教育》2023年第4期。

宋素娟：《人才生态系统的建构》，《现代企业》2005年第6期。

孙健、尤雯：《人才集聚与产业集聚的互动关系研究》，《管理世界》2008年第3期。

孙锐、孙雨洁：《我国地方创新创业人才引进政策量化研究》，《科学学与科学技术管理》2021年第6期。

谭永生：《促进我国技术技能人才发展》，《宏观经济管理》2020年第2期。

唐德章：《人才生态系统的动态平衡及政策措施》，《生态经济》1990年第6期。

唐小艳：《"中国制造2025"背景下技术技能人才培养的成效与问题分析》，《国际公关》2019年第6期。

唐小艳、谢剑虹：《"政产学研用"协同创新生态系统下高职技术技能人才培养模式改革路径分析》，《长沙民政职业技术学院学报》2022年第3期。

滕宏春：《"工学结合"培养高技能人才的困惑及其创新运作机制与管理探讨》，《职教论坛》2007年第17期。

田楠：《京津冀产业转移中技术技能人才社会生态环境研究》，《中国职业技术教育》2020 年第 13 期。

王光玲：《知识型企业微观人力资源生态系统研究》，《中国商贸》2009 年第 19 期。

王如松、欧阳志云：《生态整合——人类可持续发展的科学方法》，《科学通报》1996 年第 S1 期。

王永桂：《政府行为与人才生态环境的改善》，《重庆科技学院学报》（社会科学版）2010 年第 21 期。

魏康民：《半工半读是培养高技能人才的有效途径》，《成人教育》2007 年第 8 期。

魏崴：《校企融合　创新高职办学理念和管理模式》，《中国高等教育》2006 年第 8 期。

肖坤梅、苏华：《校企合作培养高技能人才的七种模式》，《中国培训》2007 年第 10 期。

许宪春、张美慧：《中国数字经济规模测算研究——基于国际比较的视角》，《中国工业经济》2020 年第 5 期。

许衍凤、杜恒波、孙玉峰：《山东半岛蓝色经济区人才生态环境竞争力评价》，《科学与管理》2013 年第 6 期。

颜爱民：《人力资源生态系统刍论》，《中南大学学报》（社会科学版）2006 年第 1 期。

杨凡、吴红云：《基于生态学视阈的创新型人才成长体系初探》，《四川教育学院学报》2010 年第 9 期。

杨菲：《培育人才生态系统》，《21 世纪商业评论》2010 年第 1 期。

杨河清、陈怡安：《海外高层次人才引进政策实施效果评价——以中央"千人计划"为例》，《科技进步与对策》2013 年第 16 期。

杨皖苏、邬幼明、严鸿和：《我国高技能人才短缺的对策研究》，《人才开发》2006 年第 5 期。

叶龙、刘云硕、郭名：《家长式领导对技能人才知识共享意愿的影响——基于自我概念的视角》,《技术经济》2018 年第 2 期。

叶荣德:《城市高技能人才供求失衡研究》,扬州大学硕士学位论文,2007。

曾建丽、刘兵、梁林:《科技人才生态系统的构建研究——以中关村科技园为例》,《技术经济与管理研究》2017 年第 11 期。

张东雪、汤博、刘雪芹:《京津冀科技人才生态系统优化研究》,《合作经济与科技》2017 年第 10 期。

张红霞:《创新驱动战略下科技人才生态环境系统评价指标体系构建》,《经济论坛》2019 年第 11 期。

张立新、崔丽杰:《基于非整秩次 WRSR 的市域科技人才生态环境评价研究——以山东省 17 地市为例》,《科技管理研究》2016 年第 2 期。

张雯、姚舒晨:《人才生态系统与组织创新绩效评价指标体系研究》,《经济师》2021 年第 1 期。

张潇:《鄱阳湖生态经济区人才生态环境评价研究》,华东交通大学硕士学位论文,2012。

张勋、万广华、张佳佳等:《数字经济、普惠金融与包容性增长》,《经济研究》2019 年第 8 期。

张子良:《实现人才与产业的交融——关于如何营造人才与产业的"生态系统"》,《中国人才》2007 年第 5 期。

赵峰、连悦、徐晓雯:《心理契约理论视角下创新型人力资源激励研究》,《科学管理研究》2015 年第 1 期。

周方涛:《基于 AHP-DEA 方法的区域科技创业人才生态系统评价研究》,《管理工程学报》2013 年第 1 期。

朱达明:《人才环境初探》,《中国人力资源开发》2001 年第 7 期。

朱达明:《人才生态环境建设策略》,《中国人才》2004 年第 6 期。

A. Alnamrouti, H. Rjoub, H. Ozgit, "Do Strategic Human Resources and Artificial Intelligence Help to Make Organisations More Sustainable? Evidence from Non-Governmental Organisations," *Sustainability*, 2022, 14 (12).

A. Bandura, "Self-efficacy: Toward a Unifying Theory of Behavioral Change,"

Psychological Review, 1977, 84（2）.

A. D. Pizzo, T. Kunkel, G. J. Jones, B. J. Baker, D. C. Funk, "The Strategic Advantage of Mature-Stage Firms: Digitalization and the Diversification of Professional Sport into Esports," *Journal of Business Research*, 2022, 13（9）.

A. E. L. Sawad, "Becoming a Lifer? Unlocking Career Through Metaphor," *Journal of Occupational & Organizational Psychology*, 2011, 78（2）.

A. Erro-Garcés, M. E. Aramendia-Muneta, "The Role of Human Resource Management Practices on the Results of Digitalisation: From Industry 4.0 to Industry 5.0," *Journal of Organizational Change Management*, 2023, 36（4）.

A. G. Tansley, "The Use and Abuse of Vegetational Concepts and Terms," *Ecology*, 1935, 16（3）.

A. Kianto, H. Hussinki, M. Vanhala, A. M. Nisula, "The State of Knowledge Management in Logistics Smes: Evidence from Two Finnish Regions," *Knowledge Management Research & Practice*, 2018, 16（4）.

A. Kumar, "Emphasizing the Holism of Ecosystems with an Emphasis on Limited yet Complex Internal Structures," *Ecological Studies*, 1992, 8（6）.

A. Kuzior, K. Kettler, L. Rab., "Digitalization of Work and Human Resources Processes as a Way to Create a Sustainable and Ethical Organization," *Energies*, 2022, 15（1）.

A. M. Gaillard, J. Gaillard, "The International Circulation of Scientists and Technologists," *Science Communication*, 1998, 20（1）.

A. M. Rao, A. Talan, S. Abbas, D. Dev, F. Taghizadeh-Hesary, "The Role of Natural Resources in the Management of Environmental Sustainability: Machine Learning Approach," *Resources Policy*, 2023, 8（2）.

B. J. G. Rosse, R. A. Levin, *The Jossey-Bass Academic Administrator's Guide to Hiring*, Jossey-Bass, 2003.

B. M. Gu, J. G. Liu, Q. Ji, "The Effect of Social Sphere Digitalization on Green Total Factor Productivity in China: Evidence from a Dynamic Spatial

Durbin Model," *Journal of Environmental Management*, 2022, 20 (3).

C. C. Chang, C. S. Chang, "Influences of Talent Cultivation and Utilization on the National Human Resource Development System Performance: An International Study Using a Two-Stage Data Envelopment Analysis Model," *Mathematics*, 2023, 11 (13).

C. Ruiner, C. E. Debbing, V. Hagemann, M. Schaper, M. Klumpp, M. Hesenius, "Job Demands and Resources When Using Technologies at Work-Development of a Digital Work Typology," *Employee Relations*, 2022, 7 (3).

C. Zhang, "Constructing Financial Information Security Model Based on Pca and Optimized Bp Neural Network," *Iete Journal of Research*, 2021, 6 (9).

C. Z. Li, A. Razzaq, I. Ozturk, A. Sharif, "Natural Resources, Financial Technologies, and Digitalization: The Role of Institutional Quality and Human Capital in Selected Oecd Economies," *Resources Policy*, 2023, 8 (1).

D. A. Back, J. Scherer, G. Osterhoff, L. Rigamonti, D. Pförringer, D. Pförringer, "Digital Implications for Human Resource Management in Surgical Departments," *European Surgery-Acta Chirurgica Austriaca*, 2022, 54 (1).

D. de Angelis, Y. Grinstein, "Relative Performance Evaluation in Ceo Compensation: A Talent-Retention Explanation," *Journal of Financial and Quantitative Analysis*, 2020, 55 (7).

D. D. Uyeh, K. G. Gebremedhin, S. Hiablie, "Perspectives on the Strategic Importance of Digitalization for Modernizing African Agriculture," *Computers and Electronics in Agriculture*, 2023, 2 (11).

D. V. Huynh, B. Stangl, D. T. Tran, "Digitalization of Information Provided by Destination Marketing Organizations in Developing Regions: The Case of Vietnamese Mekong Delta," *European Journal of Innovation Management*, 2023, 12 (1).

E. Kambur, T. Yildirim, "From Traditional to Smart Human Resources Management," *International Journal of Manpower*, 2023, 44 (3).

F. L. Cooke, M. Dickmann, E. Perry, "Building a Sustainable Ecosystem of Human Resource Management Research: Reflections and Suggestions," *International Journal of Human Resource Management*, 2023, 34（3）.

G. Han, G. Z. Feng, C. L. Tang, C. Y. Pan, W. M. Zhou, J. T. Zhu, "Evalua-tionof the Ventilation Mode in an Iso Class 6 Electronic Cleanroom by the Ahp-Entropy Weight Method," *Energy*, 2023, 28（4）.

G. Sart, "The Impacts of Strategic Talent Management Assessments on Improving Innovation-Oriented Career Decisions," *Anthropologist*, 2014, 18（3）.

H. A. Jung, Fuzzy Ahp-Gp., "Approach for Integrated Production-Planning Considering Manufacturing Partners," *Expert Systems with Applications*, 2011, 8（5）.

H. J. Liang, C. K. Shi, N. Abid, Y. L. Yu, "Are Digitalization and Human Development Discarding the Resource Curse in Emerging Economies?" *Resources Policy*, 2023, 8（5）.

H. Schildt, "Big Data and Organizational Design-the Brave New World of Algorithmic Management and Computer Augmented Transparency," *Innovation-Organization & Management*, 2017, 19（1）.

H. T. Odum, "The Inseparable Whole of Organisms and Environment," *Journal of Ecology*, 1998, 24（8）.

H. Yang, Y. L. Hao, F. R. Zhao, "Assessment and Analysis of the Role of Green Human Resource on Agile Innovation Management in Small-and Medium-Sized Enterprises of Digital Technologies: The Case of Asian Economies," *Journal of the Knowledge Economy*, 2023, 7（2）.

Inzelt Annamária, "The Inflow of Highly Skilled Workers into Hungary: A By-Product of FDI," *Journal of Technology Transfer*, 2008, 33（4）.

I. Hudek, P. Tominc, K. Sirec, "The Human Capital of the Freelancers and Their Satisfaction with the Quality of Life," *Sustainability*, 2021, 13（20）.

I. Sultana, I. Ahmed, A. Azeem, "An Integrated Approach for Multiple Criteria Supplier Selection Combining Fuzzy Delphi, Fuzzy Ahp & Fuzzy Topsis,"

Journal of Intelligent & Fuzzy Systems, 2015, 29 (4).

J. K. C. Lam, "Shortage of Highly Skilled Workers in Hong Kong and Policy Responses," *Journal of International Migration and Integration*, 2000, 1 (4).

J. A. Odugbesan, S. Aghazadeh, R. E. Al Qaralleh, O. S. Sogeke, "Green Talent Management and Employees' Innovative Work Behavior: The Roles of Artificial Intelligence and Transformational Leadership," *Journal of Knowledge Management*, 2023, 27 (3).

J. Blstakova, Z. Joniaková, N. Jankelová, K. Stachová, Z. Stacho, "Reflection of Digitalization on Business Values: The Results of Examining Values of People Management in a Digital Age," *Sustainability*, 2020, 12 (12).

J. F. Feliciano, A. M. Arsénio, J. Cassidy, A. R. Santos, A. Ganhao, "Knowledge Management and Operational Capacity in Water Utilities, a Balance between Human Resources and Digital Maturity-the Case of Ags," *Water*, 2021, 22 (13).

J. K. Liang, K. Du, D. D. Chen, "The Effect of Digitalization on Ambidextrous Innovation in Manufacturing Enterprises: A Perspective of Empowering and Enabling," *Sustainability*, 2023, 16 (15).

J. Q. Luo, Y. Y. Ding, J. Liu, H. B. Kuang, "Research on Construction of Innovative Teaching System of Transportation Engineering and Talent Evaluation Based on CDIO," *International Journal of Electrical Engineering Education*, 2021, 4 (7).

K. Ali, S. K. Johl, "Impact of Total Quality Management on Industry 4. 0 Readiness and Practices: Does Firm Size Matter?" *International Journal of Computer Integrated Manufacturing*, 2023, 36 (4).

K. Y. Lee, A. Sode-Yome, J. H. Park, "Adaptive Hopfield Neural Networks for Economic Load Dispatch," *Ieee Transactions on Power Systems*, 1998, 13 (2).

L. H. Lin, K. J. Wang, "Talent Retention of New Generations for Sustainable Employment Relationships in Work 4. 0 Era-Assessment by Fuzzy Delphi Method," *Sustainability*, 2022, 14 (18).

L. Zhang, F. L. Wang, T. Sun, B. Xu, "A Constrained Optimization Method Based on Bp Neural Network," *Neural Computing & Applications*, 2018, 29 (2).

M. A. Galindo-Martín, M. S. Castaño-Martínez, M. T. Méndez-Picazo, "Digitalization, Entrepreneurship and Competitiveness: An Analysis from 19 European Countries," *Review of Managerial Science*, 2023, 17 (5).

M. Chugunova, A. Danilov, "Use of Digital Technologies for Hr Management in Germany: Survey Evidence," *Cesifo Economic Studies*, 2023, 69 (2).

M. Dabic, J. F. Maley, J. Svarc, J. Pocek, "Future of Digital Work: Challenges for Sustainable Human Resources Management," *Journal of Innovation & Knowledge*, 2023, 8 (2).

M. J. Pan, X. Zhao, K. J. Lv, J. Rosak-Szyrocka, G. Mentel, T. Truskolaski, "Internet Development and Carbon Emission-Reduction in the Era of Digitalization: Where Will Resource-Based Cities Go?" *Resources Policy*, 2023, 8 (1).

M. Kobayashi, "Diagonal Rotor Hopfield Neural Networks," *Neurocomputing*, 2020, 4 (15).

M. Loreau, "Summary of Research Findings in Ecosystem Functioning and Biodiversity," *Ecological Reviews*, 2001, 11 (7).

M. L. Song, W. L. Tao, Z. Y. Shen, "The Impact of Digitalization on Labor Productivity Evolution: Evidence from China," *Journal of Hospitality and Tourism Technology*, 2022, 4 (3).

M. L. Zhou, K. Q. Jiang, J. Zhang, "Environmental Benefits of Enterprise Digitalization in China," *Resources Conservation and Recycling*, 2023, 19 (7).

M. Silic, G. Marzi, A. Caputo, P. M. Bal., "The Effects of a Gamified Human Resource Management System on Job Satisfaction and Engagement," *Human Resource Management Journal*, 2020, 30 (2).

M. Wehrle, S. Lechler, H. A. von der Gracht, E. Hartmann, "Digitalization and Its Impact on the Future Role of Scm Executives in Talent Management-an International Cross-Industry Delphi Study," *Journal of Business Logistics*, 2020, 41 (4).

N. Montargot, M. E. Férérol, A. Kallmuenzer, "Storytelling and Digitalization as Opportunities for Spa Towns," *Current Issues in Tourism*, 2023, 26 (1).

N. Rudra, "Are Workers in the Developing World Winners or Losers in the Current Era of Globalization?" *Study Comp Int. Dev.*, 2005, 40 (3).

N. Staffenová, A. Kucharcíková, "Digitalization in the Human Capital Management," *Systems*, 2023, 11 (7).

O. Maki, M. Alshaikhli, M. Gunduz, K. K. Naji, M. Abdulwahed, "Development of Digitalization Road Map for Healthcare Facility Management," *Ieee Access*, 2022, 10 (14).

P. C. Martínez-Morán, Jmfr Urgoiti, F. Díez, J. Solabarrieta, "The Digital Transformation of the Talent Management Process: A Spanish Business Case," *Sustainability*, 2021, 13 (4).

P. H. Tsai, Y. L. Kao, S. Y. Kuo, "Exploring the Critical Factors Influencing the Outlying Island Talent Recruitment and Selection Evaluation Model: Empirical Evidence from Penghu, Taiwan," *Evaluation and Program Planning*, 2023, 9 (9).

Q. Liu, S. X. Liu, G. Y. Wang, S. Y. Xia, "Social Relationship Prediction across Networks Using Tri-Training BP Neural Networks," *Neurocomputing*, 2020, 4 (1).

R. Al-Aomar, "A Combined Ahp-entropy Method for Deriving Subjective and Objective Criteria Weights," *International Journal of Industrial Engineering-Theory Applications and Practice*, 2010, 17 (1).

R. Amoako, Y. C. Jiang, S. S. Adu-Yeboah, M. F. Frempong, S. Tetteh, "Factors Influencing Electronic Human Resource Management Implementation in Public Organisations in an Emerging Economy: An Empirical Study," *South*

African Journal of Business Management, 2023, 54 (1).

R. Deolalikar, "Environmentally Adjusted Human Resource Development," *Environmental Economics and Sustainable Development*, 1999, 3 (6).

R. Olivares, R. Henríquez, C. Simpson, O. Binvignat, M. González, L. Conejeros, C. Merino, P. L. Arce, "Evaluation of the Teaching and Learning Process in a Human Morphology Course by Students from an Academic Talents Program," *International Journal of Morphology*, 2014, 32 (1).

R. Palumbo, E. Casprini, R. Montera, "Making Digitalization Work: Unveiling Digitalization's Implications on Psycho-Social Risks at Work," *Total Quality Management & Business Excellence*, 2022, 4 (6).

R. Palumbo, M. Cavallone, "Is Work Digitalization without Risk? Unveiling the Psycho-Social Hazards of Digitalization in the Education and Healthcare Workplace," *Technology Analysis & Strategic Management*, 2022, 2 (4).

R. Ramachandran, V. Babu, V. P. Murugesan, "The Role of Blockchain Technology in the Process of Decision-Making in Human Resource Management: A Review and Future Research Agenda," *Business Process Management Journal*, 2023, 29 (1).

R. Sarc, A. Curtis, L. Kandlbauer, K. Khodier, K. E. Lorber, R. Pomberger, "Digitalisation and Intelligent Robotics in Value Chain of Circular Economy Oriented Waste Management: A Review," *Waste Management*, 2019, 9 (5).

S. Koivunen, O. Sahlgren, S. Ala-Luopa, T. Olsson, "Pitfalls and Tensions in Digitalizing Talent Acquisition: An Analysis of Hrm Professionals' Considerations Related to Digital Ethics," *Interacting with Computers*, 2023, 35 (3).

S. Kraus, A. Ferraris, A. Bertello, "The Future of Work: How Innovation and Digitalization Re-Shape the Workplace," *Journal of Innovation & Knowledge*, 2023, 8 (4).

S. K. Jena, A. Ghadge, "An Integrated Supply Chain-Human Resource Management Approach for Improved Supply Chain Performance," *International*

Journal of Logistics Management, 2021, 32 (3).

S. M. Fuess, "Immigration Policy and Highly Skilled Workers: The Case of Japan," *Contemporary Economic Policy*, 2003, 21 (2).

S. M. Li, J. Jiang, "Construction of College Students' Employment Quality Evaluation Model System under the Background of Digitalization," *Journal of Environmental and Public Health*, 2022, 1 (6).

S. Ogbeibu, C. J. C. Jabbour, J. Burgess, J. Gaskin, D. W. S. Renwick, "Green Talent Management and Turnover Intention: The Roles of Leader Stara Competence and Digital Task Interdependence," *Journal of Intellectual Capital*, 2022, 23 (1).

S. Strohmeier, "Digital Human Resource Management: A Conceptual Clarification," *German Journal of Human Resource Management-Zeitschrift Fur Personalforschung*, 2020, 34 (3).

S. Waheed, A. H. Zaim, "A Model for Talent Management and Career Planning," *Educational Sciences-Theory & Practice*, 2015, 15 (5).

S. Wiblen, J. H. Marler, "Digitalised Talent Management and Automated Talent Decisions: The Implications for Hr Professionals," *International Journal of Human Resource Management*, 2021, 32 (12).

S. Y. Chen, "The Evaluation Indicator of Ecological Development Transition in China's Regional Economy," *Ecological Indicators*, 2015, 51 (1).

W. E. Donald, Y. Baruch, M. J. Ashleigh, "Technological Transformation and Human Resource Development of Early Career Talent: Insights from Accounting, Banking, and Finance," *Human Resource Development Quarterly*, 2023, 34 (3).

X. Pei, "Construction and Application of Talent Evaluation Model Based on Nonlinear Hierarchical Optimization Neural Network," *Computational Intelligence and Neuroscience*, 2022, 7 (2).

Y. B. Xu, C. X. Li, X. Y. Wang, J. J. Wang, "Digitalization, Resource Misallocation and Low-Carbon Agricultural Production: Evidence from China,"

Frontiers in Environmental Science, 2023, 11（2）.

Y. E. Zhang, P. L. Nesbit, "Talent Development in China: Human Resource Managers' Perception of the Value of the MBA," *International Journal of Management Education*, 2018, 16（3）.

Y. J. Jing, "Evaluation of Talent Training Model Taking into Account the Knowledge Recognition Algorithm of Multiple Constraint Models," *Mathematical Problems in Engineering*, 2022, 15（6）.

Y. Zhou, G. J. Liu, X. X. Chang, L. J. Wang, "The Impact of Hrm Digitalization on Firm Performance: Investigating Three-Way Interactions," *Asia Pacific Journal of Human Resources*, 2021, 59（1）.

Z. Bin, X. D. Hu, D. K. Gao, L. Z. Xu, "Construction and Evaluation of Talent Training Mode of Engineering Specialty Based on Excellence Engineer Program," *Sage Open*, 2020, 10（2）.

后　记

当回顾这项研究历程，不仅仅是一次学术性探索，更是一次深入思考数字时代人才生态发展和影响的旅程。然而这只是开始，课题组仍会持续关注技能人才、人才生态等相关领域的研究。我们希望此研究可以为政策制定者、学者和实践者提供有价值的见解，帮助他们更好地理解数字时代的技能人才生态，以促进经济社会可持续发展。愿这一研究成果成为推动技能人才生态进一步发展的催化剂，为未来的研究和实践夯实基础。

感谢课题组成员的付出，此次研究涉及诸多文献、资料和数据，本书的出版是大家共同努力的成果。此外，在实地调研过程中，得到了很多单位和企业的大力支持，在此表示真挚感谢。本书的出版也要感谢社会科学文献出版社的帮助，感谢编辑们的认真校稿等工作。

由于学术视野和能力有限，本书依然有诸多不足之处，恳请专家、学者和同仁批评指正。感谢所有致力于推动技能人才培育和创新的人士，愿我们的努力能够为人才生态领域的研究带来积极地改变，为未来的技能人才生态注入更多活力。

图书在版编目（CIP）数据

数字化变革中技能人才生态：评价与塑造 / 梁高杨，
邢明强著 . --北京：社会科学文献出版社，2024.3（2025.9 重
印）

ISBN 978-7-5228-3120-6

Ⅰ . ①数… Ⅱ . ①梁… ②邢… Ⅲ . ①技术人才-人
才管理-研究-中国 Ⅳ . ①G316

中国国家版本馆 CIP 数据核字（2024）第 021232 号

数字化变革中技能人才生态：评价与塑造

著 者 / 梁高杨 邢明强

出 版 人 / 冀祥德
责任编辑 / 吴 敏
责任印制 / 岳 阳

出 版 / 社会科学文献出版社（010）59367127
 地址：北京市北三环中路甲 29 号院华龙大厦 邮编：100029
 网址：www.ssap.com.cn
发 行 / 社会科学文献出版社（010）59367028
印 装 / 唐山玺诚印务有限公司

规 格 / 开 本：787mm×1092mm 1/16
 印 张：19 字 数：289 千字
版 次 / 2024 年 3 月第 1 版 2025 年 9 月第 2 次印刷
书 号 / ISBN 978-7-5228-3120-6
定 价 / 89.00 元

读者服务电话：4008918866